KB057136

새 도감

세밀화로 그린 보리 큰도감
새 도감

1판 1쇄 펴낸 날 2015년 7월 1일
1판 3쇄 펴낸 날 2021년 5월 26일

그림 천지현, 이우만
글 김현태
기획 토박이

사진 자료 도움 김현태, 까치노을 김효곤, 난추니 김동현, 머시 이권우, 바람의나라 최수열, 산골물 김장군, 새아빠 박주현, 샐리디카 양현숙, 시니피앙 조성식, 시몬피터 김신환, 언제나파란 유대호, 영도날치 김형준, 오스카 조홍상, 윤무부, 이우만, 임광완, 임백호 임봉덕, 장구식, 정재흠, 추억지기 박상준, 크레용 이기한, 티노 김태영, 흰꼬리수리 정진문

편집 김미선, 김미혜, 이주연
교정 박근자
디자인 이안디자인

기획실 김소영, 김수연, 김용란
제작 심준엽
영업 나길훈, 안명선, 양병희, 원숙영, 조현정
독자 사업 정영지
새사업팀 조서연
경영 지원 신종호, 임혜정, 한선희
인쇄 (주)로얄프로세스
제본 과성제책

펴낸이 유문숙
펴낸 곳 (주) 도서출판 보리
출판등록 1991년 8월 6일 제 9-279호
주소 경기도 파주시 직지길 492 (우편번호 10881)
전화 (031)955-3535 / **전송** (031)950-9501
누리집 www.boribook.com **전자우편** bori@boribook.com

토박이
주소 서울시 마포구 양화로 156 LG팰리스빌딩 918호 우편번호 121-754
전화 (02)323-7125 **전자우편** tobagi3@empas.com

값 80,000원
보리는 나무 한 그루를 베어 낼 가치가 있는지 생각하며 책을 만듭니다.

ISBN 978-89-8428-879-9 06490 978-89-8428-832-4 (세트)
이 도서의 국립중앙도서관 출판시도서목록(CIP)은 서지정보유통지원시스템(http://seoji.nl.go.kr)과 국가자료공동목록시스템((http://www.nl.go.kr/kolisnet)에서
이용하실 수 있습니다. (CIP 제어번호 : CIP2015015288)

새 도감

세밀화로 그린 보리 큰도감

우리나라에 사는 새 122종

그림 천지현, 이우만 / 글 김현태 / 기획 토박이

보리

일러두기

1. 이 책에는 우리나라에 사는 새 122종을 실었다. 우리나라에 사는 560여 종의 새 가운데 참새나 까치, 청둥오리처럼 흔히 볼 수 있는 종을 우선으로 뽑고, 따오기나 뜸부기, 소쩍새처럼 흔치 않거나 거의 멸종에 이르렀더라도 우리에게 이름이 친숙한 종을 더했다. 또한 황새, 올빼미, 노랑부리저어새같이 천연기념물 또는 멸종위기종으로 지정되어 있어 더욱 관심을 갖고 보호해야 할 종도 넣었다.
2. 종의 분류와 싣는 순서, 학명은 Gill, F & D Donsker (Eds). 2014. IOC World Bird List를 따랐다. 한국명과 영명은 한국 조류 목록(2009, 한국조류학회)을 참고했다.
3. 맞춤법과 띄어쓰기는 국립 국어원 〈표준국어대사전〉을 따랐으나, 멸종위기종, 머리꼭대기, 아래꼬리덮깃처럼 본문에 자주 나오는 새 관련 전문 용어는 예외로 했다.
4. 책 본문은 크게 1부, 2부, 3부로 나누었다. 1부 '새 개론' 에서는 지구에 사는 온갖 새들과 자연과의 관계, 몸 구조와 역할, 새의 한살이, 텃새와 철새 정보를 폭넓게 다루었다. 2부 '우리나라의 새' 에서는 우리나라에서 볼 수 있는 새 122종의 세밀화를 종별 정보와 함께 실었다. 새 이름의 유래, 북녘 이름, 사는 곳, 먹이, 생태적 특징, 생김새, 짝짓기, 둥지, 알, 새끼 치기, 우리나라에 오는 때, 볼 수 있는 곳 들의 정보를 순서대로 담았다. 3부 '더 알아보기' 에서는 산새와 물새, 탐조, 철새가 찾는 곳, 천연기념물과 멸종위기종, 새 분류 정보 들을 정리했다.
5. 책 마지막에 있는 '우리 이름 찾아보기' 는 한국명과 북녘 이름을 통합하여 가나다 차례로 실었다. '학명 찾아보기' 와 '영명 찾아보기' 는 ABC 차례로 실었다.
6. '몸길이' 는 새가 날개를 접고 몸을 일자로 쭉 뻗었을 때 나오는 가장 긴 길이를 가리킨다. 참새처럼 다리가 짧은 새들은 부리 끝부터 꼬리 끝까지 길이를 재고, 두루미처럼 다리가 긴 새들은 부리 끝부터 발끝까지 길이를 잰다. '날개를 편 길이' 는 양쪽 날개를 활짝 펼쳤을 때 오른쪽 날개 끝부터 왼쪽 날개 끝까지의 길이를 말한다.

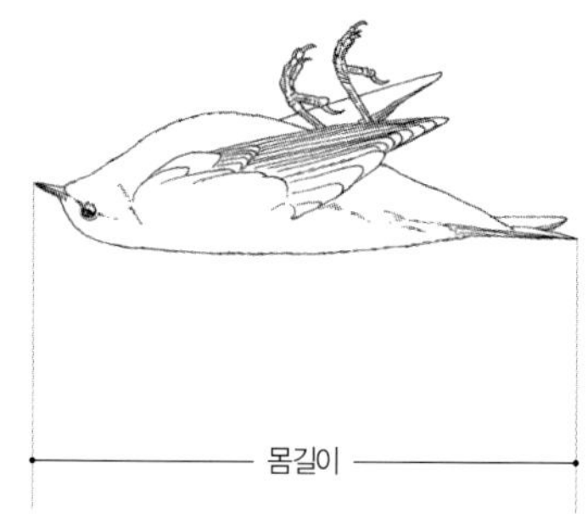

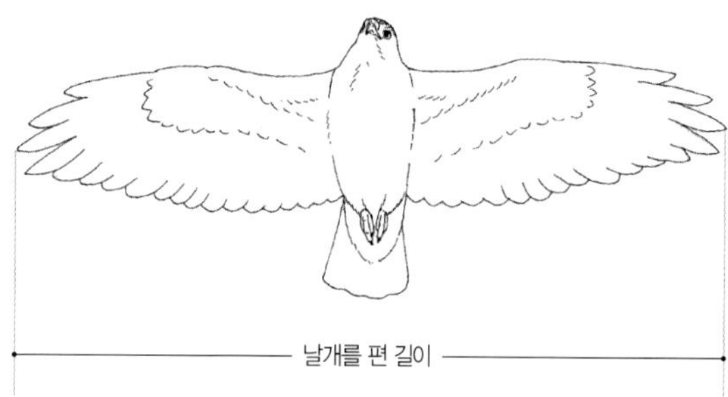

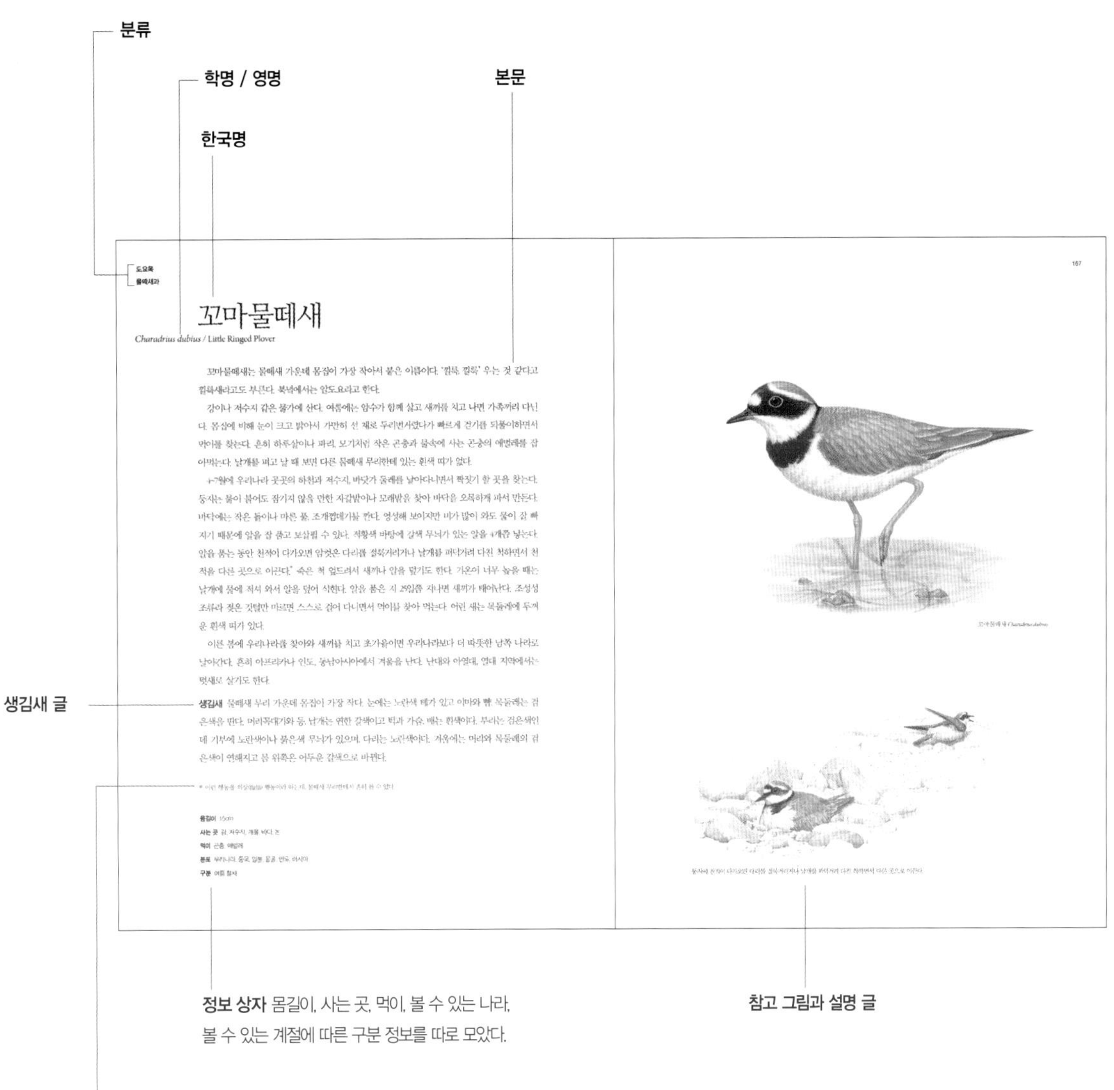
분류
학명 / 영명
본문
한국명
꼬마물떼새
생김새 글
정보 상자 몸길이, 사는 곳, 먹이, 볼 수 있는 나라,
볼 수 있는 계절에 따른 구분 정보를 따로 모았다.
참고 그림과 설명 글
주 본문 내용을 자세히 풀어 주거나
추가 정보를 달았다.

차례

3. 더 알아보기

그림으로 찾아보기

비오리 106
아비 110
꿩 108
논병아리 112
뿔논병아리 114
따오기 118
황새 116
덤불해오라기 124
노랑부리저어새 120
저어새 122
해오라기 126

황로 128
왜가리 130
중대백로 132
노랑부리백로 134
물수리 138
가마우지 136
독수리 140
참매 142
솔개 144
말똥가리 146
뜸부기 148
물닭 150

재두루미 152
두루미 154
흑두루미 156
검은머리물떼새 158
댕기물떼새 162
장다리물떼새 160
개꿩 164
꼬마물떼새 166
흰물떼새 168
꺅도요 170

마도요 172
삑삑도요 176
청다리도요 174
좀도요 178
민물도요 180
검은머리갈매기 184
붉은부리갈매기 182
재갈매기 188
괭이갈매기 186
제비갈매기 190
벙어리뻐꾸기 194
멧비둘기 192
뻐꾸기 196

소쩍새 198
수리부엉이 200
올빼미 202
솔부엉이 204
쏙독새 208
쇠부엉이 206
파랑새 210
호반새 212
청호반새 214
물총새 216
후투티 218

쇠딱따구리 220
오색딱따구리 222
청딱따구리 226
크낙새 224
매 230
황조롱이 228
꾀꼬리 232
어치 234
까치 236

까마귀 238
홍여새 240
진박새 242
곤줄박이 244
쇠박새 246
박새 248
종다리 250
뿔종다리 252
직박구리 254
제비 256
귀제비 258
휘파람새 260
오목눈이 262
산솔새 264

붉은머리오목눈이 268
동박새 270
개개비 266
굴뚝새 274
상모솔새 272
동고비 276
호랑지빠귀 280
흰배지빠귀 282
찌르레기 278
노랑지빠귀 284
큰유리새 288
개똥지빠귀 286
유리딱새 292
울새 290

흰눈썹황금새 294
딱새 296
바다직박구리 298
물까마귀 300
참새 302
노랑할미새 304
알락할미새 306
되새 308
콩새 310
멋쟁이 312
양진이 314
방울새 316
솔잣새 318
멧새 320
노랑턱멧새 322

1. 새 개론

자연과 새

새의 기원

사람과 새

새와 생태계

새의 기원

새는 사람들과 아주 가까운 동물 가운데 하나다. 깊은 숲 속과 바다, 끝없는 사막, 드높은 산봉우리와 얼음으로 덮인 극지방까지 세계 어디서든 새를 볼 수 있다. 종 수만 해도 모두 9,000종쯤 되고, 각 종마다 퍼져 사는 개체 수를 따지면 땅 위에 사는 척추동물 가운데 가장 많다. 이렇게 흔한 새는 대체 언제부터 살아왔고, 다른 동물과 달리 어떤 특징을 지니고 있을까?

1 새의 조상, 시조새

지구에 새가 처음으로 나타난 때는 지금으로부터 1억 5000만 년쯤 전인 중생대 쥐라기 말기로 알려져 있다. 1861년에 독일 바이엘 지방에서 골격은 파충류(爬蟲類)인 도마뱀과 비슷하게 생겼지만 새의 가장 큰 특징인 날개와 깃털이 있는 동물 화석이 발견되었는데, 이 화석이 쥐라기 것으로 밝혀졌기 때문이다. 영국 고생물학자 리처드 오언은 이 화석에 나타난 동물에 '*Archaeopteryx macrura*'라는 학명을 붙였다. 'Archaeopteryx'는 '고대 깃털' 또는 '고대 날개'라는 뜻으로, 학명은 새의 시조, 조상이라는 뜻이다. 우리나라에서는 '시조새'라는 이름으로 부른다. 그 뒤에도 곳곳에서 시조새와 비슷한 화석이 여러 개 발견되었다. 날개와 깃털이 있으면서 꼬리뼈가 긴 것은 시조새와 같았지만, 시조새에서는 보이지 않았던 머리 부분에 공룡과 비슷한 턱과 이빨이 있었다. 이런 자료들을 바탕으로 오래 연구한 끝에 많은 학자들은 지금 우리가 '조류'라고 부르는 동물이 본디 파충류, 그 가운데 두 발로 걷는 공룡인 수각류(獸脚類)에서 시작되어 오랜 세월이 흐르는 동안 진화한 것이며, 시조새 화석들이 그 사실을 뒷받침하는 증거라고 보고 있다.

시조새 화석은 언뜻 보면 지금의 새들과 생김새가 비슷해 보인다. 꼬리뼈가 도마뱀처럼 길기는 하지만 다른 생김새는 거의 비슷하고 앞다리도 날개처럼 깃털이 달려 있으며 꼬리에도 깃털이 있다. 깃털 구조도 지금 새들의 깃털과 큰 차이가 없다.

하지만 골격을 자세히 견주어 보면 다른 점이 많다. 시조새는 지금 새들과 달리 뼈 속이 차 있고 긴 꼬리뼈가 있어 몸무게가 더 많이 나갔을 것으로 보인다. 지금 새들은 가슴뼈(복장뼈)에 용골 돌기가 있고 그 자리에 날갯짓할 때 쓰이는 근육이 넓게 붙어 있는데, 시조새는 용골 돌기가 없는 것으로 보아 날개 근육 또한 크게 발달하지 않았던 것으로 짐작된다. 깃털이 붙어 있어 날개처럼 보이는 앞다리도 뼈 생김새가 날기에 알맞지 않아서 지금의 새처럼 먼 거리를 자유롭게 날아다니지는 못했을 것이라고 한다.

2 시조새의 진화

이처럼 시조새는 새도 아니고 도마뱀도 아닌 어중간한 모습에 제대로 날지도 못했던 것으로 보인다. 하지만 오랜 세월 동안 끊임없는 진화와 분화를 거듭하여 신생대 제3기 무렵인 지금으로부터 약 5400만 년 전에 비로소 지금과 같은 모습을 한 새가 나타나기 시작했다고 한다. 무엇보다 하늘을 날아다니는 데 알맞도록 앞다리는 완전한 날개가 되었고, 뒷다리는 작아졌다. 시조새가 지니고 있던 무거운 턱과 이빨이 사라지고 부리가 생겼다. 뼈 속은 비고 길었던 꼬리뼈가 짧아져서 몸이 더욱 가벼워져 날기 좋게 되었으며 꼬리깃을 움직여 방향을 잡기도 훨씬 수월해졌다.

시조새 화석(1861년 발견, 런던 자연사 박물관)

시조새 상상도

사람과 새

새는 사람과 달리 날개를 지니고 있어 하늘을 날 수 있는 동물이다. 오랜 옛날부터 사람들은 사람 손길이 미치지 않는 높은 하늘을 나는 새를, 하늘에 있는 신과 땅에 사는 인간을 이어 주거나 뜻을 전달하는 신비한 존재로 보았다. 신에게 제사를 지내던 제사장이 깃털로 꾸민 모자를 쓰거나 새 문양을 새긴 장신구를 즐겨 썼던 것도 자신이 새처럼 사람과 신을 이어 주는 역할을 한다는 것을 보여 주려 한 것으로 보인다. 티베트에는 아직도 사람이 죽으면 새가 주검을 쪼아 먹게 하는 조장(鳥葬) 풍습이 남아 있는데, 새가 사람의 영혼을 하늘로 옮겨 준다고 믿기 때문이다. 오늘날까지 세계 곳곳에 전해 내려오는 옛이야기들에서도 새는 신성함이나 예시자, 수호신, 지혜 들을 상징하는 모습으로 많이 나온다. 그만큼 새는 오랜 시간 사람과 가까이 지내면서 중요한 뜻을 지닌 존재가 되었다. 우리 조상들도 마을 들머리에 오리나 기러기 꼴로 솟대를 만들어 세우고 마을을 지켜 주는 수호신으로 여기는가 하면, 새 울음소리로 길흉을 점치기도 했다.

사람들끼리 소식을 주고받는 데 비둘기를 처음 쓰기 시작한 것은 약 3,000년 전 고대 이집트와 페르시아 사람들이다. 낯선 곳에 떨어뜨려 놓아도 본디 있던 곳으로 찾아가는 귀소(歸巢) 본능이 발달한 비둘기를 길들여 멀리 떨어진 곳에 있는 사람들과 연락하는 도구로 쓴 것이다. 우리나라에도 일제 강점기에 기상 관측소와 일본군 군용 기지를 오가며 기상 상태를 전하던 비둘기가 있었다는 기록이 있고, 한국 전쟁 때도 멀리 떨어진 같은 편끼리 비둘기로 소식을 주고받았다고 한다.

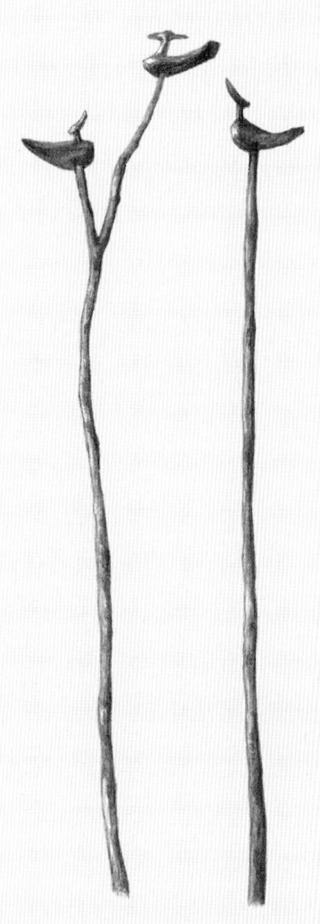

사람들은 처음에는 먹을거리를 얻으려고 산과 들에 나가 새를 사냥했다. 그러다가 먹을거리를 좀 더 쉽게, 많이 얻으려고 야생의 새를 잡아 온 다음 오랜 세월 동안 길들이고 짝짓기를 시켜 집짐승으로 만들기도 했다. 닭, 메추라기, 칠면조, 오리, 비둘기, 거위, 타조 들을 키워서 고기와 알을 먹고 깃털과 가죽은 필요한 물건을 만드는 데 썼다. 색과 생김새가 아름다운 꿩, 공작의 깃털은 장식하는 데 즐겨 쓰고 카나리아, 십자매, 앵무새처럼 울음소리가 아름답거나 사람 말을 곧잘 흉내 내는 재주가 있는 새는 가까이 두고 기르면서 즐겼다.

우리 조상들도 오래전부터 새를 가까이 여기며 살아왔다. 산과 들, 강과 냇가는 물론이고 사람 사는 집에도 둥지를 틀고 살아서 어떤 동물보다도 흔히 볼 수 있었기 때문이다. 우리 조상들이 예로부터 즐겨 잡았던 새 가운데 꿩이 있다. 신석기 시대 유적지에서도 꿩 뼈가 많이 나왔고 《삼국사기》를 비롯한 여러 문헌에서도 꿩 사냥과 꿩고기를 먹는 것에 대한 기록이 나타난다. 새해 첫날에 먹는 떡국도 본디 꿩을 삶아 국물을 내고 고기를 찢어 고명으로 얹어 먹던 것이 닭이 더 흔해지면서 바뀌었다고 한다. 꿩 깃털은 색깔이 화려하고 아름다워서 모자나 깃대, 화살을 꾸미는 데도 많이 썼다.

그런데 이 쓸모 많은 꿩을 덫이나 맨손으로 잡기는 힘들어서 사냥을 잘하는 매를 길들여 꿩을 잡기 시작했는데 그것이 바로 '매사냥'이다. 매사냥은 4,000~5,000년 전에 몽골 유목민들이 하던 것이 우리나라와 중국, 일본에까지 전해졌다. 처음에는 먹을거리를 구하려고 매사냥을 했지만 삼국 시대에는 왕족이나 양반들이 즐겨 하는 놀이로 바뀌었다. 고려 충렬왕 때는 나라에서 매를 키우고 매사냥하는 일을 맡아보는 곳인 '응방'을 두었는데, 이것이 조선 시대까지 있었다고 한다. 일제 강점기에는 백성들도 즐겨 했지만 지금은 거의 사라지고, 전라북도 무형 문화재와 유네스코 세계무형문화유산로 지정되어 겨우 전통을 이어가고 있다.

옛날에는 매사냥에 송골매와 참매를 많이 썼다. 가을에 추수가 끝나고 농사일이 한가해지면 태어난 지 1년이 안 된 참매를 잡아 길들인 다음 겨우내 사냥하는 데 썼다. 그리고 이듬해 봄이면 다시 놓아 주곤 했다. 조선 시대까지만 해도 두 가지 매를 다 썼으나, 하루가 다르게 환경이 바뀌면서 넓고 탁 트인 곳에서 사냥하는 데 알맞은 송골매보다는 좁은 곳에서도 사냥할 수 있는 참매를 많이 쓰게 되었다. 요즘도 매사냥에는 흔히 참매를 쓴다.

새와 생태계

사람이 얼핏 보기에 새들이 사는 삶이란 그저 본능에 따라 짝짓기를 하고 새끼를 낳아 퍼뜨리는 것이 다인 듯하다. 그러나 새가 먹이를 먹고, 똥오줌을 누고, 이리저리 날아다니는 흔한 행동도 알고 보면 커다란 생태계 가운데에서 먹이 사슬의 한 고리를 이루고 생태계의 균형을 지켜 나가는 역할을 하는 것이다.

참새, 꾀꼬리, 박새, 직박구리, 동박새, 어치, 개똥지빠귀 같은 산새들은 봄여름이면 둘레에서 쉽게 구할 수 있는 곤충 따위를 잡아먹고 산다. 딱정벌레, 파리, 나비, 나방, 노린재, 메뚜기, 매미, 잠자리, 진딧물 같은 곤충과 지네 같은 벌레를 고루 먹고 그 애벌레나 알도 먹는다. 그 가운데에는 식물이나 사람, 또는 사람이 기르는 농작물에 해를 주는 것도 많은데, 산새가 그것을 적당히 잡아먹음으로써 식물과 사람이 입는 피해를 줄일 수 있다. 실제로 어느 조사에 따르면, 박새 가족이 한 해 동안 잡아먹는 벌레 수는 무려 8만 마리에 이른다고 한다.

벌레 수가 줄어드는 가을부터 겨울까지는 나무 씨앗이나 열매를 즐겨 먹는다. 소나무나 잣나무 씨앗, 뽕나무, 산수유나무, 산딸나무, 앵두나무, 참나무 열매 같은 것들이다. 여러 가지 씨앗이나 나무 열매를 먹은 산새가 여기저기 날아다니면서 똥을 누면 열매 속에 든 씨앗은 소화되지 못한 채 똥과 함께 나온다. 그런데 이 씨앗은 산새의 위장을 지나는 동안 끈끈한 소화액이 묻어서 나오기 때문에 어디든 잘 달라붙는다. 나무나 땅에 달라붙은 씨앗은 알맞은 조건이 갖추어지면 어느새 뿌리를 내리고 싹을 틔운다. 이렇게 새들은 먹이를 얻는 대신 스스로 날아갈 힘이 없는 씨앗들이 멀리 퍼져 새로 태어날 수 있게 돕는다.

물가에 사는 청둥오리, 흰뺨검둥오리, 큰고니, 논병아리, 물닭 같은 새들은 흔히 물속 생물을 먹고 산다. 물 위에 떠다니는 작은 플랑크톤부터 다양한 조류(藻類), 개구리밥, 마름 같은 식물과 물에 사는 곤충, 조개류 같은 작은 무척추동물도 먹는다. 이런 물속 생물은 적당히 있으면 물에 흘러 들어온 오염된 유기물을 분해하고 영양분을 흡수하면서 살아갈 수 있다. 하지만 수가 지나치게 불어나면 유기물을 분해하는 데 드는 산소량이 늘어나서 물속에 산소가 부족해진다. 또 물속 생물이 수면을 뒤덮어 햇빛을 막으면 다른 생물은 광합성을 할 수 없게 되어 유기물이 분해되지 않은 채 쌓여 간다. 물은 차차 썩기 시작하고, 그 속에 사는 모든 생물은 잇따라 죽게 된다. 물속에 영양 물질이 지나치게 많은 나머지 자연 정화 능력을 잃는 '부영양화(富營養化)'가 일어나는 것이다. 그런데 물새를 비롯한 물고기와 다른 생물들이 물속 생물을 먹고 사는 덕에 물속 생물은 지나치게 불어나지 않고, 부영양화도 자연스레 막을 수 있다.

매나 독수리처럼 몸집이 큰 새는 곤충을 먹고 사는 보다 작은 새들을 잡아먹는다. 작은 새 개체 수가 지나치게 늘어나면 먹이인 곤충이 줄어들고, 그 때문에 작은 새도 굶주려 줄어들면 큰 새도 먹고살기 힘들기 때문이다. 이렇게 생물들이 서로 잡아먹고 잡아먹히는 먹이사슬 속에서 어느 한 개체 수가 지나치게 늘거나 줄지 않으면서 생태계 균형은 유지된다. 그 밖에 독수리, 솔개, 까마귀 같은 새들은 들판에 나뒹구는 죽은 동물을 먹고, 괭이갈매기는 항구를 날아다니며 버려진 물고기 내장을 먹어 치워 생태계에서 청소부 역할도 하면서 살아간다.

새의 먹이사슬

몸 구조와 역할

생김새

뼈

근육

날개

깃털

감각 기관

생김새

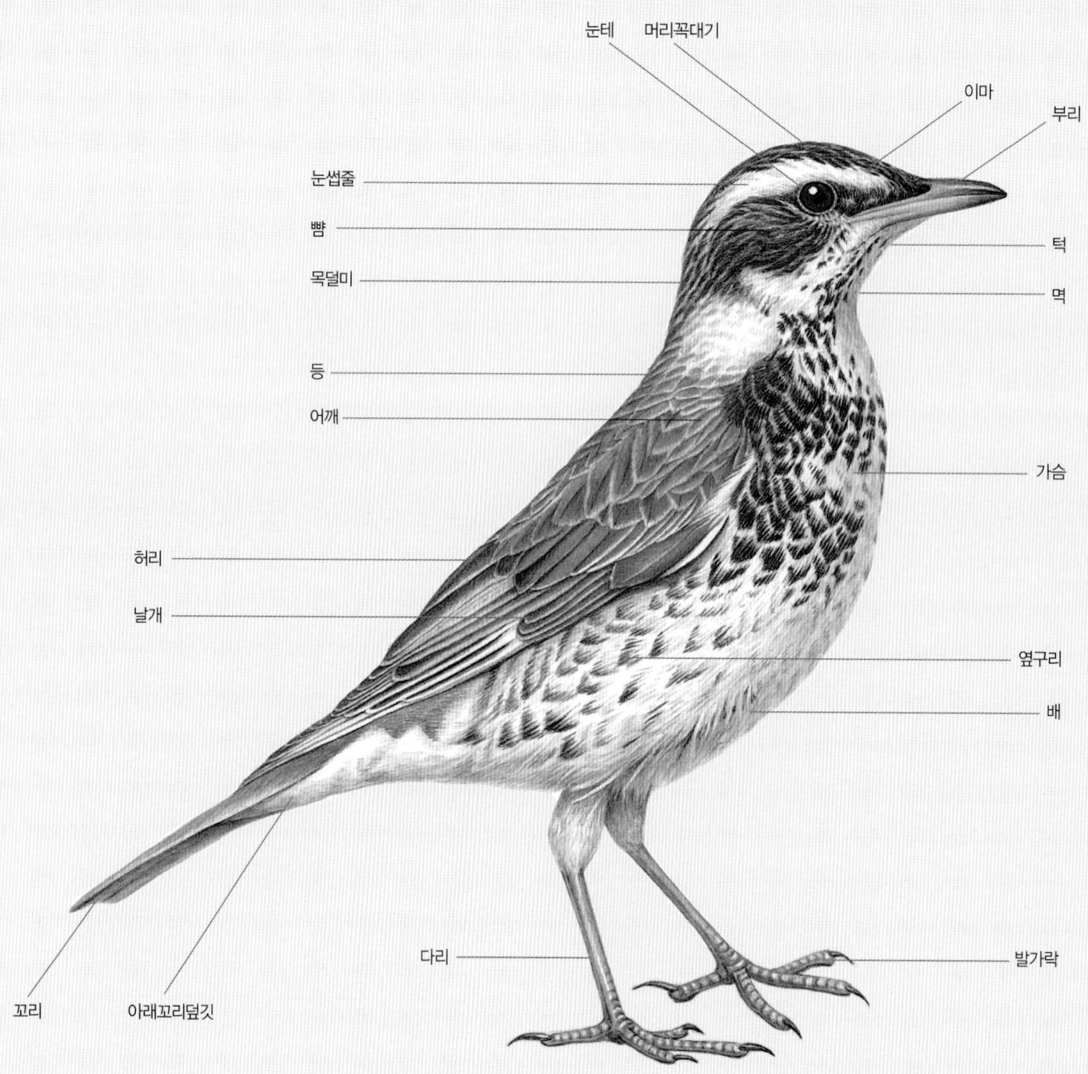

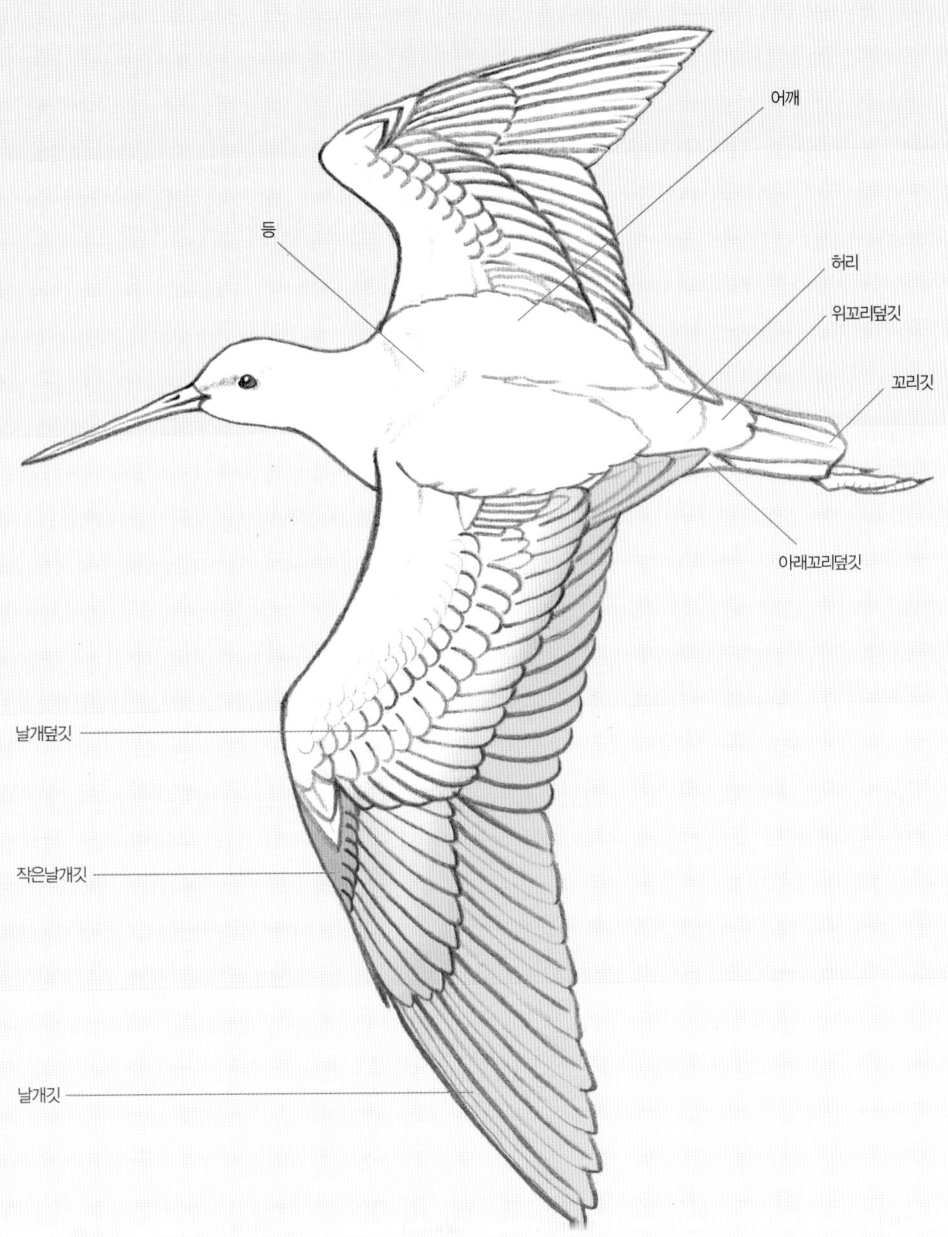
어깨
등
허리
위꼬리덮깃
꼬리깃
아래꼬리덮깃
날개덮깃
작은날개깃
날개깃

뼈

새 뼈는 속이 비어 있거나 가는 조직이 얼기설기 얽혀 있고 공기가 채워져 있어 가벼우면서도 단단하다. 몸 전체 뼈 가운데 머리, 다리, 날개 뼈는 빈 곳이 많아서 더욱 가볍고 몸통뼈는 비교적 빈 곳이 적어 새가 하늘을 날 때 무게 중심을 잡아 준다.

머리는 머리뼈와 턱뼈로 이루어져 있다. 머리뼈는 두께가 얇고 눈구멍이 반쯤을 차지하고 있어서 가벼울 뿐만 아니라, 몸집이나 머리에 비해 눈알이 커서 시각 범위가 넓거나 시력이 좋은 것을 짐작할 수 있다. 또 다른 동물에게 있는 이빨을 지닌 무거운 턱뼈 대신 속이 빈 가벼운 부리가 있다.

날개에는 날개뼈와 관절이 여러 개 있어 접고 펼 수 있다. 하늘을 날 때는 날개를 거의 일직선으로 펼친 채 위아래로 저어 날갯짓을 하고, 땅이나 나무 위에 앉을 때는 Z 자 꼴로 접어 부피를 줄인다. 날개뼈는 위팔뼈와 아래팔뼈, 손뼈로 이루어져 있다. 손뼈에 있던 손가락뼈 5개 가운데 4번째와 5번째 손가락은 없어지고 나머지 3개 가운데 2번째, 3번째 손가락은 퇴화하여 아주 작아졌다. 아직 움직일 수 있는 손가락뼈 하나는 흔히 엄지라고도 하는데 짧은 깃털이 몇 개 달린 작은날개깃(소익)이 되었다.

장기를 둘러싸는 갈비뼈는 작지만 가슴뼈는 크고 넓적하게 생겼다. 가슴뼈는 하나로 되어 있는데 하늘을 나는 새는 크고 튼튼한 가슴 근육을 받쳐 줄 수 있게 용골 돌기가 발달해 있다. 타조처럼 날지 못하는 새는 가슴뼈가 작고 용골 돌기가 없다. 꼬리뼈는 다른 척추동물 꼬리뼈가 끝으로 갈수록 작고 가늘어지는 것과 달리 끝으로 갈수록 크고 굵어진다. 꼬리뼈 맨 끝에 있는 가장 크고 넓적한 뼈 양쪽으로 꼬리깃이 달리는데, 새가 땅에서 날아오를 때 날개와 함께 꼬리에 큰 힘을 받기 때문이다.

날개와 가슴에 비해 다리나 발은 크기가 작다. 다리와 발은 모두 18~20개에 이르는 뼈로 이루어져 있는데 크게 넓적다리뼈, 정강뼈, 발뼈로 나눈다. 발뼈는 다시 부척(발바닥뼈)과 10개의 발가락뼈로 나눈다. 대부분의 새들은 앞발가락이 3개, 뒷발가락이 1개인데 발가락뼈는 몸통 안쪽부터 바깥쪽으로 헤아릴 때 뒷발가락은 한 개, 첫째 발가락은 2개, 둘째 발가락은 3개, 맨 바깥에 있는 셋째 발가락은 4개의 뼈로 이루어져 있다. 이렇게 발가락뼈가 작고 여러 개로 이루어져 있는 것은 새가 나뭇가지를 잡고 앉거나 먹이를 꽉 움켜쥔 채 하늘을 날 수 있도록 진화한 것으로 짐작한다.

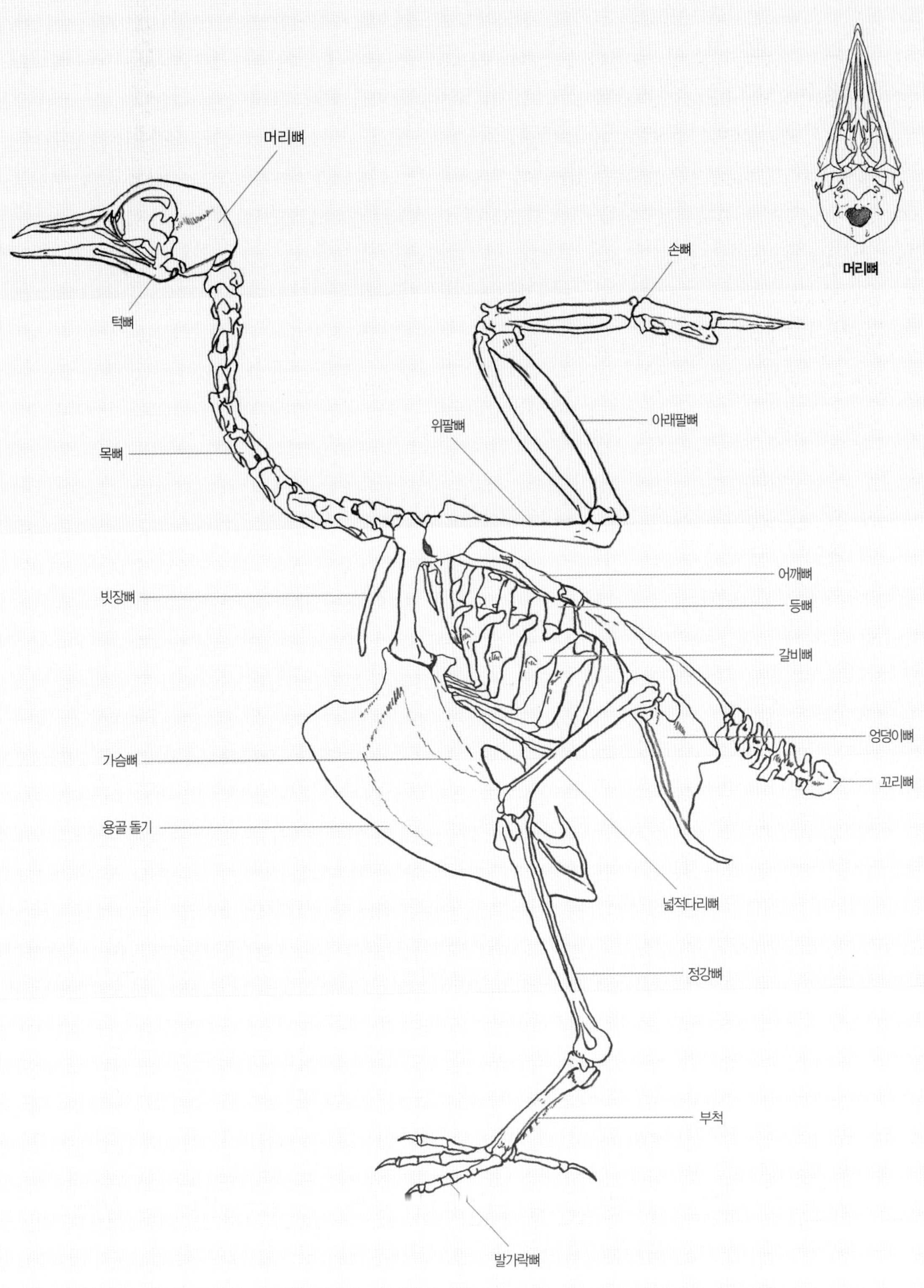
머리뼈
턱뼈
손뼈
머리뼈
목뼈
위팔뼈
아래팔뼈
빗장뼈
어깨뼈
등뼈
갈비뼈
엉덩이뼈
가슴뼈
꼬리뼈
용골 돌기
넓적다리뼈
정강뼈
부척
발가락뼈

근육

새 가슴뼈에는 날갯짓할 때 쓰이는 가슴 근육이 붙어 있는데 잘 발달한 가슴 근육은 새 몸무게의 15~25%에 이른다. 사람의 가슴 근육이 몸무게의 1%쯤 된다고 하니 새는 작은 몸집에서 가슴 근육이 꽤 많은 부분을 차지하는 셈이다. 새는 이 크고 단단한 가슴 근육 덕에 날갯짓을 할 때 생기는 커다란 공기 저항에 맞서서 앞으로 나아갈 수 있다. 그래서 흔히 땅 위에서 지내는 꿩 같은 새보다 하늘을 날아다니며 사는 수리나 매 같은 새가 가슴뼈와 가슴 근육이 훨씬 발달해 있다. 날지 못하는 타조는 커다란 몸집에 비해 가슴뼈가 작고 가슴에 붙은 근육도 적다.

가슴 근육은 위팔 근육과 폭 넓게 이어져 있고 가슴 근육의 끄트머리는 가슴뼈 가운데에 있는 용골 돌기까지 단단하게 이어져 있다. 위팔뼈를 감싸고 있는 위팔 근육은 가슴 근육과 마치 한 덩어리처럼 몸통에 단단하게 붙어 있기 때문에 새는 위팔뼈를 사람처럼 마음대로 움직일 수 없다. 그래서 위팔뼈를 거의 몸통에 붙인 채 날갯짓을 한다. 드물게 오세아니아와 남아메리카에 퍼져 사는 로열앨버트로스royal albatross처럼 위팔뼈까지 들고 날개를 일직선으로 길게 펼친 채 나는 새도 있지만 사실 이런 새들은 날갯짓을 해서 난다기보다는, 길고 넓은 날개를 써서 수평으로 부는 바람을 타고 날아다닌다.

다리에는 작은 근육이 여러 개 있는데 거의 위쪽에 모여 있다. 부척 위쪽에 있는 정강이는 근육이 많지만 부척은 근육이 거의 없고 뼈와 힘줄로 이루어져 있어 무게도 아주 가볍다. 다리와 발가락은 힘줄로 이어져 있고 발가락마다 안쪽으로 또 다른 힘줄들이 있다. 새가 땅 위에 서 있거나 걸을 때 발가락을 넓게 벌린 채 땅을 디디면 힘줄은 느슨하게 풀어진다. 새가 나뭇가지에 앉을 때는 이 힘줄이 당겨지면서 발가락이 자연스레 오므라든다. 힘줄이 발가락을 단단히 붙들어 주기 때문에 새는 나무 위에서 잠이 들더라도 떨어지지 않는다.

날개깃과 뼈 사이에 있는 근육은 얇지만 단단해서 날개를 튼튼하게 받쳐 준다.

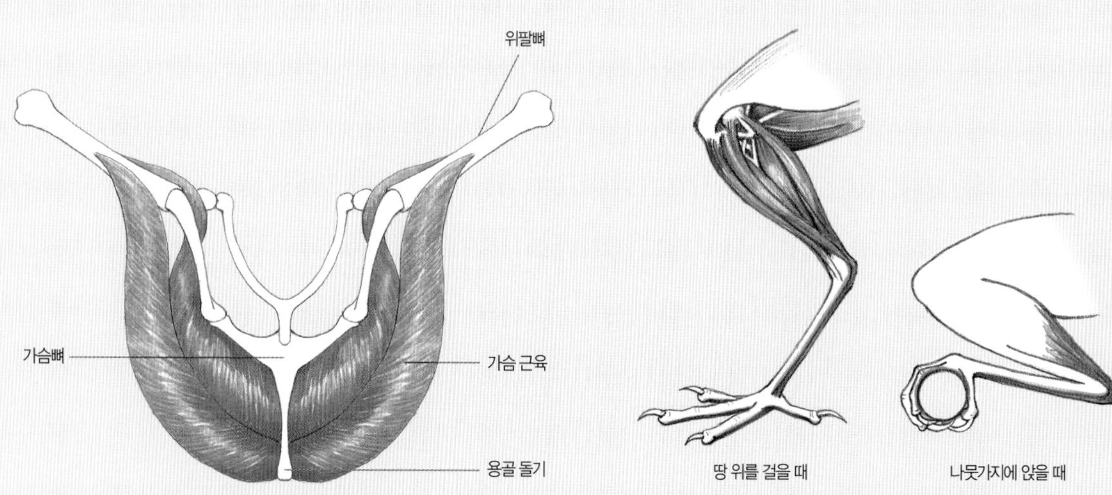

땅 위를 걸을 때

나뭇가지에 앉을 때

새와 사람의 뼈

새 날개는 사람 팔에 해당한다. 둘 다 위팔뼈와 아래팔뼈, 손뼈로 이루어져 있어 얼핏 보면 생김새가 비슷해 보이지만 구체적인 기능이나 움직일 수 있는 범위는 많이 다르다.

사람 팔은 몸통과 위팔뼈가 관절로 이어져 있지만 둘 사이를 이어 주는 근육은 적어서 위팔을 위아래나 앞뒤로 마음대로 움직일 수 있다. 그러나 새는 가슴 근육이 발달하여 가슴뼈와 위팔뼈를 단단하게 잇고 있어서 위팔을 사람처럼 자유롭게 움직일 수가 없다. 그래서 위팔뼈는 거의 몸통에 붙인 채 아래팔뼈와 손뼈만 쭉 폈다가 접기를 되풀이하면서 날갯짓을 한다. 손가락은 두 개가 없어지고 나머지 세 개 가운데 하나만 움직일 수 있어 날갯짓하는 데 쓴다.

새 다리도 사람 다리처럼 크게 넓적다리뼈와 정강뼈, 발뼈로 이루어져 있지만 생김새와 관절 움직임은 사람과 많이 다르다.

사람은 걸을 때 넓적다리 위쪽 관절과 무릎 관절, 발목 관절을 써서 움직이는데, 이때 넓적다리와 정강이 사이에 있는 무릎 관절은 앞쪽으로 꺾이면서 움직인다. 발은 발가락과 나머지 부분 모두 일직선으로 땅에 닿는다. 하지만 새 다리는 넓적다리뼈의 근육이 몸통에 함께 붙어 있어서 날개의 위팔뼈처럼 거의 움직일 수 없다. 새 다리에서 사람의 발에 해당하는 부분은 발가락뼈과 부척으로 나뉘어 있는데 발가락뼈만 땅에 닿고 부척은 위로 들려 있다. 사람으로 치면 발꿈치를 든 채 까치발을 하고 서 있는 생김새다. 정강뼈와 부척 사이 관절은 뒤쪽으로 꺾인다. 마치 사람 무릎에 해당하는 부분이 반대로 꺾인 것처럼 보이지만 사실은 사람 발뒤꿈치에 해당하는 부위다. 이 부분이 뒤쪽으로 꺾이고 발가락이 앞으로 나옴으로써 새 다리는 무게 중심을 제대로 잡을 수 있다. 발가락은 10개의 작은 뼈로 이루어져 있어서 걷거나 앉을 때뿐만 아니라 먹이를 잡거나 먹을 때 마치 사람 손처럼 쓴다.

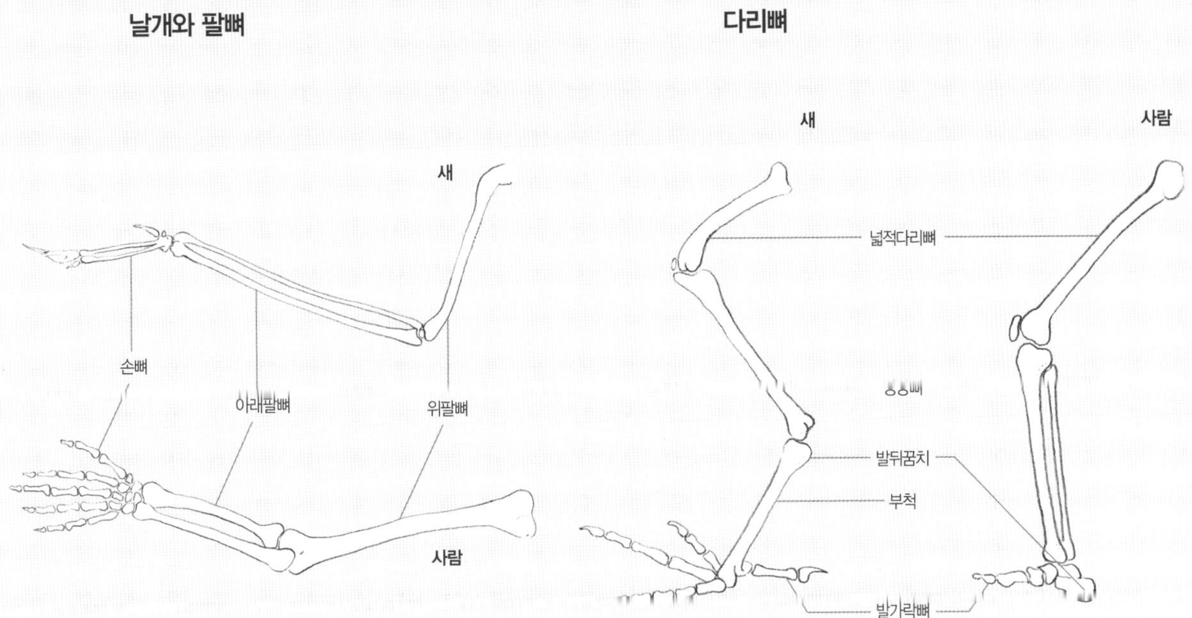

날개

1 날개 구조

새 몸에서 가장 중요한 것은 날개다. 날개는 새를 상징하고, 다른 동물과 구별할 수 있게 하는 증거가 된다.

날개에는 날개깃과 덮깃, 작은날개깃이 있다. 날개깃은 뼈와 연결되어 있고 그 사이를 단단한 근육이 잡아 주기 때문에 힘을 적게 들이고도 마음대로 날 수 있다. 날개깃은 날개 뒤쪽 가장자리에 나란히 늘어서 있는데 다시 세 가지로 나뉜다. 날개 끄트머리에 있는 깃을 첫째날개깃이라 하는데 9~10장쯤 된다. 새는 이 깃을 움직여 앞으로 나아가는 힘을 얻는다. 그 안쪽에 늘어선 깃을 둘째날개깃이라 하는데 적게는 6장부터 많게는 30장이 넘는다. 이 깃은 날개를 굽혔을 때 곡선을 이루어 공기 저항을 줄여 준다. 몸 쪽으로 붙은 깃 몇 장은 셋째날개깃이라고 한다. 다른 날개깃보다 길이가 짧지만 날개와 몸통이 자연스레 이어지도록 받쳐 준다. 날개깃을 겹겹이 덮고 있는 덮깃들은 날개 위쪽을 감싸서 날개가 매끈한 곡선을 이루도록 꼴을 잡아 준다. 작은날개깃은 새가 급히 방향을 바꿀 때 공기 흐름을 매끄럽게 잡아 주어 몸이 아래로 떨어지는 것을 막아 준다. 날개 밑면에는 날개깃을 덮고 있는 아래날개덮깃과 몸 쪽 가까이에 겨드랑깃이 있다.

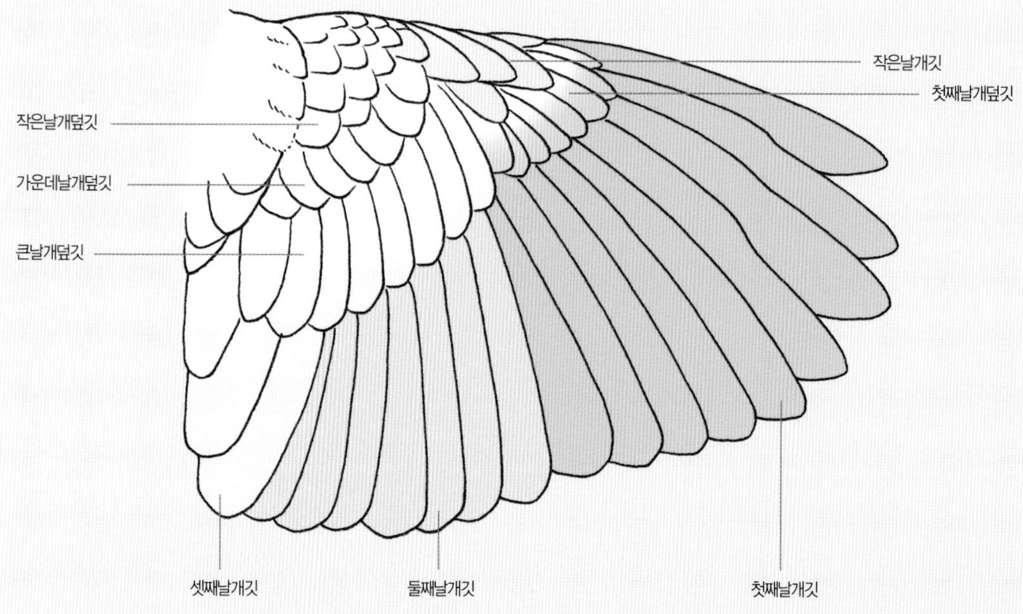

2 여러 가지 날개 생김새

새 날개는 기본적인 생김새는 대부분 비슷하지만 자세히 보면 조금씩 차이가 있다. 오랜 세월 동안 그 새가 주로 사는 장소와 나는 방식에 가장 알맞게 바뀌어 왔기 때문이다. 이처럼 많은 새들이 종에 따라 저마다 독특한 날개깃을 가지고 있기 때문에 깃 생김새, 날개깃이 몸에 붙은 부분을 비교하거나 첫째날개깃의 수를 세고 길이를 재는 것으로 새를 동정하기도 한다. 흔히 갈매기류처럼 탁 트인 곳에서 살면서 먼 거리를 날아다니는 새들은 날개 뒤쪽 가장자리가 C 자 꼴에 가깝고 날개깃이 허리까지 붙어 있다. 반대로 꿩이나 참새처럼 장애물이 많은 곳에 살면서 짧게 날아다니는 새들은 날개 뒤쪽 가장자리가 둥그스름하다. 독수리, 말똥가리처럼 들에 사는 새 가운데 몸집이 큰 새들은 날개가 큼직하고 폭이 넓으며 제비, 매, 황조롱이 같은 새는 길이가 짧고 폭이 좁으면서 끝이 뾰족하다.

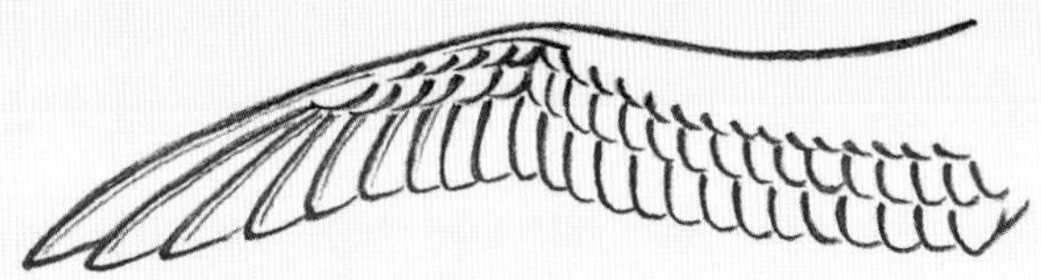

갈매기류
날개 폭이 좁고 길이가 길며 끝이 뾰족하다. 파도치는 바다에서 바람을 타고 날기에 알맞다. 날갯짓을 하면 시속 40km쯤으로 날 수 있지만 바람이 세게 불 때는 날갯짓을 거의 하지 않고도 상승 기류를 타고 날아다닌다.

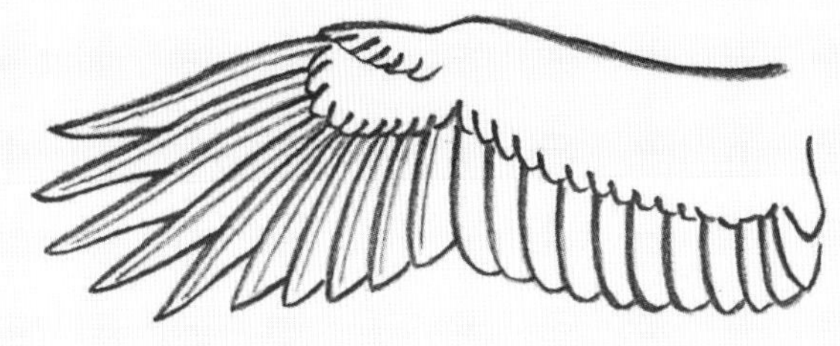

독수리, 말똥가리
날개가 큼직하고 날개 폭이 넓다. 그만큼 공기 저항을 많이 받기 때문에 빨리 날지는 못하지만 따뜻한 공기를 타고 위로 올라가기에 좋다. 날개 끝 깃털이 길고 깃털 사이사이가 손가락처럼 벌어져 있어 바람 방향을 바꾸기도 쉽다.

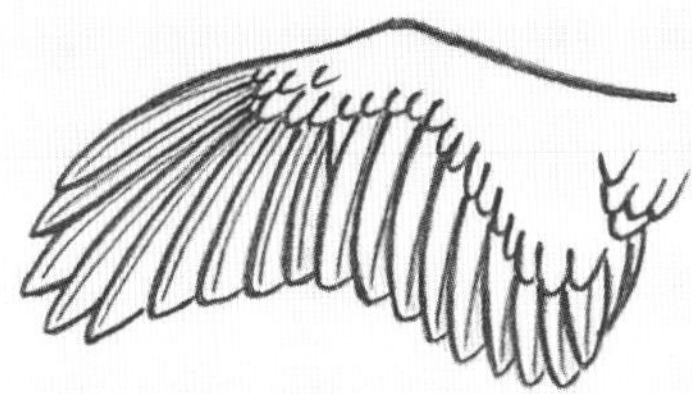

꿩, 딱따구리, 되새, 참새
날개 폭이 넓고 둥그스름하다. 다른 새들에 비해 날갯짓하기가 쉬워서 속도를 빠르게 높일 수 있고 먹이를 잡아먹거나 도망가면서 순간적으로 방향을 바꾸기 쉽다.

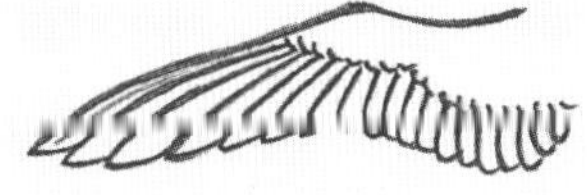

제비, 매, 황조롱이
길이가 짧고 날개 폭이 좁으면서 끝이 뾰족하다. 공기와 부딪치는 면적이 작아서 오랫동안 빠르게 날 수 있다. 이런 날개를 가진 새는 땅 위에 내려앉는 일 없이 거의 공중에 떠서 지낸다.

3 나는 원리

새는 온몸이 날기에 알맞도록 발달한 동물이다. 몸집에 견주어 몸무게가 아주 가볍고, 크고 단단한 가슴 근육은 근육이 거의 없이 뼈로 이루어진 날개를 든든하게 받쳐 주어 날개를 힘차게 퍼덕일 수 있다. 깃털은 몸을 하늘로 솟게 하고 앞으로 나아가는 데 도움을 주고 체온을 유지해 준다.

앞다리가 진화한 날개는 앞쪽은 둥글고 두툼하면서 뒤로 갈수록 뾰족하고 두께도 얇아지기 때문에 새가 공기 저항을 줄이면서 날 수 있다. 날아오를 때는 날개깃을 비틀어서 깃털 사이에 공기가 흘러나갈 틈을 만들어 손쉽게 들어 올렸다가 다시 날개깃 틈을 없애 판판하게 한 다음 힘차게 내리치면 공기가 뒤로 밀리면서 몸이 자연스레 앞으로 나아간다. 날다가 방향을 바꿀 때는 날개나 꼬리를 움직인다. 위로 날아오를 때는 날개 앞쪽과 꼬리를 들어 주고, 아래로 내려갈 때는 날개 앞쪽과 꼬리를 내려 주면서 공기 흐름을 조절한다.

새가 날갯짓을 하면 공기는 날개 아래쪽보다 위쪽에서 더 빨리 흐른다. 날개 위쪽은 살짝 불룩하고 아래쪽은 안으로 굽어 있어서 같은 시간 동안 공기가 지나는 거리가 더 길기 때문이다. 공기가 흐르는 속도가 다르면 기압도 달라지는데, 이 기압 때문에 날개를 위에서는 끌어당기고 밑에서는 밀어 올리는 힘이 생긴다. 이 힘을 '양력(揚力)'이라고 하는데 새는 양력을 받아 하늘을 난다. 비행기도 새처럼 날개에서 생기는 양력을 써서 하늘을 난다.

그런데 날갯짓을 할 때 날개가 위쪽으로 지나치게 기울어지면 공기 흐름이 흐트러지면서 양력이 사라진다. 그럴 때 새는 날개 위쪽 귀퉁이에 따로 붙어 있는 작은날개깃를 쓴다. 날개가 위쪽으로 너무 꺾여 몸이 아래로 떨어지려고 할 때 작은날개깃를 움직여 공기를 뒤로 보내면 공기 흐름이 매끄러워지면서 양력이 다시 생긴다. 바람과 기압을 고르게 유지하는 데 도움을 주는 작은날개깃은 하늘을 날 때 꼭 필요한 기관이다.

깃털 사이에 공기가 흘러나갈 틈을 만들어 날개를 손쉽게 들어 올렸다가 다시 틈을 없애 판판하게 한 다음 힘차게 내리치면 공기가 뒤로 밀리면서 몸이 앞으로 나아간다.

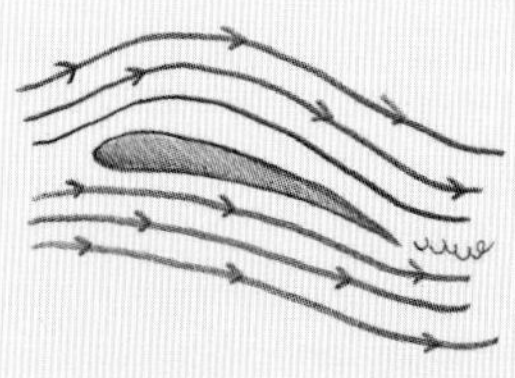

공기 흐름이 매끄러우면 양력이 유지되어 잘 날 수 있다.

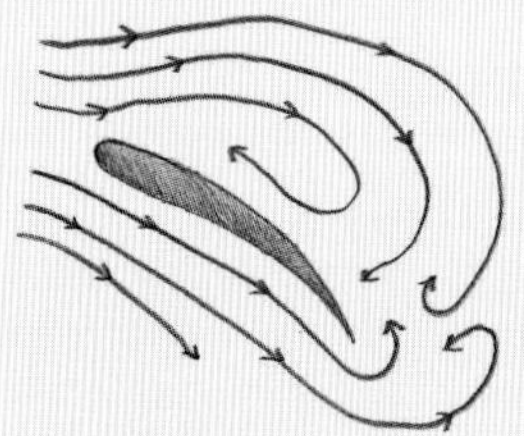

날개가 위쪽으로 너무 기울면 날개 위쪽 공기가 흐트러지고 양력이 사라진다.

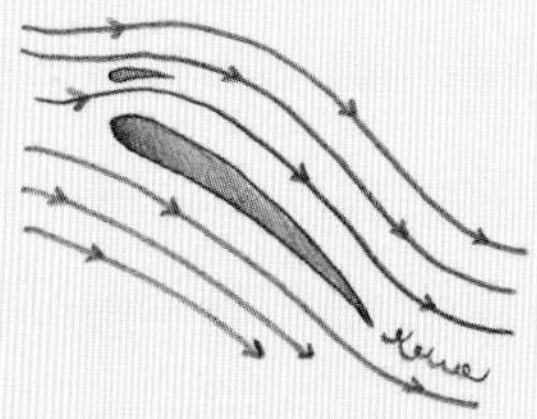

작은날개깃을 써서 공기를 뒤로 보내면 공기 흐름이 매끄러워져 양력이 다시 생긴다.

4 여러 가지 나는 법

흔히 새들은 맞은편에서 바람이 불어올 때 그 바람을 타고 날아오른다. 바람이 없을 때 몸을 띄우려면 아주 빠르게 날갯짓을 해야 해서 힘이 많이 들기 때문이다. 몸집이 커서 도움닫기와 날갯짓을 같이 해야 날아오를 수 있는 오리과 새들은 더 그렇다. 하지만 날개 앞쪽으로 불어오는 바람을 타면 날갯짓을 조금만 하고도 쉽게 날아오를 수 있다.

새들이 나는 방법 가운데 가장 기본이 되는 것은 '날개 치기'다. 그야말로 가슴 근육의 힘을 써서 날개를 연거푸 치면서 나는 것이다. 그러면 날개를 위에서는 끌어당기고 밑에서는 밀어 올리는 힘인 양력이 생기는데 이 힘을 받아 계속 날개를 퍼덕이는 것이 어느 새한테나 기본이 되는 나는 방법이다. 특히 높은 나무나 벼랑 같은 곳이 아닌 땅 위에서 공중으로 날아오를 때는 이 방법을 쓸 수밖에 없다. 비둘기나 오리과 새들은 다른 방법을 쓰지 않고 끊임없이 날개 치기를 하면서 하늘을 난다. 그만큼 다른 새들보다 가슴 근육이 많이 발달해 있다.

날개 치기로 날아오른 새는 날갯짓하는 데 드는 힘을 줄이려고 '활공'이라는 나는 방법을 쓰기도 한다. 활공은 날개를 활짝 펼친 채 바람의 힘을 받아 나는 것인데, 바람만 잘 타면 날갯짓을 거의 하지 않고도 몇 시간씩 날 수 있다. 꿩이나 갈매기과 새들이 활공을 많이 한다. 날개 치기를 해서 재빨리 몸을 위로 띄운 다음 길게 활공하기를 되풀이하는 것이다. 흔히 몸집이 큰 새가 날개가 크고 폭이 넓기 때문에 활공 거리도 길다. 몸집이 작은 새는 바람의 힘을 받는 면적도 작아서 활공 거리가 짧고 몸이 아래로 빨리 떨어진다.

몸집이 꽤 큰 편인 말똥가리나 독수리는 '범상'이라는 방법을 즐겨 쓴다. 범상은 날갯짓을 하지 않고 난다는 점에서는 활공과 비슷하지만 바람이 아닌 태양의 힘을 받아 나는 것이다. 땅이 태양 에너지를 받아 뜨거워지면 더운 공기를 하늘로 내뿜는데, 크고 넓은 날개를 지닌 새들이 날개를 펼친 채 그 공기층 속에 들어가면 위로 올라가는 공기가 날개를 받쳐 주어서 새 몸이 같이 떠오르게 된다. 자연히 날갯짓을 하지 않고도 하늘 높이 올라갈 수 있는 것이다. 몸집이 커서 날개가 크고 폭이 넓은 새들은 날개 치기를 하려면 힘이 많이 든다. 그래서 햇볕이 뜨거운 날이면 상승 기류를 타고 범상을 한다. 상승 기류에서 벗어나지 않으려고 그 안에서 빙글빙글 돌면서 올라갔다가 미끄러지듯이 내려오기를 되풀이한다.

활공이나 범상과는 반대로 아주 많은 힘을 들이면서 공중에 떠 있는 '정지 비행'이라는 방법도 있다. 그야말로 한자리에 정지한 채로 빠른 날갯짓을 계속하면서 떠 있는 것을 말한다. 공기 흐름도 타지 않고 몸을 밑으로 끌어당기는 중력에 맞서서 끊임없이 날개를 퍼덕이기 때문에 짧은 시간 동안에도 많은 힘이 든다. 황조롱이나 물총새 들이 종종 이 방법을 써서 먹잇감을 살핀 다음 재빨리 아래로 내려가 사냥한다.

깃털

1 역할과 구조

깃털은 새를 다른 동물과 구분하는 데 가장 중요한 기준이 된다. 온몸을 덮고 있는 깃털은 몸집에 따라 적게는 3,000개쯤에서부터 많게는 20,000개에 이르며 빠지고 나기를 되풀이한다. 새 몸을 싸고 있는 깃털에는 날개깃, 꼬리깃, 몸깃, 솜털 들이 있는데 저마다 다른 역할을 한다. 날개깃은 크기가 커서 다른 깃털에 비해 수가 적지만 가벼우면서도 힘이 있다. 날개를 더 크게 만들고 표면적을 넓혀서 기류를 타고 날기 쉽게 해 준다. 꼬리깃은 하늘을 날다가 잠시 멈추거나 방향을 조종하는 데 도움을 주고, 나무나 땅 위에 앉을 때는 몸의 균형을 잡아 준다. 몸 깃은 몸을 유선형으로 만들어서 날 때 공기 저항을 줄여 준다. 부드럽고 가는 솜털은 공기를 품어 겨울에도 몸을 따뜻하게 지켜 준다. 오리 같은 물새들은 깃털에서 나오는 기름 덕분에 몸이 물에 젖어 체온이 떨어질 위험 없이 마음껏 헤엄칠 수 있다. 짝짓기를 앞둔 수컷 새들은 날개나 꼬리깃을 활짝 펼치거나 흔들기도 하고 아름다운 치렛깃을 보이면서 암컷 눈길을 끌기도 한다.

깃털은 사람 머리카락과 같이 케라틴이라는 단백질로 이루어져 있어 가벼우면서도 질기다. 깃털 한가운데에는 깃축이 있고, 깃축 양쪽에는 깃가지가 모여 이루는 깃판이 있어 깃털에 힘을 실어 주고 강한 바람에도 흐트러지지 않도록 잡아 준다. 깃가지는 끝이 갈고리처럼 굽은 작은 깃가지로 단단히 얽혀 있어 깃털에 힘을 더한다. 깃촉 위쪽은 깃축에 연결되어 있고 아래쪽은 뾰족하면서 피부 속에 들어가 있다. 솜털에는 작은 깃가지와 갈고리가 없다.

2 깃털 다듬기

깃털은 새한테 매우 중요하지만 새가 먹이를 사냥하고 새끼를 키우고 여기저기 날아다니다 보면 깃털에 때가 묻어 더러워지거나 기생충이 생긴다. 닳아서 떨어지거나 듬성듬성 빠지기도 한다. 이렇게 깃털이 상하면 잘 날 수도 없고 체온을 지키기도 힘들다. 해마다 털갈이를 하기는 하지만 평소에도 깃털을 잘 다듬어 주어야 새가 살아가는 데 문제가 없다. 그래서 새들은 틈틈이 깃털을 다듬고 목욕을 한다. 깃털을 다듬을 때는 흔히 부리나 발을 쓴다. 깃털 속에 기생충이 있으면 부리로 떼어 내고, 때나 기름이 끼어 뭉친 깃털은 거친 발톱으로 가지런히 빗는다. 깃털이 물에 젖지 않도록 꼬리 쪽에 있는 기름샘에서 나오는 기름을 깃털에 고루 바르기도 한다. 백로나 왜가리는 자기 몸에 있는 분면우(粉綿羽)가 분해되면서 생기는 가루를 온몸에 바른다. 이 가루를 깃털에 바르면 몸이 물에 젖거나 때가 타는 것을 막아 준다고 한다. 몸집이 작은 산새들이나 오리, 갈매기, 도요 무리 같은 새들은 물 목욕을 한다. 얕은 물에 들어가 짧게는 몇 초, 길게는 2~3분까지 몸을 마구 흔들면서 몸을 물에 적신다. 그다음 밖으로 나와 몸을 파르르 떨면서 물기를 털어 낸다. 나뭇잎에서 떨어지는 빗방울이나 이슬을 받아 씻기도 하고 겨울에 눈이 쌓이면 눈밭에 몸을 비비기도 한다. 꿩이나 참새, 메추라기 같은 새는 물 대신 햇빛에 잘 마른 모래땅을 뒹굴거나 모래에 깃털을 비비면서 목욕을 한다. 모래는 깃털이나 피부에 있는 기름을 빨아들이고 보송하게 만들어 기생충이 생기지 않도록 도와준다. 찌르레기를 비롯한 참새목 새들은 개미집을 부순 다음 개미를 입에 문 채 몸을 문지르거나 날개를 펴고 앉아 개미가 깃털 사이사이에 돌아다니도록 하는 개미 목욕(의욕, anting)을 한다. 개미가 새의 깃털 속을 휘젓고 다니면서 폼산(formic acid)이라는 물질을 내뿜는데, 이것이 새 몸에 있는 이나 진드기를 죽인다.

깃털 구조

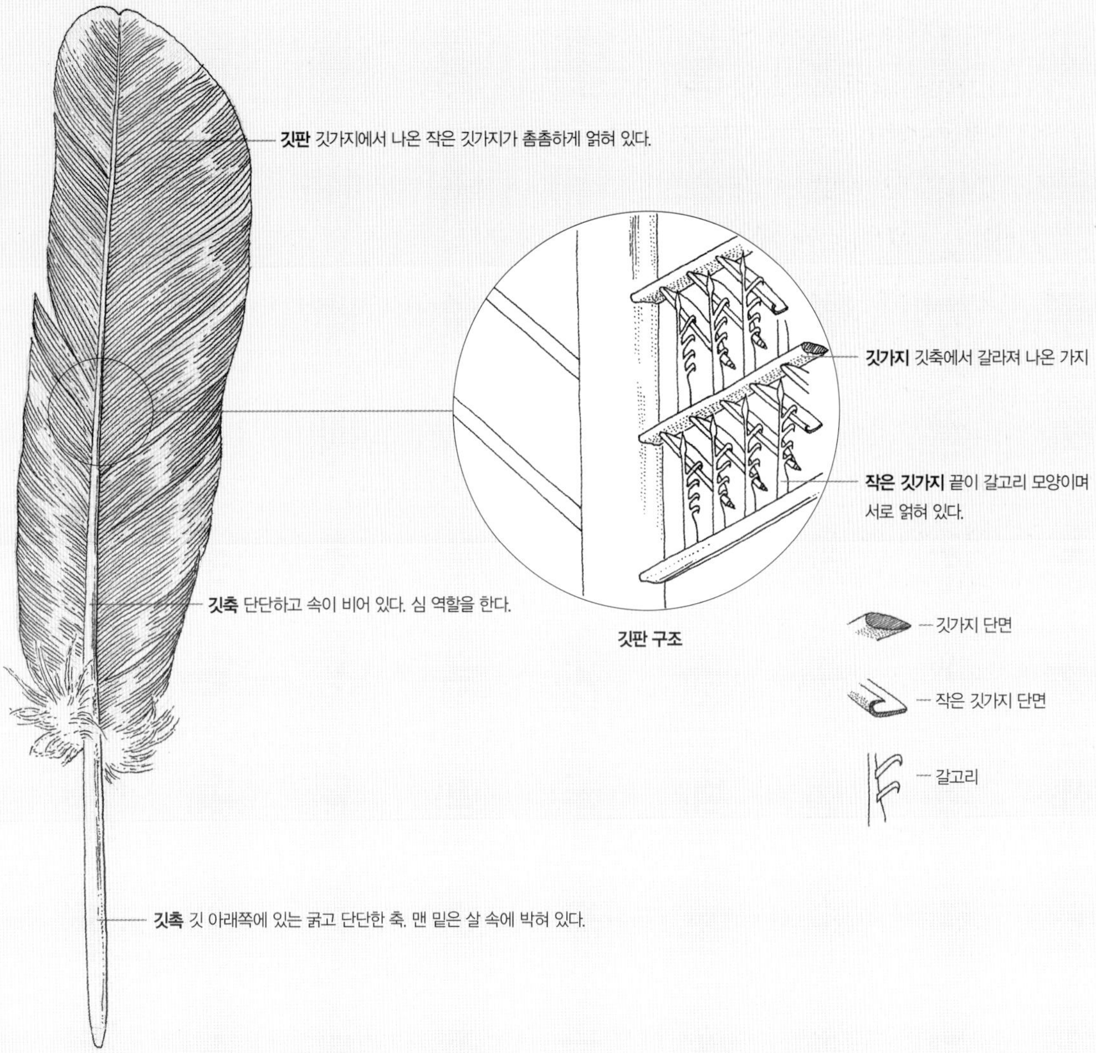

깃판 깃가지에서 나온 작은 깃가지가 촘촘하게 얽혀 있다.

깃가지 깃축에서 갈라져 나온 가지

작은 깃가지 끝이 갈고리 모양이며 서로 얽혀 있다.

깃축 단단하고 속이 비어 있다. 심 역할을 한다.

깃판 구조

— 깃가지 단면

— 작은 깃가지 단면

— 갈고리

깃촉 깃 아래쪽에 있는 굵고 단단한 축. 맨 밑은 살 속에 박혀 있다.

깃털 종류

몸 깃

솜털

날개깃

여러 가지 깃털

청딱따구리
어치
직박구리
솔부엉이
꾀꼬리
까치

감각 기관

새는 후각이나 미각은 다른 동물에 비해 뒤떨어지지만 시각과 청각은 잘 발달되어 있다. 밝은 눈과 예민한 귀로 멀리서도 먹이나 천적을 보고, 움직이거나 다가오는 소리를 들을 수 있다.

시각

새는 감각 기관 가운데 시각이 가장 많이 발달했다. 새 머리뼈를 보면 전체 크기에서 크게는 절반쯤이 눈 구멍이다. 겉으로 드러나는 부분은 얼마 안 되지만 눈알 크기가 몸집에 견주어 꽤 크고 시각 세포 개수가 많기 때문이다. 타조같이 몸집이 큰 새는 눈알도 커서 지름이 5cm나 된다. 게다가 새 눈은 사람 눈과 달리 각막과 수정체를 모두 조절할 수 있어 초점을 아주 빨리 맞춘다. 그만큼 시력이 좋은데 그 가운데서도 매과나 수리과에 들어가는 맹금류들은 사람보다 6~7배나 잘 볼 수 있다. 땅에서 수백 미터 높은 하늘을 날면서도 땅위에 돌아다니는 작은 쥐나 토끼를 알아보고는 재빨리 내려와 낚아챈다. 우거진 수풀 속에 사는 작은 동물이라도 매과나 수리과 새 눈을 비켜 가기는 힘들다. 밤에 먹이를 찾는 올빼미과 새들도 눈이 크고 시력이 좋아 컴컴한 숲 속에서도 먹잇감을 잘 찾아낸다. 그런데 작은 머리뼈 안에 큰 눈이 반쯤 차 있다 보니 눈을 움직이는 근육은 거의 발달하지 못했다. 대신 새들은 목과 머리를 움직여서 시야를 맞춘다.

새마다 볼 수 있는 범위, 곧 시야가 다르다. 머리 생김새와 눈이 있는 곳이 조금씩 다르기 때문이다. 도요과 새들은 눈이 머리 양옆에서도 조금 뒤쪽에 붙어 있어서 옆은 물론 뒤까지 넓게 볼 수 있다. 하지만 양쪽 눈에 비친 두 그림을 하나의 점에 모아 볼 수 있는 범위(양안 시야)가 좁아서, 바로 앞에 있는 것을 정확히 보거나 거리를 가늠하고 입체감을 느끼는 능력은 떨어진다. 눈앞에 있는 사물은 정확하게 못 보아도 부리 끝에 신경세포가 있어 갯벌 깊이 숨어 있는 먹이를 파헤쳐 찾는 데에는 큰 불편이 없다. 비둘기과 새들은 눈이 양옆 가운데쯤에 있어 한쪽 눈으로 볼 수 있는 범위(단안 시야)가 넓고 양안 시야도 제법 넓어 앞과 옆을 두루 살필 수 있다. 눈 앞에 있는 곤충이나 씨앗을 찾아 먹으면서, 뒤에서 다가오는 천적도 얼마쯤 경계할 수 있는 생김새다. 올빼미과 새들은 사람처럼 얼굴이 판판하고 눈도 앞쪽에 붙어 있어 양안 시야가 넓다. 따라서 입체감이나 거리를 가늠하는 능력이 뛰어나 움직이는 동물을 잡아먹기에는 좋지만, 옆이나 뒤를 잘 못 보기 때문에 뒤쪽에서 오는 천적을 알아채기는 힘들다. 대신 머리를 자유롭게 좌우로 돌려 뒤를 보는데, 많게는 270도까지 돌리는 새도 있다고 한다.

청각

얼핏 보면 새는 귀가 없는 것처럼 보인다. 사람이나 다른 동물들처럼 귓바퀴가 밖으로 튀어나와 있지 않고 흔적만 남은 데다 귓구멍이 귀깃으로 덮여 있기 때문이다. 하지만 새도 분명히 귀가 있고 소리를 들을 수 있다. 사람이나 포유류 동물에 견주면 귀 구조가 단순하지만 청력은 비슷하거나 더 나은 것으로 짐작된다. 사람처럼 가만히 있어도 소리가 들리지만 어떤 소리를 들으려고 집중을 하면 귀를 덮고 있던 귀깃이 살짝 들리면서 소리가 더 잘 들린다. 밤에 먹이를 구하는 올빼미과 새들은 시각도 좋지만 청각도 뛰어나다. 양쪽 귀가 있는 높이가 달라서 어떤 소리가 양쪽 귀에 각각 들리는 시간도 아주 짧은 차이가 나는데, 이 차이를 이용해 소리가 나는 정확한 위치와 거리를 알아낸다. 판판한 얼굴은 귓바퀴처럼 소리를 끌어모으는 역할을 한다. 집중해서 들을 때면 기다란 깃뿔이 쫑긋하게 서고 귓구멍 크기가 더 커지기도 한다.

새의 시야 각도

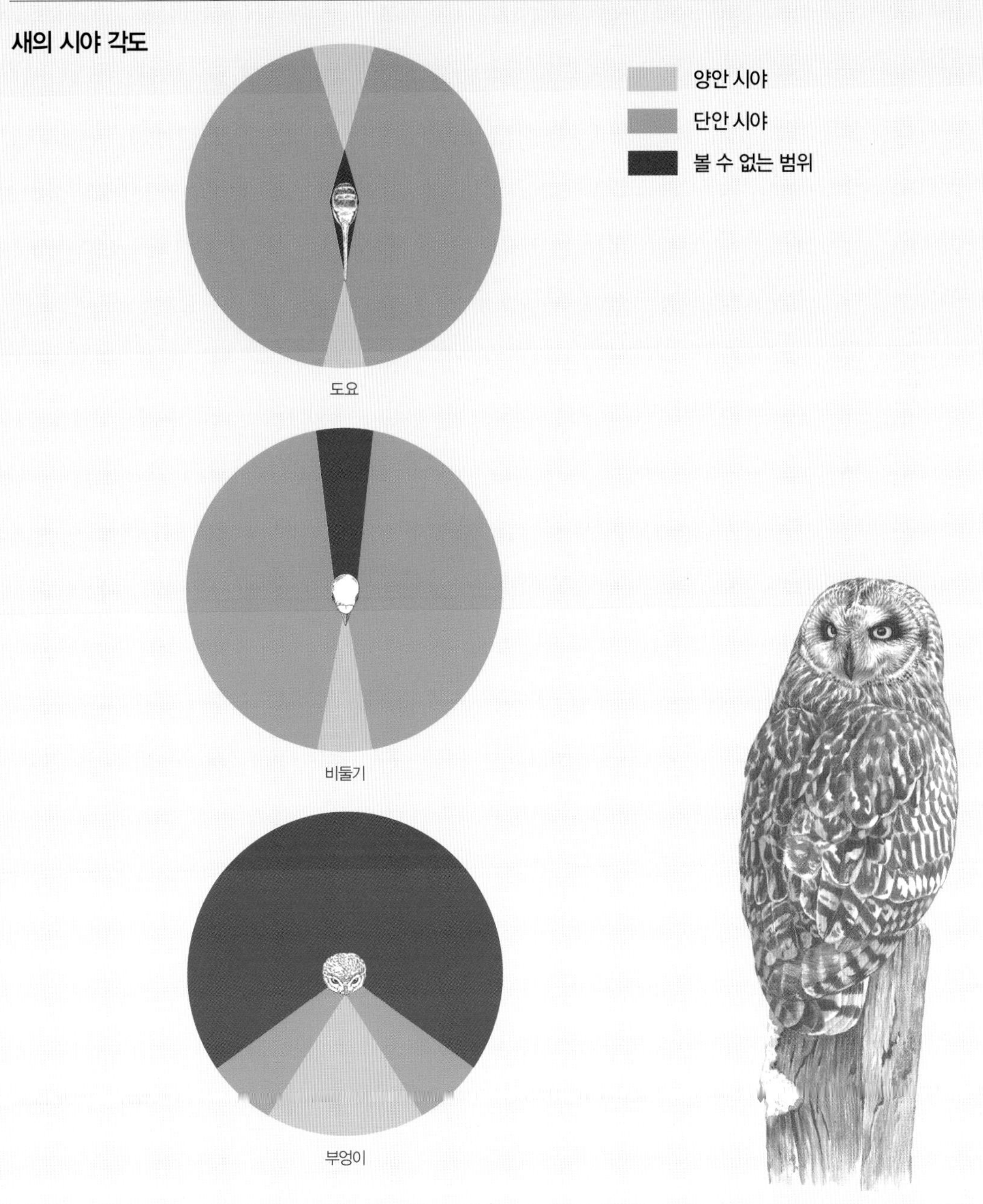

머리를 뒤로 돌린 쇠부엉이

한살이

둥지 짓기

짝짓기

알 낳아 키우기

여러 가지 새알

장다리물떼새의 한살이

둥지 짓기

사람이 집을 짓고 그 안에서 살듯이 새들은 스스로 둥지를 만들어 산다. 짝짓기를 하고 나면 알을 낳고, 품고, 알을 깨고 나온 새끼를 기를 곳이 필요하기 때문이다. 그래서 짝짓기 철이 되면 수컷은 천적 눈에 잘 띄지 않으면서 비나 눈, 강한 햇빛을 피할 수 있는 곳을 찾는다. 알맞은 곳을 찾으면 집 지을 재료를 찾아 나르느라 부지런히 땅과 하늘을 오간다. 흔히 둥지 겉은 둘레에서 쉽게 구할 수 있는 재료를 써서 눈에 띄지 않게 하고, 안쪽은 가늘고 부드러운 나뭇가지나 풀을 깐 다음 자기 깃털이나 다른 짐승 털로 덮어서 따뜻하게 한다. 알이나 새끼 몸이 닿는 자리에는 더욱 부드럽고 따뜻한 털을 쓴다.

마을 둘레에 사는 제비나 참새는 둥지도 처마 밑이나 돌담 틈, 다리 밑처럼 사람이 사는 곳 가까이에 짓는다. 흙, 볏짚, 마른 풀을 짓이겨 쌓아서 밥그릇처럼 둥그스름하게 만든다. 다리가 짧아 거의 땅 위로 내려오지 않는 제비도 둥지 지을 때는 볏짚이며 진흙을 가지러 자주 내려온다. 제비와 같은 과인 귀제비도 비슷한 재료로 둥지를 짓지만 모양이 둥그스름하지 않고 병을 뉘어 놓은 듯 길둥글게 짓는다. 특히 입구 쪽은 혼자 겨우 드나들 만큼 좁게 만들어 안에 있는 새끼를 보호한다. 꾀꼬리, 까치, 어치 같은 새들은 높은 나뭇가지에 마른 나뭇가지, 흙, 풀, 이끼, 거미줄 들을 써서 높은 곳에서도 떨어지지 않게 튼튼한 둥지를 만든다. 다른 새들이 나뭇가지 위에 둥지 재료를 얹어서 짓는 것과 달리 꾀꼬리는 재료를 튼튼하게 엮어서 나뭇가지에 매달린 둥지를 짓는다. 샛노란 몸이 눈에 띄지 않도록 넓은잎나무의 잎이 무성한 가지 끝에 짓다 보니 가지 힘이 상대적으로 약해서 둥지를 얹지 않고 매다는 것으로 보인다. 까치는 나뭇가지 사이에 잔가지를 쌓아 공처럼 둥글게 만드는데 해마다 덧붙여 가며 고쳐 쓰기에 갈수록 커진다. 황로나 중대백로, 왜가리처럼 몸집이 큰 새들은 높은 나뭇가지에 작은 나뭇가지를 엉성하게 엮어 접시처럼 널찍한 둥지를 만든다. 딱따구리 무리는 뾰족하고 단단한 부리로 나무에 구멍을 뚫어 둥지로 쓰는데, 아래쪽까지 꽤 깊숙이 파서 입구는 작지만 안은 넓게 만든다. 올빼미나 원앙은 딱따구리가 쓰던 둥지나 자연스레 만들어진 나무 구멍에 둥지를 튼다. 동고비도 마찬가지인데, 제 몸집에 비해 구멍이 크면 진흙을 덧붙여 크기를 줄이기도 한다. 꿩이나 물떼새는 땅 위에 둥지를 짓는다. 꿩은 풀밭에 몸을 문질러 땅을 판 뒤 마른 풀을 깔고 알을 낳는다. 물떼새 무리는 모래나 자갈이 많은 땅에 오목한 구멍을 파고 알을 낳는다. 알이 훤히 드러나지만 알 색이 자갈 색과 비슷해서 눈에 잘 띄지 않고 얼핏 보면 돌멩이처럼 보인다. 논병아리나 물닭은 얕은 물가나 갈대밭 틈에다 물 위에 뜨는 둥지를 만든다. 물풀과 이끼를 높이 쌓고 꼭대기는 화산처럼 오목하게 만들어 그 속에 알을 낳는다. 개개비나 붉은머리오목눈이는 갈대나 물풀 줄기 사이를 다른 풀로 엮어 둥지를 만든다. 풀 속에 둥지를 틀면 풀에 가려서 천적 눈에 잘 띄지 않는다. 물총새는 흙 벼랑에 터널처럼 길고 좁은 구멍을 파서 둥지로 쓰고 괭이갈매기는 벼랑 위 오목한 곳에 풀을 깔아 둥지로 쓴다.

많은 새들이 둥지를 지어 쓰지만 둥지를 짓지 않는 새들도 있다. 뻐꾸기는 다리가 짧아 알을 제대로 품지 못하기 때문에 둥지를 아예 짓지 않는다. 붉은머리오목눈이나 산솔새 둥지에 몰래 알을 낳아서 대신 키우게 한다. 진박새나 황조롱이, 후투티 같은 새들은 다른 새가 쓰다가 버린 둥지에 몸만 들어가 살기도 한다.

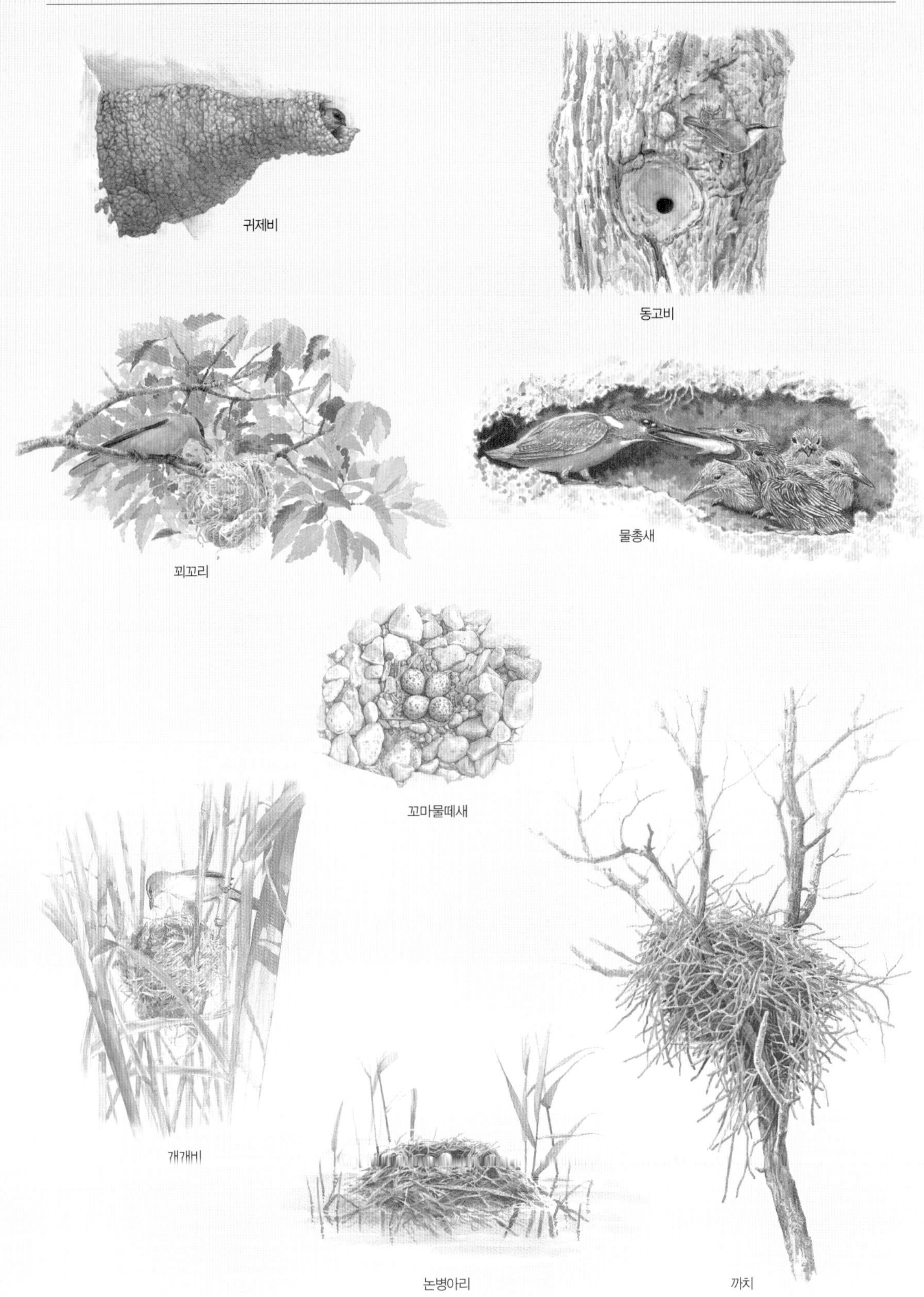

귀제비 동고비 꾀꼬리 물총새 꼬마물떼새 개개비 논병아리 까치

짝짓기

새들은 흔히 봄부터 여름까지 짝짓기를 하고 새끼를 친다. 체내 수정을 하고 알을 낳아 번식하는데, 빠르면 2월부터 시작해서 늦어도 8월에는 끝이 난다. 그 무렵이 날씨가 따뜻해서 알을 품기에 알맞고 애벌레나 곤충을 비롯해 새끼한테 줄 만한 먹이가 많기 때문이다.

암컷과 수컷 새가 만나 짝짓기를 할 때는 먼저 '구애 행동(求愛行動, courship behavior)'을 한다. 먹이 선물이나 울음소리, 또는 특이한 몸짓 따위로 나타나는 구애 행동은 짝짓기 철을 맞아 한창 예민해져 있는 상대방의 공격성을 줄이고, 관심을 끌어 짝짓기에 성공하는 데 목적이 있다. 또한 여러 새들 가운데에서 서로 같은 종인 새를 가려내고, 생김새가 비슷한 암수가 섞여 있어도 잘 알아보게끔 돕는 역할을 한다. 흔히 암컷보다는 수컷이 보이는 구애 행동이 더 적극적이고 다양하다.

짝짓기 무렵이 되면 구애 행동에 앞서 가장 눈에 띄는 것도 수컷 새의 겉모습이다. 흔히 암컷보다 훨씬 화려한 번식깃으로 갈아입고는 짝짓기 할 암컷을 찾는다. 원앙은 수수한 갈색을 띠는 암컷에 견주어 화려하고 알록달록한 번식깃을 지닌다. 뒤통수에 난 댕기깃을 펼치거나 노란 날개깃을 활짝 펼친 채 머리를 까닥이면서 암컷 눈길을 끈다. 청둥오리, 흰뺨오리, 딱새, 흰눈썹황금새 들도 수컷이 훨씬 화려한 깃을 지닌 채 암컷을 찾는다. 암컷한테는 없는 치렛깃이 자라는 수컷 새도 있다. 중대백로 수컷은 짝짓기 무렵이면 암컷 앞에서 목 아래와 어깨에 길게 자란 하얀 치렛깃을 펼쳐 보인다. 해오라기는 뒤통수에 흰색 치렛깃이 2~3개쯤 길게 자라고, 노랑부리백로는 20개쯤 되는 흰색 치렛깃이 머리카락처럼 자란다. 노랑부리저어새 수컷은 가슴이 노란색으로 물들고 뒤통수에도 노란색 댕기깃이 단발머리처럼 자란다.

새들은 평소에도 서로 신호를 주고받거나 세력권을 알리려고, 또는 천적을 경계하려고 여러 가지 울음소리를 낸다. 하지만 소리를 가장 많이 내는 때는 짝짓기 무렵이다. 특히 수컷이 암컷을 부르면서 울 때가 많다. 파랑새 수컷은 마음에 드는 암컷한테 다가가 둘레를 빙빙 돌면서 '꽥꽥' 하는 소리를 낸다. 재갈매기 수컷은 암

뿔논병아리 물풀 춤

컷 눈에 띄도록 머리를 위아래로 흔들면서 큰 소리로 울고, 꿩 수컷은 눈 둘레의 붉은색 피부를 한껏 부풀린 채 '꿩꿩' 하는 소리를 내면서 암컷을 찾는다.

짝짓기를 하려고 멋진 비행을 선보이는 새들도 있다. 바다직박구리 수컷은 쉴 새 없이 지저귀면서 수직으로 날아오른다. 도요 무리는 수컷이 하늘로 100m쯤 높이 올라갔다 재빠르게 내려오기를 되풀이하면서 암컷 마음을 사려고 애쓴다. 말똥가리는 암수가 짝을 이루면 함께 하늘을 빙빙 돌면서 울음소리를 낸다. 청호반새 암수는 서로를 부르듯 날카로운 소리를 내면서 쫓고 쫓기듯이 물 위를 어지럽게 날아다닌다.

괭이갈매기, 제비갈매기 같은 갈매기 무리나 물총새 수컷은 암컷이 좋아하는 물고기를 잡아서 선물하고 짝짓기에 성공한다. 밀화부리 수컷은 암컷한테 곤충을 잡아다 주면서 마음을 구하고, 칡때까치 수컷은 작은 산새를 잡아 털을 뽑고 먹기 좋게 만든 다음 암컷한테 선물한다. 어떤 새들은 둥지를 정성껏 지어 놓고 상대방을 데려가 보여 주기도 하는데 암컷보다는 수컷이 그러는 때가 많다. 수컷을 따라간 암컷은 둥지가 마음에 들면 둥지를 만든 수컷과 짝짓기를 해서 알을 낳고 마음에 들지 않으면 다른 수컷을 찾는다고 한다.

짝을 찾은 다음 함께 춤을 추거나 평소에 하지 않던 행동을 하는 새들도 많다. 두루미는 암수가 마주 선 채 긴 부리를 하늘로 치켜들고 '뚜루, 뚜루' 하고 크게 소리를 낸다. 어깨춤을 추듯 몸을 위아래로 움직이거나 날개를 활짝 편 채 뛰어오르기도 하는데 이것을 두고 '학춤'이라고 한다. 실제로 조선 시대 궁중 잔치 때는 이 모습을 본떠 무용수들이 학 탈을 쓴 채 학춤을 추었고, 부산 동래에서는 동래 학춤을 만들어 추면서 오늘날까지 전수하고 있다. 황새 암수도 마주 보고 부리를 하늘로 치켜든 다음, 위아래 부리를 여닫아 탁탁 부딪쳐 소리를 내면서 서로의 마음을 확인한다. 논병아리와 뿔논병아리도 구애 행동이 두드러진다. 암수가 물 위에서 서로 마주 본 채, 부리에는 물풀을 물고 머리를 좌우로 흔들면서 춤을 춘다. 둘이 나란히 몸을 세우고 달리기 시합하듯 물 위를 재빨리 뛰어가는 모습을 보이기도 한다.

제비갈매기 | 먹이 선물

알 낳아 키우기

1 알 낳기(산란)

새는 흔히 한 해에 한 번씩 알을 낳는다. 멧비둘기 같은 새는 두세 번씩 낳기도 한다지만 거의 대부분의 새들은 한 번만 낳는다. 새들이 알을 낳는 때는 날씨가 따뜻하고 새끼한테 줄 먹이가 많은 봄부터 여름까지다. 보통 둥지를 먼저 지어 놓고는 그 속에다가 하루나 이틀에 하나씩 낳는다. 암컷 새 한 마리가 둥지 하나에 낳는 알 개수를 '한 배 산란 수'라고 하는데, 이것은 종마다 제각각이다. 한두 개만 낳고 마는 새도 있고, 무려 스무 개쯤 낳는 새도 있다. 특히 뻐꾸기가 알을 많이 낳는데, 이것은 남의 둥지에 몰래 낳는 만큼 번식에 실패할 확률을 줄이려는 나름의 노력으로 보인다.

2 알 품기(포란)

알을 낳고 나면 어미 새는 자기 아랫배로 알을 감싸 품는다. 알을 따뜻하게 하려고 배에 있는 털을 뽑은 다음 살갗을 알에 맞대어 품기도 한다. 흔히 마지막 알을 낳기 전부터 둥지에 앉아 알을 고루 품기 시작한다. 한 번 시작하면 모든 새끼가 알을 깨고 나올 때까지 계속하는데 기간은 종에 따라 다르다. 거의 암컷 혼자서, 또는 암수가 번갈아 가며 품고 수컷 혼자 품는 일은 드물다. 암컷이 알을 품는 동안 수컷은 먹이나 둥지 재료를 부지런히 물어 오거나 둥지 둘레에 천적이 다가오는지 살핀다. 둥지를 비울 때는 알이 식을까 봐 나뭇잎 더미나 햇볕을 받고 뜨거워진 모래로 알을 덮는다. 거의 모든 새들이 알을 낳으면 스스로 품어 키우지만 뻐꾸기 무리는 붉은머리오목눈이나 산솔새, 멧새 같은 새들의 둥지에 알을 떠넘긴다. 다리가 너무 짧아서 알을 감싸 안고 안전하게 품기가 힘들기 때문이다.

3 알 깨기(부화)

어미 새가 낳은 알을 제대로 품어 주면 새끼는 알 속에서 제 모습을 갖추며 자라난다. 때가 되면 새끼는 부리로 단단한 알껍데기를 톡톡 두드려서 깨고 나온다.

갓 나온 새끼는 생김새와 행동에 따라 '조성성 조류'와 '만성성 조류'로 나눌 수 있다. 조성성 조류는 알 속에서 몸이 거의 다 자라서 알을 깨고 나올 때 온몸에 털이 나 있고 눈을 뜰 수 있는 새 무리를 말한다. 오

꼬마물떼새 알 품기

리류, 논병아리류, 도요류, 물떼새류, 두루미류 들이 있는데 거의가 물가에 사는 물새다. 이런 새들은 산새에 견주어 알을 품는 기간도 길고 알 크기가 크다. 그래서 알을 깨고 나온 지 몇 시간 뒤면 젖어 있던 털이 다 말라서 곧바로 걷거나 헤엄을 칠 수 있다. 늦어도 2~3일 안에는 둥지를 나와 어미를 따라다니며 스스로 먹이를 찾아 먹는다. 물 위나 풀밭, 모래밭처럼 눈에 잘 띄는 곳에 둥지를 짓기 때문에 새끼들이 위험을 피하려면 둥지를 빨리 떠나는 것이 좋다. 물새들이 다 자라서 태어나는 것은 이런 상황과도 관련이 있는 것으로 보인다. 만성성 조류는 몸에 털이 없고 눈도 뜰 수 없는 채로 태어나는 새 무리를 말한다. 매, 개개비, 참새, 박새, 딱새, 올빼미, 곤줄박이, 붉은머리오목눈이 같은 산새들이 많은데 이런 새들은 물새에 견주어 알 품는 기간도 짧고 알 크기도 작다. 미처 다 자라지 못하고 태어나기 때문에 다 자라는 데 그만큼 시간이 걸린다. 눈 뜨는 데만도 며칠씩 걸린다. 그래서 다 자랄 때까지 둥지 안에서 부모 새가 잡아다 주는 먹이를 받아먹고 보살핌을 받으며 지낸다. 흔히 산새들은 높은 나뭇가지나 벼랑처럼 물새 둥지보다 눈에 잘 띄지 않는 곳에 둥지를 짓는다. 다 자라지 못한 채 태어나도 그나마 안전한 둥지에서 천천히 자랄 시간을 얻을 수 있는 것이다.

4 새끼 키우기(육추)

알은 암컷 혼자 품더라도 태어난 새끼를 키우는 일은 암수가 함께 한다. 새끼가 알을 깨고 모두 나오면 어미 새는 둥지에 남은 알껍데기를 바깥으로 떨어뜨려 없앤 다음 먹이를 잡아와 새끼한테 먹인다. 새끼가 똥을 싸면 물어다 버리거나 그 자리에서 먹어 치운다. 혹시나 냄새를 맡고 천적이 찾아올까 봐 미리 깨끗하게 치우는 것이다. 부모 새는 새끼를 안전하게 지키기 위해 천적을 항상 경계하다가 천적이 다가오면 쫓아내거나 의상행동을 하기도 한다. 솔부엉이나 꾀꼬리는 천적이 다가오면 혼자서 천적을 사납게 덮치면서 위협하고, 장다리물떼새는 '꽥꽥꽥' 하고 날카로운 소리를 내서 주위에 있는 다른 물떼새를 불러 모아 함께 쫓아낸다. 꼬마물떼새는 다친 척 다리를 절룩거리거나 날개를 퍼덕거리면서 천적을 둥지에서 먼 곳으로 이끈다. 호반새와 청호반새는 둥지 입구에 냄새나는 똥을 잔뜩 쌓아 놓아서 아예 가까이 오지 못하게 한다.

새끼는 부모 새가 잡아다 주는 먹이를 받아먹으면서 무럭무럭 자라고, 어느 정도 자라면 스스로 먹이를 잡아먹으면서 혼자 살아간다. 이듬해 봄이 오면 짝을 찾아 짝짓기를 하고 둥지를 지어 알을 낳는다.

갓 나온 새끼 모습

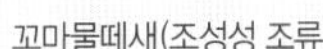

꼬마물떼새(조성성 조류)

직박구리(만성성 조류)

여러 가지 새알

조류학자들에 따르면 새의 조상으로 알려진 시조새를 비롯한 초기 새들은 무늬가 없는 흰색 알을 낳았을 것이라고 한다. 세월이 흐르고 새가 여러 종으로 나뉘면서 새알 무늬도 각자 사는 환경에 맞추어 다양하게 나타났으리라고 짐작하는 것이다. 실제로도 여러 종의 새가 낳은 알을 살펴보면 생각보다 무늬와 색깔, 크기가 다양한 것을 알 수 있다. 전체적인 모양이 둥그스름한 것은 어느 새알이나 마찬가지지만, 그 안에서도 공처럼 완전히 동그란 것이 있고 달걀처럼 한쪽이 좀 더 뾰족한 타원형이 있다. 자칫 알이 구르더라도 제자리로 돌아올 수 있도록 진화한 것이다. 특히 괭이갈매기나 바다오리, 바다쇠오리, 바다비오리같이 바닷가 높은 바위 위에 알을 낳는 새들은 알 한쪽이 두드러지게 뾰족하고 반대쪽은 둥글게 생겼다. 이런 알은 오뚝이처럼 무게 중심이 둥근 쪽으로 쏠리기 때문에 잘 구르지 않는다. 자연히 알이 굴러 떨어지거나 깨질 위험이 적다. 알 모양이 둥지 환경에 알맞게 진화한 예다.

원앙, 딱따구리, 올빼미 무리는 나무 구멍 속에 알을 낳고 물총새와 호반새, 물까마귀는 흙 벼랑에 굴처럼 긴 구멍을 파서 낳는다. 그런데 이 알들은 탁구공처럼 동글동글한 것이 많다. 바닷가 벼랑이나 나뭇가지 비해 좁고 안전한 나무구멍이나 굴속에 낳으니 알이 둥글어도 구르다가 깨질 위험이 적다. 게다가 색은 뽀얀 흰색을 띤다. 그래야 어두운 구멍 안에서도 눈에 띄어서 잘 돌볼 수 있기 때문이다.

자갈밭에 알을 낳는 꼬마물떼새는 알 색이 자갈과 비슷해서 언뜻 보면 작은 돌멩이처럼 보인다. 꿩은 땅위에 마른풀을 깔고 알을 낳는데, 알 색이 마른풀과 비슷한 옅은 갈색을 띤다. 나뭇가지를 쌓아 둥지를 만드는 참새나 까치는, 알에도 나뭇가지처럼 얼룩덜룩한 흑갈색 무늬가 있다. 천적 눈에 띄어서 알을 빼앗기는 일이 없도록 저마다 보호색을 띠는 것이다. 이렇게 낮은 땅 위나 떨기나무 위에 낳는 알은 보호색을 띠는 것이 많고, 높은 나무 위에 낳는 해오라기나 백로 무리의 알은 청백색, 흰색, 무늬가 있는 것 들로 생김새가 다양한 편이다. 아마도 낮은 곳에 낳는 알보다는 천적 눈에 덜 띄기 때문인 것으로 짐작한다. 이렇듯 새알은 새가 주로 사는 곳이나 둥지의 위치, 둥지 생김새에 따라서 조금씩 다르다. 주어진 환경 속에서 잘 보살필 수 있으면서도 천적 눈에는 잘 띄지 않도록 진화한 것이다.

뻐꾸기는 붉은머리오목눈이나 산솔새, 멧새 같은 새들의 둥지에 몰래 알을 낳고 대신 키우게 만드는 새로 알려져 있다. 그런데 뻐꾸기가 낳아 놓은 알을 보면, 신기하게도 생김새가 본디 담겨 있던 주인 새의 알과 거의 비슷하다. 크기는 조금 크더라도 색은 거의 비슷하게 낳기 때문에 주인 새도 자기 알로 착각하고 품어 기른다. 다리가 짧아 알을 스스로 품을 수는 없지만 알 색을 마음대로 바꾸어 낳을 수 있는 재주는 뛰어난 셈이다.

흔히 다 자란 새의 몸집이 클수록 알 크기도 큰 경우가 많다. 키와 몸집이 큰 두루미나 황새는 알도 커서, 세로 길이가 10cm가 넘기도 한다. 1개에서 4개까지 낳는데 크기가 큰 만큼 알 품는 시간도 길어서 꼬박 한 달이 걸린다. 반대로 참새나 박새, 오목눈이, 휘파람새 같이 몸집이 작은 새들은 알 크기도 작다. 오목눈이 알은 세로 길이가 1.5cm, 휘파람새 알은 세로 길이가 1.8cm쯤이다. 이렇게 작은 알은 흔히 열흘에서 보름쯤 품으면 새끼가 태어난다.

본디 크기에서 1.2배 크게 그렸습니다.

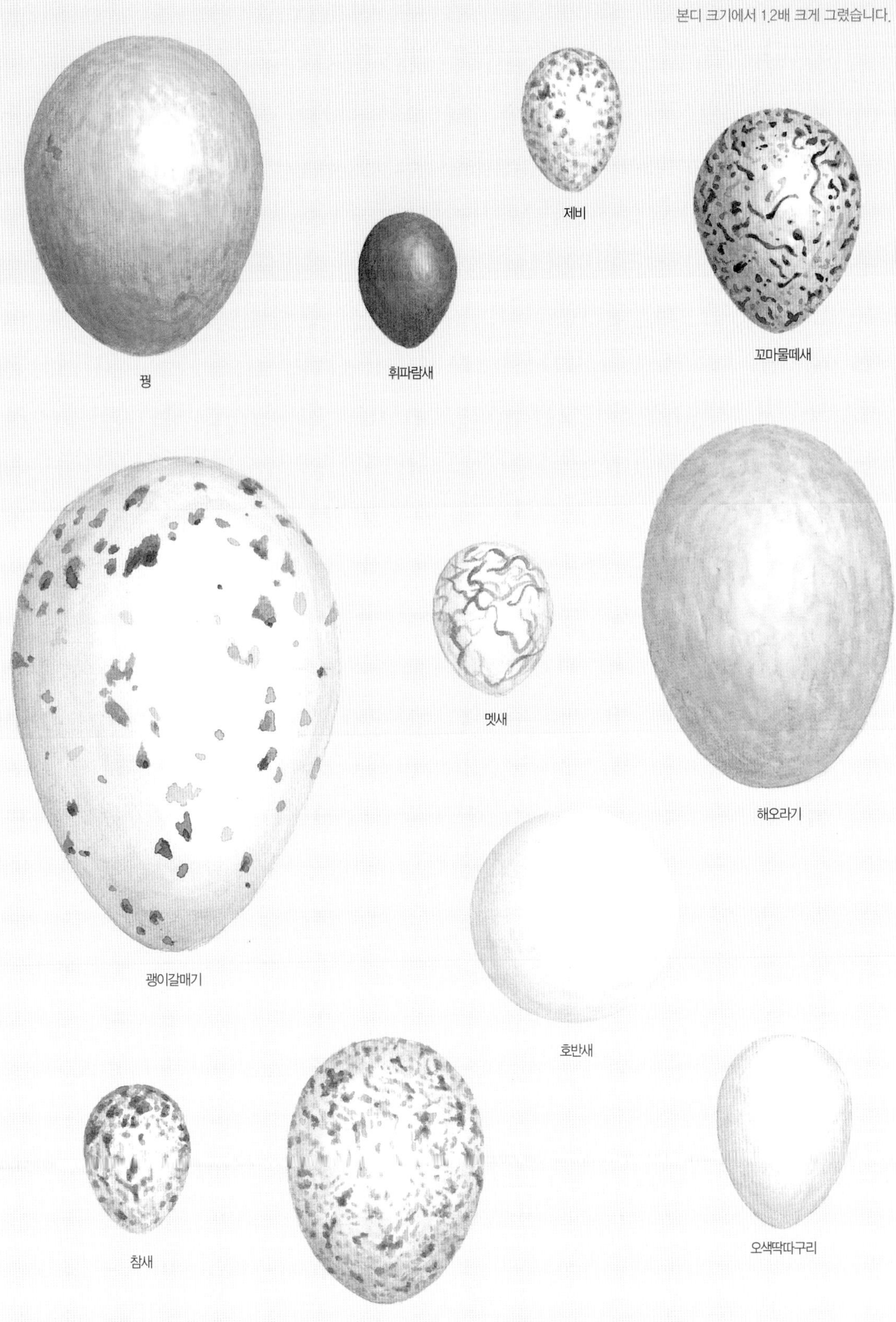

장다리물떼새의 한살이

장다리물떼새는 봄에 우리나라를 찾아와 짝짓기를 하고 가을이면 따뜻한 남쪽 나라로 가서 겨울을 난다. 물이 고인 논이나 연못, 호수 같은 민물 둘레에 살면서 둥지를 짓고 새끼를 친다.

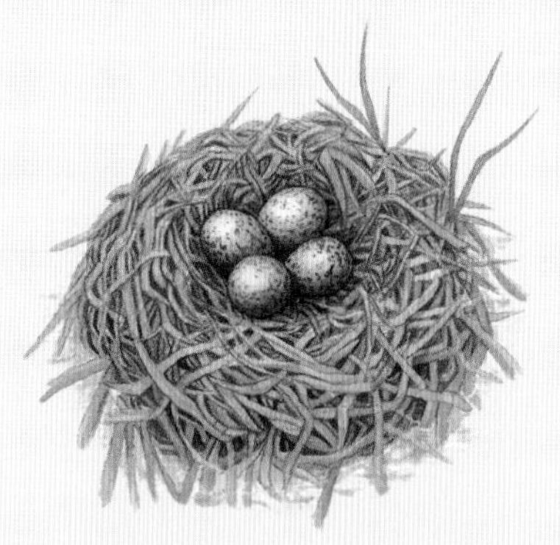

얕은 저수지나 논바닥 높은 곳에 둥지를 짓는다. 둘레에서 쉽게 구할 수 있는 볏짚이나 물풀 줄기를 화산처럼 쌓고, 바닥에는 물풀이나 작은 돌을 깐다. 알은 흔히 4개를 낳는데 황갈색 바탕에 흑갈색 얼룩이 있다.

4~6월에 짝을 찾은 암수는 하루에도 여러 차례 짝짓기를 한다. 암컷이 머리를 앞으로 뻗고 몸을 낮추면 수컷은 옆에서 왔다 갔다 하면서 부리로 물을 치다가 재빠르게 암컷 등으로 올라가 짝짓기를 한다. 수컷이 내려오면 암수는 서로 부리를 엇갈리게 맞대어 X 자를 만들었다가 잠깐 함께 걸으면서 마무리한다.

암수가 번갈아 가며 알을 품는다. 천적이 둥지로 다가오면 '꽥-, 꽥-' 하고 큰 소리를 낸다. 그러면 둘레에 있던 다른 장다리물떼새 무리가 찾아와 적을 경계하면서 함께 쫓아낸다. 날개를 다친 척하면서 적을 먼 곳으로 이끌기도 한다.

알을 품은 지 23~27일이 지나면 새끼가 알을 깨고 나온다. 갓 나온 새끼는 털이 젖어 있는데, 2~3시간 지나 털이 마르면 활발히 움직이기 시작한다. 어미는 곧 새끼와 함께 둥지를 떠난다.

어느새 자란 새끼는 스스로 먹이를 찾아다닌다. 가늘고 긴 다리로 얕은 물가를 걸어 다니면서 개구리나 물고기를 부리로 콕콕 쪼아 먹는다.

텃새와 철새

텃새

여름 철새

겨울 철새

나그네새

철새 이동

텃새

텃새

우리나라에서 볼 수 있는 새는 모두 600종 가까이 된다. 이 많은 새를 나누어 다룰 때는 여러 가지 기준을 세울 수 있지만, 크게 두 갈래로 나눌 때는 우리나라를 벗어나 먼 거리를 이동하는지 아닌지에 따라 텃새와 철새로 나눈다.

텃새는 한 해 내내 우리나라에서 산다. 한곳에 자리를 잡으면 멀리 움직이지 않고 그 안에서 짝짓기 하고 새끼도 치고 겨울도 난다. 먹이를 구할 때는 좀 멀리 떨어진 곳으로 가기도 하고, 계절과 날씨에 따라 우리나라 안에서 조금씩 이동하기도 하지만 그 범위가 크지 않다. 알을 깨고 태어나서부터 죽을 때까지 일정 지역을 벗어나는 일 없이 살기 때문에 한 해 내내 볼 수 있다. 600종 가까이 되는 우리나라 새 가운데 텃새는 모두 60종쯤 된다고 하니 수가 그리 많은 편은 아니다.

나머지는 모두 먼 거리를 오가는 철새다. 철새는 계절에 따라 우리나라에 찾아와 머물다가, 때가 되면 다른 나라로 떠난다. 산을 넘고 바다를 건너 우리나라와 다른 나라를 오가는데, 찾아와 머무는 시기는 해마다 거의 비슷한 편이다. 여름을 나는 여름 철새도 있고 겨울을 나는 겨울 철새도 있다. 봄가을에 들러 짧은 기간 동안 쉬었다 가는 나그네새나 이동하다 길을 잃고 머무는 새들도 크게 보면 철새에 들어간다.

사실 새는 개체 수가 워낙 많아서 특정 지역으로 한정하기 어려울 만큼 넓게 퍼져 살기도 하고 종종 예외의 모습을 보이기도 한다. 같은 종의 새라도 개체마다 살아가는 모습이나 행동에 차이가 있기에 텃새나 철새, 여름 철새, 겨울 철새, 나그네새 따위로 나눌 때는 종별로 더 많은 개체가 어떤 상황인지에 따라 구분한다.

요즈음 새를 보는 사람들이 많아지면서 이제껏 철새인 줄로 알았던 새가 한 해 내내 우리나라에서 관찰되는 것을 보고 이제는 텃새로 바뀐 것이 아닌가 하고 이야기하는 때가 많다. 예를 들어 왜가리는 우리나라 남쪽인 동남아시아와 중국 남부 지방에서부터 우리나라 북쪽의 러시아까지 넓게 분포한다. 대부분은 우리나라보다 남쪽에서 겨울을 나고 여름에 우리나라에 찾아와 새끼를 치지만, 몇몇은 러시아에서 새끼를 치고 우리나라에서 겨울을 나는 모습이 관찰되면서 여름 철새였던 왜가리가 텃새로 바뀐 것이 아닌가 하는 물음을 던지는 것이다. 또 저어새나 해오라기 같은 새는 대부분 여름에 우리나라에서 새끼를 치고 겨울에는 우리나라보다 남쪽 지역으로 이동해 살지만, 몇몇 개체는 남부 지방이나 제주도에 남아 겨울을 나기에 텃새라고 이야기하는 사람도 있다. 그러나 개체 수가 더 많은 쪽을 기준으로 본다면 이 새들은 모두 텃새가 아닌 여름 철새로 보아야 한다.

이런 현상이 나타나는 원인을 사람들은 지구 온난화에서 찾기도 하지만 섣불리 단정 짓기는 어렵다. 요즘 우리나라 기후는 평균 기온이 조금씩 꾸준히 오르는 것이 아니라 더 추운 해와 더운 해가 불규칙적으로 나타나면서 해마다 평균 기온 차이가 크기 때문이다. 이처럼 잦은 기후 변화에 따라 새들의 이동이나 생태도 해마다 다양한 모습을 띠는 것으로 짐작한다.

텃새는 여름에는 보다 서늘한 북쪽이나 중부 지방에서 지내다가 겨울이 되면 따뜻한 남쪽 지방 바닷가로 옮겨 살기도 하고, 새끼 칠 때는 깊은 숲 속이나 낮은 산에 있다가 새끼치기를 마친 겨울이 되면 먹이를 찾아 마을 둘레와 도시로 내려오기도 한다.

참새, 까마귀, 굴뚝새, 종다리, 딱새, 노랑턱멧새, 까치, 때까치, 멧새 같은 새들이 그렇다. 이 새들은 여름에 낮은 산에서 새끼를 치고 겨울이면 마을 둘레를 돌아다니며 먹이를 찾는다. 사람 사는 집 처마나 다리 틈, 논밭 가에 있는 나뭇가지 같은 곳에 둥지를 틀고 새끼를 치기도 한다.

논이나 연못, 저수지, 계곡 같은 민물에는 흰뺨검둥오리, 원앙, 물닭 들이 산다. 민물에 사는 미꾸라지 같은 작은 물고기나 곤충을 잡아먹는다. 물 위에 물풀을 쌓아 둥지를 짓기도 하고, 높은 나무 위에 나뭇가지를 쌓아 짓기도 한다. 원앙은 다른 오리과 새들과는 달리 나무 구멍을 둥지로 쓴다.

산속에서는 딱따구리 무리를 비롯해 박새, 어치, 동고비, 곤줄박이, 붉은머리오목눈이, 호랑지빠귀, 직박구리, 올빼미 같은 새들이 산다. 숲 속에 날아다니는 곤충과 애벌레, 나무 열매, 씨앗을 비롯해 쥐나 작은 새를 먹이로 삼는다. 새끼를 치고 나면 거의 마을 둘레나 낮은 산 개울가로 내려와 지낸다.

참새, 까치, 직박구리, 비둘기 무리는 도시 한가운데서도 자주 볼 수 있는 텃새다. 비둘기 무리 가운데서도 가장 흔히 볼 수 있는 것은 집비둘기다. 야생 비둘기를 개량한 것인데 우리나라 도시뿐만 아니라 온 세계 도시와 공원에 퍼져 산다.

여름 철새

여름 철새

여름 철새는 우리나라에서 여름철에 볼 수 있는 새를 말한다. 꽃 피는 봄에 우리나라에 찾아와 새끼를 치고 지내다가 가을이 오면 따뜻한 남쪽 나라로 이동해서 겨울을 난다. 겨울이 되면 날씨가 너무 추운 데다가 먹이도 부족하기 때문에 그 전에 새끼를 데리고 우리나라보다 따뜻한 곳으로 옮기는 것이다.

이 새들은 이르면 3월 초부터 찾아왔다가 10월 말이면 거의 다 떠난다. 흔히 동남아시아와 우리나라를 오가며 지내는데, 멀리 가는 새는 지구 위도상으로 한참 아래에 있는 오스트레일리아나 뉴질랜드까지 다녀오기도 한다. 우리나라보다 남쪽에 있는 이런 나라들은 우리나라가 겨울일 때 기온이 훨씬 높고 포근한 곳이 많아서 살기 좋고 먹이도 많기 때문이다. 우리나라 겨울 추위가 풀리고 봄이 올 때쯤이면 남쪽 나라는 우리나라 여름보다 훨씬 더워진다. 그러면 여름 철새들은 다시 서늘하고 살기 좋은 곳을 찾아 우리나라로 돌아온다.

우리나라를 찾는 여름철새로는 제비, 뻐꾸기, 꾀꼬리, 파랑새목에 들어가는 파랑새, 물총새, 호반새, 백로과인 왜가리, 해오라기, 검은댕기해오라기, 쇠백로, 중대백로, 휘파람새과인 개개비, 산솔새, 휘파람새 들이 있다. 우리나라에서 볼 수 있는 600종 가까이 되는 새 가운데 여름 철새는 모두 70종쯤 된다. 여름 철새는 겨울 철새에 견주어 몸 색깔이 알록달록하고 화려한 것이 많지만 몸집이 작은 산새는 여름철 무성하게 자란 나뭇잎에 가려서 쉽게 보기 힘들다. 대신 우리나라에 머무는 동안 짝짓기와 새끼 치기를 하기 때문에 수컷이 암컷을 부르려고 내는 울음소리를 자주 들을 수 있다. 예로부터 요즘까지 우리나라 사람들한테 꾀꼬리나 뻐꾸기 울음소리가 익숙한 것도 가까이에서 자주 들어 왔기 때문이다. 산이나 논밭에 사는 새들은 여름내 곤충을 잡아먹고 살아서 농사짓는 데 도움을 주기도 한다.

제비, 후투티, 알락할미새, 노랑할미새, 찌르레기 들은 사람이 사는 마을 둘레에서 산다. 제비는 아예 사람이 사는 집에 둥지를 틀어 같이 살고, 후투티나 알락할미새도 집 둘레에 둥지를 짓고 먹이를 찾아 날아다닌다. 중대백로, 쇠백로, 황로 같은 백로 무리는 마을 둘레 낮은 산이나 언덕에 있는 높은 나무 위에 무리 지어 둥지를 튼다. 몸집이 꽤 크고 깃털이 하얀 새들이 모여 있으면 멀리서 보아도 곧잘 눈에 띈다. 풀이 우거진 논 둘레나 습지에는 개개비, 뜸부기, 쇠물닭, 덤불해오라기 들이 산다. 얕은 물가에서 물고기, 조개, 달팽이, 곤충 들을 잡아먹고, 쉴 때는 풀숲에 들어가 몸을 숨긴다. 깃털 색깔이 아주 화려한 물총새, 호반새, 청호반새 같은 물총새 무리는 숲 속 맑은 연못이나 개울 둘레에 산다. 큼직한 부리로 연못이나 개울에 사는 작은 물고기를 재빨리 낚아채서 먹곤 한다. 울창한 숲에서는 꾀꼬리나 호랑지빠귀, 솔부엉이, 쏙독새 들을 볼 수 있다. 숲 속 나무 위나 나무 구멍, 땅바닥에 둥지를 틀고 곤충이나 나무 열매를 먹는다. 바닷가에서는 쇠제비갈매기가 작은 물고기나 둘레 풀밭에 사는 곤충을 잡아먹고 산다. 강이나 개울가에서는 꼬마물떼새가 큰 눈을 뜨고 작은 곤충을 찾아 두리번거리는 모습을 볼 수 있다.

우리나라는 다른 나라에 견주어 한 해 내내 눌러사는 텃새보다 철 따라 이동하는 철새 수가 훨씬 많다. 철새에는 여름내 머물면서 새끼를 치는 여름 철새와 겨울을 나는 겨울 철새 말고도 다른 나라로 이동하는 도중에 잠시 쉬어 가는 나그네새가 있다. 계절이 바뀔 때마다 찾아오는 여러 가지 철새를 관찰할 수 있는 것은 우리나라 자연이 주는 큰 선물이다.

꾀꼬리, 제비, 뻐꾸기, 후투티, 노랑부리백로 같은 여름 철새들은 거의가 필리핀, 인도네시아, 말레이시아, 타이 같은 동남아시아의 여러 나라와 우리나라를 오간다. 우리나라보다 북쪽에 있는 러시아까지 올라가는 새들도 있다. 동남아시아는 한 해 내내 따뜻하거나 우리나라가 겨울일 때 여름인 곳들이 많다. 겨우내 따뜻하게 지내다가 3~5월쯤 우리나라 날씨가 따뜻해지면 찾아와 새끼를 치고 9월이면 다시 돌아간다. 쇠제비갈매기는 먼 오스트레일리아나 뉴질랜드까지 갔다가 돌아오기도 한다.

여름 철새 이동 경로

겨울 철새

겨울 철새

겨울 철새는 우리나라에서 겨울철에 보이는 새다. 가을에 우리나라를 찾아와 겨울을 나고 이듬해 봄에 북쪽 나라로 가서 새끼를 친다. 거의 모든 겨울 철새가 우리나라보다 고위도에 있는 중국, 몽골, 러시아와 우리나라를 오간다. 9월부터 시작해 10~11월에 가장 많이 찾아왔다가 이듬해 3월이면 거의 다 떠난다. 여름 철새가 더위를 피하고 먹이를 얻으려고 우리나라를 찾는 것처럼, 겨울 철새는 북쪽 나라의 심한 추위를 피하고 먹이를 얻으려고 우리나라에 온다. 중국 북쪽이나 몽골, 러시아는 겨울이면 기온이 영하 30~40도까지 떨어져서 온 땅이 얼어붙는다. 너무 추운 것은 물론이고 먹이를 찾기도 힘들기 때문에 겨울이 오기 전에 멀리까지 이동할 수밖에 없다. 그래서 겨울 철새들은 북쪽에서 남쪽으로 부는 계절풍을 타고 우리나라까지 3,000km에 이르는 거리를 날아오는 것이다.

우리나라를 찾는 겨울 철새는 모두 150종이 넘는다. 여름 철새보다 훨씬 다양하고 개체 수가 많다. 산새와 물새 가운데서는 물새가 훨씬 많고, 물새 가운데서도 가장 많은 것은 오리과 새다. 도시에 있는 강이나 저수지에서도 오리과 새들을 쉽게 볼 수 있다. 청둥오리, 넓적부리, 가창오리, 고방오리, 흑부리오리 같은 새들이 물가에서 드문드문 섞여 지낸다. 큰고니와 큰기러기는 좀 더 조용한 저수지나 호수에서 볼 수 있다. 흔히 오전에는 몸을 웅크린 채 잠을 자거나 쉬다가 오후에 기온이 올라가면 여기저기 다니면서 먹이를 찾기 시작한다. 물 위에 동동 뜬 채 궁둥이를 치켜들고 먹이를 찾는 새도 있고, 아예 물속으로 잠수를 해서 물풀이나 물고기를 먹는 새들도 있다. 넓적부리는 부리로 수면을 훑으면서 먹이를 찾는다. 수컷들이 암컷한테 잘 보이려고 서로 겨루듯이 춤을 추는 모습도 심심찮게 보인다. 바다에서는 흰뺨오리, 흰죽지, 비오리 같은 오리과 새와 붉은부리갈매기를 비롯한 여러 가지 갈매기 무리를 볼 수 있다. 오리과 새들은 물 위에 동동 뜬 채로 먹이를 찾다가 바위에 앉아 쉬기를 번갈아 한다. 갈매기 무리는 바다와 항구 위를 빙빙 날아다니면서 먹이를 찾아다닌다. 갯벌에서는 개리가 바닥을 헤집으면서 겨울을 나는 동물을 찾는다. 논에는 청둥오리, 흰뺨검둥오리, 가창오리 같은 오리 무리와 쇠기러기, 두루미, 독수리, 황새 같은 새들이 찾아와 겨울을 난다. 오리 무리나 쇠기러기는 논바닥이나 논둑을 살피면서 바닥에 떨어진 낟알을 주워 먹거나 풀을 뜯어 먹고, 두루미와 황새는 물고기나 개구리를 잡아먹는다. 독수리는 논둑에 앉아서 돌아다니는 쥐나 토끼가 있는지 살핀다. 날아다니면서 죽은 짐승을 찾아 먹기도 한다. 되새나 홍여새, 쑥새 들은 무리 지어 날아다니면서 쌓인 눈을 헤치고 먹이를 찾는다. 짧은 겨울 낮 동안 천적을 경계하는 시간을 줄이고 먹이를 구하는 데 집중하려고 여럿이 모여 움직인다.

사실 우리나라 겨울 날씨도 북쪽 나라만큼은 아니지만 꽤 추운 편이다. 하지만 겨울 철새들은 한겨울에 차가운 물속에 몸을 담그거나 꽁꽁 언 얼음 위를 맨발로 걸어도 잘 견딜 수 있다. 꼬리 쪽에 있는 기름샘에서 나오는 기름을 깃털 구석구석에 자주 바르기 때문에 물에 잠수를 해도 깃털이 젖지 않아 체온이 잘 떨어지지 않는다. 게다가 새 다리와 몸통을 잇는 뼈마디에는 열을 조절하는 장치가 있다. 이 장치가 발 온도가 주위 온도와 항상 비슷하도록 지켜 주어서 발이 시리거나 동상에 걸릴 염려가 없다. 흔히 겨울 철새들은 우리나라에서 겨울을 난 다음 봄에 북쪽으로 이동해서 짝짓기를 하고 새끼를 친다. 하지만 그 가운데 몇몇은 우리나라에서 짝짓기를 마치고 이동하기도 한다.

큰기러기, 쇠기러기, 독수리, 큰고니, 혹고니, 두루미, 고방오리, 흰죽지 같은 겨울 철새들은 10월 중순부터 우리나라보다 북쪽에 있는 중국 만주 지방이나 몽골, 러시아 바이칼 호, 시베리아, 알래스카에서 내려온다. 시베리아 동쪽에서 새끼를 친 새들은 동해안을 따라 남쪽으로 오고, 바이칼 호에서 오는 새들은 서해안을 따라 내려온다. 만주 지방에서 출발한 새들은 내륙의 높은 산을 넘어오기도 한다. 우리나라를 지나 동남아시아까지 내려가는 새들도 있다.

겨울 철새 이동 경로

나그네새

나그네새

나그네새는 나그네처럼 우리나라에 잠시 머물렀다 가는 새다. 거쳐 지나가는 새라고 '통과새'라고 부르기도 한다. 나그네새는 봄에는 새끼를 치려고 우리나라보다 북쪽으로 이동하고, 가을에는 겨울을 나려고 우리나라보다 남쪽으로 이동한다. 그런데 그 거리가 꽤 멀다 보니 가는 길에 중간 지점인 우리나라에 잠시 들러 쉬어 가는 것이다. 흔히 여름에는 중국 북부, 러시아, 알래스카처럼 우리나라보다 북쪽에 있는 곳에서 새끼를 치고, 겨울에는 중국 남부, 동남아시아, 오스트레일리아 같은 우리나라보다 남쪽에 있는 곳으로 이동해 겨울을 난다.

우리나라에서 볼 수 있는 600종 가까이 되는 새 가운데 나그네새는 모두 180종쯤 된다. 그 가운데 가장 많은 새는 물새인 도요와 물떼새 무리다. 이 새들은 북쪽으로는 러시아와 알래스카, 남쪽으로는 오스트레일리아나 뉴질랜드까지 총 3만km에 이르는 먼 거리를 오간다. 우리나라를 지날 때는 거의 서해안 갯벌을 따라 이동한다. 해마다 3~5월에는 북쪽으로 올라가면서, 9~11월에는 남쪽으로 내려가면서 갯벌에 내려앉는다. 서해안을 따라 길게 이어지는 갯벌은 세계 5대 갯벌에 들어갈 정도로 드넓고 갯지렁이, 게, 쏙, 고둥 같은 다양한 생물이 살기에 나그네새들이 쉬면서 영양을 보충하기에 좋은 곳이다. 먼 거리를 날아와 우리나라에 닿은 도요와 물떼새 무리는 힘이 다 빠지고, 깃털도 상하고, 몸무게는 출발 전의 절반쯤으로 줄어들어 있다. 몹시 지친 새들은 갯벌에서 작은 물고기나 조개류를 비롯한 여러 가지 생물들을 부지런히 잡아먹기 시작한다. 꺅도요, 마도요, 알락꼬리마도요, 좀도요, 민물도요, 삑삑도요, 넓적부리도요 같은 수많은 도요들은 긴 부리로 갯벌 바닥을 꾹꾹 찔러 가며 먹이를 찾는다. 저마다 부리 길이나 생김새가 조금씩 다른데, 이것은 한정된 갯벌 안에서 도요들끼리 먹이 다툼이 적도록 진화한 것으로 보인다. 긴 다리로 물을 따라 걸어 다니면서 조개나 새우, 달팽이, 올챙이, 지렁이, 곤충을 잡아먹기도 한다. 검은가슴물떼새나 왕눈물떼새도 도요 무리와 섞여 다니면서 먹이를 찾는다.

갯벌에 바닷물이 다 빠져나갔을 때는 먹잇감이 바닥 깊숙이 들어가 버려 새들도 거의 없지만, 밀물이 들어올 때는 갯벌에 생기가 돈다. 도요 무리가 '쫑쫑쫑' 또는 '삥삥삥' 하고 맑은 소리를 내면서 먹이를 찾아 밀물에 밀리듯 뭍 쪽으로 모여든다. 갈매기들은 거친 울음소리를 내면서 하늘을 빙빙 돈다. 밀물이 가득 차면 새들은 물 밖에서 쉬면서 물이 다시 빠져나가기를 기다린다. 도요나 물떼새는 오리 무리와는 몸 생김새가 많이 달라서 오랜 시간 물에 동동 떠 있을 수 없기 때문이다. 나그네새들은 열흘에서 보름쯤 머물면서 지친 몸을 쉬고 몸무게를 불려 다시 날아갈 힘을 얻는다. 실제로 떠나갈 때가 다 된 도요와 물떼새들은 목과 배 사이에 있는 지방을 저장하는 곳이 빵빵하게 부풀어 있는 것을 볼 수 있다. 도요와 물떼새들이 힘을 보충하고 다시 목적지로 이동하려고 무리 지어 날아오르는 모습은 꽤 볼 만하다. 특히 흰색 바탕에 진한 갈색 무늬가 대비되는 도요 무리가 날갯짓을 하면서 한꺼번에 방향을 틀면 마치 매스 게임을 보는 듯 아름다운 화면이 펼쳐진다.

산새 가운데서는 울새나 유리딱새, 진홍가슴이 봄가을마다 우리나라 숲에서 쉬어 간다. 산맥을 따라 이동하고 서해를 건너 남북을 오가는데, 도중에 지쳐서 섬에 내려앉아 쉬는 모습을 볼 수 있다. 탁 트인 갯벌에서 쉬는 물새와 달리 우거진 숲 속을 찾기 때문에 물새에 비해서는 찾아보기 힘들다.

흔히 봄에 오는 나그네새는 짝짓기를 앞두고 있기 때문에 깃털 색깔이 비교적 화려하지만 짝짓기를 끝낸 가을에는 수수한 색깔로 바뀌어 돌아온다. 그해 태어난 새끼들도 같이 오는데 새끼들은 깃털 색깔이나 생김새가 또 다르다. 암수 모두 수수한 데다 저마다 깃털 생김새가 다양하게 나타나므로 가을에는 더 주의 깊게 살펴야 어떤 종인지 알 수 있다.

나그네새 철새 이동 경로

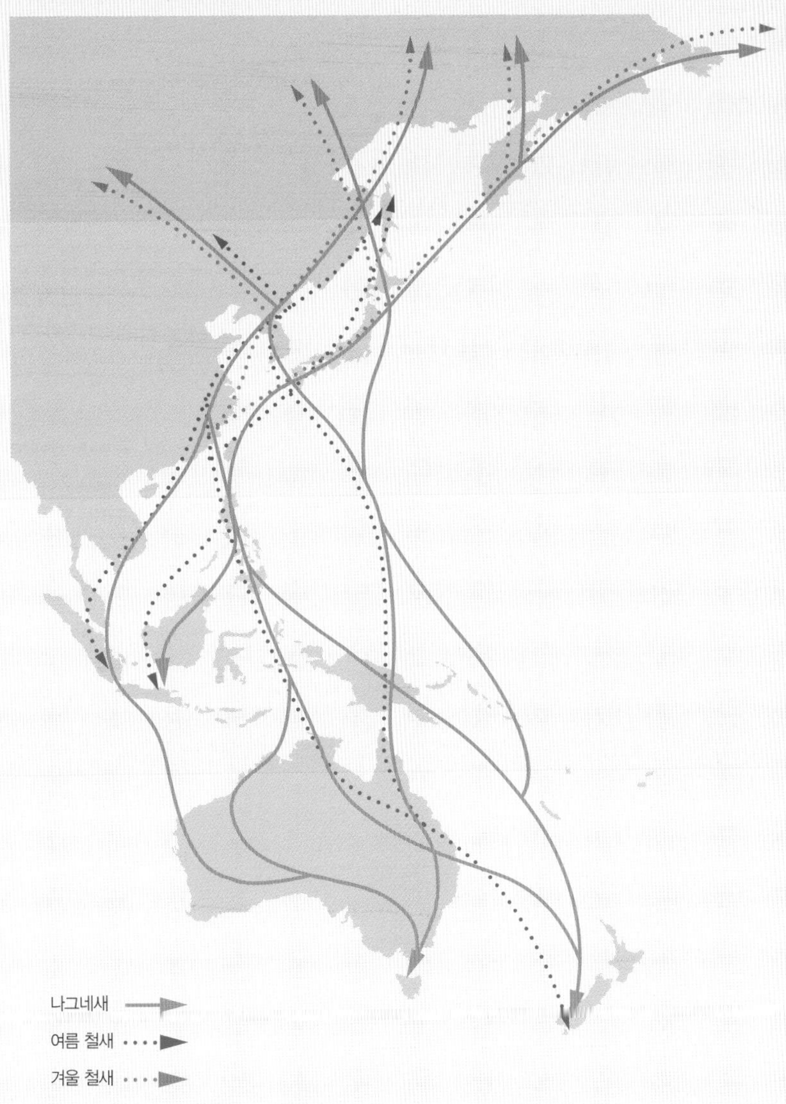

철새 이동

한 해 내내 우리나라 안에서 조금씩 이동하면서 사는 텃새와 달리 철새는 해마다 같은 계절에 두 지역을 오고 간다. 여름 철새는 봄에 우리나라에 와서 여름을 났다가 가을이면 다시 남쪽으로 가고, 겨울 철새는 가을에 우리나라에 와서 겨울을 난 다음 이듬해 봄에 북쪽으로 날아간다. 나그네새도 크게 보면 철새에 들어간다. 다만 이동 거리가 훨씬 길어서 우리나라에는 이동하는 중간에 짧게 머물다 간다. 이렇게 새들이 철에 따라 크고 작은 무리를 지어 오가는 것을 철새 이동 또는 철새 이주(bird migration)라고 한다.

철새들은 햇빛이 비치는 시간이 길고 짧아짐에 따라 이동해야 할 때를 안다. 해가 길어지면 봄이 온 것을 알고 북쪽으로 가고, 해가 짧아지면 가을이 온 것을 알고 남쪽으로 움직이는 것이다. 철새 몸 안에 있는 호르몬 분비에 따른 조절 장치도 이동을 부추긴다. 조절 장치는 생식 기능을 바탕으로 하는데, 짝짓기와 새끼 치기를 할 때가 되면 새가 스스로 알맞은 곳으로 이동을 하게끔 신호를 보낸다. 그러면 철새는 자기도 모르게 본능에 끌려 먼 곳으로 떠날 준비를 하는 것이다.

철새들이 이동하는 거리는 종에 따라 짧게는 수백 킬로미터에서부터 길게는 수만 킬로미터에 이르기 때문에 엄청난 힘이 든다. 하루에 적어도 8시간을 평소에 나는 속도보다 더 빨리 날아야 하고, 한번 무리를 지어 이동을 시작하면 자주 내려앉아 쉬거나 먹이를 찾아 먹기도 쉽지 않다. 그래서 철새들은 이동할 무렵이 되면 동물성 먹이를 닥치는 대로 잡아먹으면서 몸속에 지방을 차곡차곡 모은다. 오랜 시간 날아도 지치지 않게 몸을 만들어 두는 것이다. 아주 멀리 이동하는 편인 도요과 새들은 몸무게가 2배까지 늘기도 한다. 비행 연습을 해서 가슴 근육을 더욱 발달시키고 더 잘 날 수 있게 깃갈이를 하기도 한다.

철새들이 제 나름으로 열심히 준비를 해도 이동은 결코 쉬운 일이 아니다. 실제로 많은 철새들이 이동하는 도중에 궂은 날씨나 천적을 만나 위험에 빠지기도 하고, 굶주리고 지쳐 죽기도 한다. 그런데도 목숨을 걸고 긴 모험을 하는 것은 바로 먹이와 날씨 때문이다. 새들한테는 새끼를 낳아 잘 기르는 것이 무엇보다 중요한 일인데, 그걸 잘하려면 가까이에 먹잇감이 풍부해야 하고 날씨도 너무 덥거나 춥지 않아야 한다. 그래서 새들은 먹이가 많으면서 날씨도 좋은 곳을 찾아 먼 거리를 옮겨 다닌다. 겨울을 우리나라에서 나는 겨울 철새들이 봄이면 시베리아 같은 먼 곳으로 가는 것도 봄부터 여름까지는 북쪽에 먹이가 많고 날씨가 보다 서늘해서 새끼 치기에 알맞기 때문이다. 게다가 우리나라보다 낮이 훨씬 길어서 더 오랫동안 먹이를 구하러 다닐 수 있다.

흔히 몸집이 큰 두루미, 고니, 매, 수리 무리는 낮에 이동한다. 천적이 적어서 환한 낮이라도 큰 어려움 없이 움직일 수 있기 때문이다. 제비나 칼새도 낮에 이동하는데 몸집이 작은 대신 나는 속도가 빨라 천적을 만나도 곧잘 도망간다. 지빠귀과나 멧새과 새처럼 몸집이 작은 새들은 낮에는 숲에서 먹이를 먹으면서 쉬었다가 밤에 이동한다. 어두운 밤에 움직이면서 천적 눈을 피하려는 것이다. 오리 무리를 비롯한 물새들은 밤낮을 크게 가리지 않는다. 천적을 맞닥뜨려도 재빨리 물속으로 숨으면 된다.

아무리 잘 나는 새라도 오랜 시간 날갯짓을 하려면 많은 힘이 든다. 그래서 철새들은 V 자 꼴로 무리를 지어 날고 맑은 날이면 상승 기류를 타면서 이동한다. 힘을 덜 들이고 나는 법을 스스로 찾아낸 것이다. 또한 이동할 때 나침반 없이도 길을 잃지 않고 가려는 곳을 잘 찾아간다. 많은 조류학자들은 철새가 낮에는 해, 밤

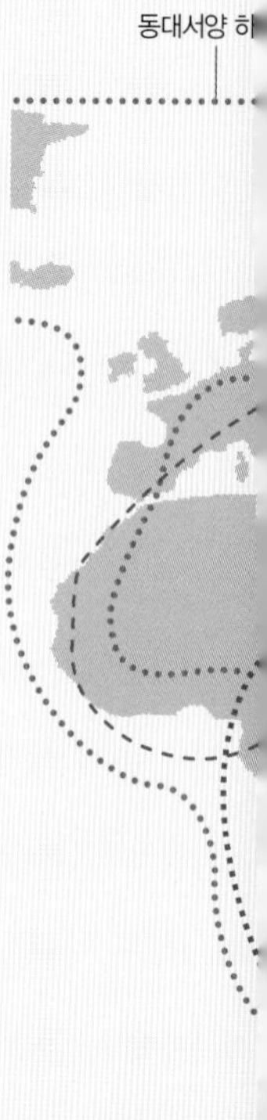

에는 별자리를 보고 방향을 아는 것으로 짐작한다. 산맥이나 강 같은 땅 생김새를 보고 안다고도 한다. 철새가 지구 자기장을 느끼고 남쪽과 북쪽을 가늠한다는 주장도 있다.

온 세계에 있는 조류학자들은 지구 남반구와 북반구를 오가는 철새들의 이동 경로(하늘길, flyway)를 크게 9가지로 나눈다. 동대서양 하늘길, 흑해·지중해 하늘길, 서아시아·동아프리카 하늘길, 중앙아시아 하늘길, 동아시아·대양주 하늘길, 서태평양 하늘길, 태평양·북남미 하늘길, 미시시피·북남미 하늘길, 대서양·북남미 하늘길이다. 이 분류에 따르면 우리나라는 동아시아·대양주 하늘길에 들어가는데, 그 안에서도 철새들이 많이 쉬어 가는 중요한 중간 기착지로 꼽힌다. 삼면이 바다인 데다가 산, 들, 강, 논, 갯벌 같은 자연이 다양해서 여러 철새들이 이동하면서 먹이를 구하거나 쉬어 가기 알맞기 때문이다. 남쪽에 있는 오스트레일리아, 뉴질랜드, 동남아시아 들과 북쪽에 있는 시베리아, 알래스카 들을 오가면서 중간에 쉬어 가는 나그네새가 많다. 우리나라 여름 철새와 겨울 철새들도 거의 이 하늘길 안에서 이동을 한다. 우리나라는 서태평양 하늘길에도 들어가지만 이 경로는 아직 연구가 많이 이루어지지 못하고 있다.

세계 9대 철새 이동 경로

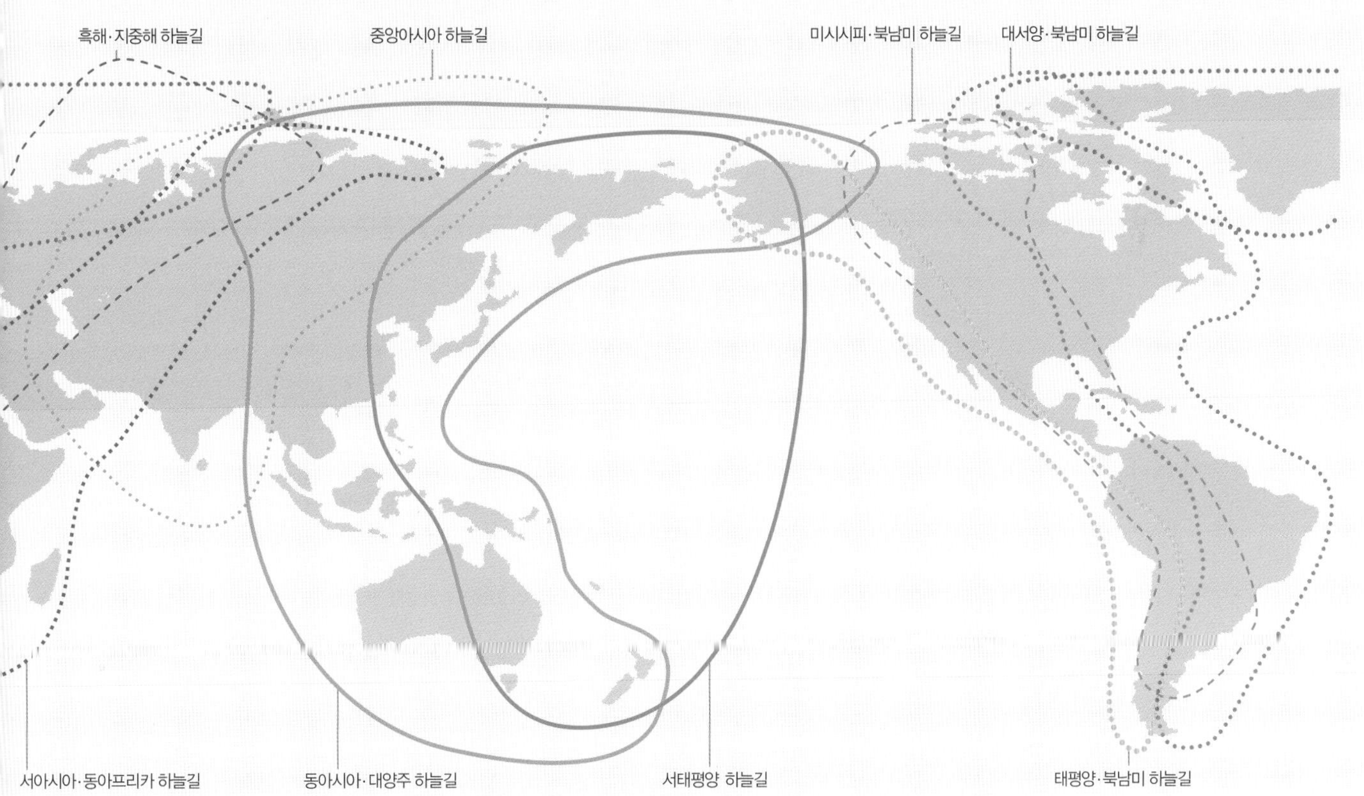

2. 우리나라의 새

개리

Anser cygnoides / Swan Goose

개리는 집에서 키우는 거위의 조상으로 학명은 백조와 비슷하게 생긴 기러기라는 뜻이다. 북녘에서는 물개리라고 한다. 이마에 혹이 있는 거위와 달리 혹이 없고, 이마에서 부리까지 매끈하게 뻗어 있다.

바닷가 갯벌이나 호수, 습지, 갈대밭 같은 물가에 산다. 아침저녁으로 무리 지어 가을걷이가 끝난 논이나 갯벌을 걸어 다니면서 먹이를 찾는다. 큰기러기나 쇠기러기 무리와 섞일 때도 있는데, 큰기러기나 쇠기러기와 달리 멱 색이 아주 밝아서 눈에 잘 띈다. 부리로 논바닥이나 갯벌 바닥을 헤집으며 쉴 새 없이 돌아다닌다. 논에서는 땅에 떨어진 벼, 보리, 밀 같은 낟알을 주워 먹고, 강 하구에서는 물풀 줄기나 뿌리를 먹는다. 갯벌에서 먹이를 찾을 때는 갯벌 바닥을 파느라 부리에 개흙이 잔뜩 묻곤 한다. 부지런히 먹이를 찾다가도 사람이 다가가면 재빨리 날아가 버린다.

5~6월에 몽골과 러시아의 강가나 풀밭, 호수 둘레에서 짝짓기를 하고 새끼를 친다. 움푹 파인 땅바닥에 마른 풀과 풀 줄기로 접시처럼 생긴 둥지를 튼다. 흰색 알을 5개쯤 낳아 암컷 혼자 30일쯤 품으면 새끼가 태어난다.

가을에 우리나라를 비롯한 중국, 일본으로 옮겨 겨울을 난다. 우리나라에서는 주로 한강 하구, 임진강, 금강 하구나 안산 시화호에서 지낸다. 경기 파주의 오두산 전망대 둘레 갯벌에는 봄 가을마다 1,000~2,000마리씩 찾아온다. 전 세계에 6만~10만 마리가 살고 있는 것으로 짐작하는데, 댐 건설과 갯벌 개발로 먹이와 살 만한 곳이 줄어들면서 개체 수도 빠르게 줄고 있다. 천연기념물 제325-1호이자 환경부 지정 멸종위기 2급이며, 전 세계에서 보호하고 있는 새다.

생김새 머리꼭대기와 눈 둘레, 목덜미는 진한 갈색이고 멱은 흰색 또는 밝은 갈색을 띤다. 부리는 검은색인데 부리 기부에 흰색 띠가 있다. 어릴 때는 없다가 다 자라면 생긴다. 몸통은 갈색 바탕에 흰색 줄무늬가 있으며 아랫배는 흰색, 다리는 주황색이다. 암컷은 수컷과 비슷하지만 몸집이 조금 작고 몸 색이 연하다.

몸길이 90cm

사는 곳 갯벌, 논, 호수, 습지, 갈대밭

먹이 물풀, 곡식, 조개

분포 우리나라, 중국, 일본, 몽골, 러시아

구분 겨울 철새

개리 *Anser cygnoides*

큰기러기

Anser fabalis / Bean Goose

우리나라를 찾는 기러기는 거의가 큰기러기와 쇠기러기다. 두 기러기 가운데 몸집이 더 커서 큰기러기라는 이름이 붙었다.

논이나 민물에서 여럿이 무리 지어 산다. 아침저녁으로 논에 가서 벼 낟알을 비롯한 식물성 먹이를 찾아 먹고 밤이면 물가로 돌아와 잔다. 쉴 때는 한쪽 다리를 들고 서 있거나 배를 땅에 붙인 채 머리를 뒤로 돌려 등깃에 파묻는다. 무리가 다들 잠을 잘 때도 한두 마리는 깨어 있으면서 둘레를 살핀다. 위험할 때는 크고 높은 소리를 내서 잠든 무리를 깨우고 다 함께 날아올라 도망친다. 이동할 때는 흔히 수십에서 수백 마리씩 모여 V 자 꼴을 이루며 날다가 내려올 때는 갈지자로 몸을 틀어 속도를 줄이면서 내려앉는다. 무리 지어 다니다가 몸을 다치는 새가 있으면 두고 가지 않고 함께 옆을 지킨다. 계절이 바뀌어 먼 길을 떠나야 할 때도 무리를 챙기면서 이동하는 습성이 있다.

4~6월에 러시아 물가에서 짝짓기를 한다. 낮은 언덕 풀밭에 이끼와 풀을 쌓아 둥지를 만들고 흰색 알을 4~7개 낳는다. 암컷이 30일쯤 품으면 새끼가 태어난다. 새끼는 어미 보살핌을 받으면서 자라다가 50일쯤 지나면 어미 곁을 떠난다.

9월 중순부터 50~100마리씩 무리 지어 우리나라로 오기 시작하는데 11월 초에 가장 많이 온다. 해마다 평균 3만 마리 남짓 우리나라를 찾고 있으며, 천수만, 낙동강, 금강, 주남 저수지, 우포늪에 가면 큰기러기 떼를 가까이서 볼 수 있다. 한겨울에는 우리나라보다 덜 추운 중국 남부나 일본으로 이동하는 무리가 있어 수가 많이 줄어든다. 우리나라에서 겨울을 난 큰기러기는 이듬해 3월 말이면 북쪽 나라로 모두 떠난다. 환경부에서 멸종위기 2급으로 지정하고 있다.

생김새 암수가 비슷하게 생겼다. 몸 위쪽은 흑갈색이고 아래쪽은 밝은 회색이며, 옆구리에는 흑갈색 비늘무늬가 있다. 배는 줄무늬 없이 깨끗하다. 부리는 검은색인데 가운데가 노란색을 띠며 다리는 주황색이다. 아래꼬리덮깃은 흰색이고 날개 끝과 꼬리깃은 검은색을 띤다.

몸길이 90cm
사는 곳 논, 강, 연못, 저수지, 호수
먹이 벼, 보리, 밀, 물풀, 감자, 고구마, 풀씨
분포 우리나라, 중국, 일본, 몽골, 러시아
구분 겨울 철새

큰기러기 *Anser fabalis*

쇠기러기

Anser albifrons / Greater White-fronted Goose

쇠기러기는 우리나라에서 가장 흔히 볼 수 있는 기러기다. 이름에 '쇠' 자가 들어가는 것은 큰기러기에 비해 몸집이 작기 때문이다. 북녘에서도 쇠기러기라고 부른다. 학명과 영명은 모두 이마가 흰 기러기라는 뜻이다.

흔히 논이나 호수, 연못 같은 물가에서 무리 지어 산다. 적게는 수십 마리씩, 많게는 수천 마리가 넘게 모여 다닌다. 낮에는 파도가 잔잔한 바닷가나 호수에서 한쪽 다리로 선 채 머리를 뒤로 돌려 등깃에 파묻고 잠을 잔다. 이른 아침이나 저녁에는 논으로 날아가 걸어 다니면서 먹이를 찾는다. 부리로 논바닥을 헤집으며 낟알이나 풀뿌리를 찾아 먹는다. 날 때는 달음박질 없이 바닥에서 곧바로 날아올라 긴 목을 앞으로 뻗은 채 규칙적으로 날갯짓을 한다. 여럿이 모여 세로로 일자나 V 자를 이룬다. 이때 경험이 많고 힘센 기러기가 앞쪽에 자리를 잡고 바람에 맞서 날갯짓을 하면, 나머지는 앞쪽 기러기가 만들어 주는 상승 기류를 타고 수월하게 뒤를 따른다. 이렇게 나는 것은 큰기러기도 마찬가지다.

5~7월에 러시아 물가에서 짝짓기를 한다. 풀밭에 마른 풀, 이끼, 깃털로 접시처럼 생긴 둥지를 만들고, 가슴과 배에 있는 깃털을 뽑아 깐다. 알을 따뜻하게 품으려고 그런다. 흰색 알을 하루에 하나씩, 많게는 7개까지 낳는다. 암컷 혼자 30일 가까이 알을 품어서 새끼가 태어나면 다시 두 달쯤 키운다. 어린 새는 이마에 흰색 띠도 없고 배에 검은 줄무늬도 없지만 다 자라면 생긴다.

새끼 치기를 마치면 10월 초순쯤 우리나라를 찾아온다. 많은 무리가 금강이나 주남 저수지, 서산 천수만처럼 넓고 탁 트인 물가에서 겨울을 나는데, 일부는 우리나라보다 따뜻한 중국 남부로 옮기기도 한다. 이듬해 2~3월이면 북쪽 나라로 떠난다.

생김새 암수가 비슷하게 생겼다. 몸은 전체적으로 어두운 갈색을 띠는데, 가슴과 배는 연하고 검은색 가로줄 무늬가 많다. 눈에는 노란색 테가 있다. 부리 기부 둘레에 흰색 띠가 있어 큰기러기와 구별할 수 있다. 부리는 분홍색이고 다리는 진한 노란색이나 주황색을 띤다.

몸길이 75cm

사는 곳 논, 호수, 연못, 강, 갯벌

먹이 곡식, 새싹, 풀씨, 풀뿌리

분포 우리나라, 중국, 일본, 몽골, 러시아, 그린란드

구분 겨울 철새

쇠기러기 *Anser albifrons*

흰이마기러기 *Anser erythropus*

쇠기러기보다 이마에 있는 흰색 띠가 훨씬 넓고 몸집은 작다.

[illegible]

기러기목
오리과

혹고니

Cygnus olor / Mute Swan

이마와 콧등 사이에 검은색 혹이 있어서 혹고니라고 한다. 우리나라에서 볼 수 있는 고니 무리 가운데 고니와 큰고니는 혹이 없기 때문에, 혹이 있는 혹고니는 쉽게 구별할 수 있다.

호수에서 30마리 안팎으로 무리 지어 산다. 다른 고니 무리와 섞이기도 하는데, 큰고니나 고니가 울음소리를 자주 내서 시끄러운데 비해 혹고니는 소리 없이 조용한 편이다. 그래서 영명에 벙어리 고니라는 뜻이 담겨 있다. 그러나 짝짓기 무렵에는 세력권을 지키려고 큰 소리를 내면서 다른 새들을 쫓아내기도 한다. 호수에서 자라는 개구리밥, 물수세미, 부들, 마름 같은 물풀을 즐겨 먹는다. 물속 깊숙이 머리를 넣고 바닥에 난 물풀을 뜯으면 자연스레 궁둥이가 물 밖으로 쑥 튀어나온다. 날도래, 강도래 같은 물에 사는 곤충이나 조개도 잡아먹는다. 물에서는 목을 S 자 꼴로 굽히고 날개를 위로 조금 들어 올린 채 부리로 물을 내리찍듯이 움직이며 헤엄친다. 하늘로 날아오를 때는 물 위에서 재빨리 달려 나가면서 몸을 띄운다. 머리와 목은 앞으로 곧게 뻗고 날개를 부드럽게 펄럭이며 난다. 몸집이 크다 보니 날개 치는 소리가 꽤 멀리서도 들린다.

3~5월에 러시아 호숫가에서 상대방 눈에 잘 띄게 날개를 반쯤 편 채로 헤엄치면서 짝을 찾고 짝짓기를 한다. 갈대가 우거지고 축축한 땅 위에 갈대 줄기와 나뭇가지를 높이 쌓아 화산처럼 생긴 둥지를 짓는다. 알은 5~7개 낳는데 청백색을 띤다. 암컷이 30일 남짓 품어서 새끼가 태어나면 넉 달에서 다섯 달 동안 키운다. 알도 크고, 자랐을 때 몸집도 큰 만큼 알을 품는 시간과 키우는 시간이 다른 새보다 오래 걸린다. 어린 새는 몸 전체가 회갈색이다. 혹은 태어난 지 한 해가 지난 겨울이 되어야 생기는데, 봄까지는 부리와 비슷한 붉은색을 띠다가 겨울이 오면 검은색이 된다.

날씨가 추워지면 우리나라를 비롯한 일본, 중국, 인도로 이동해 겨울을 난다. 예전에는 동해안 호수 곳곳에서 볼 수 있었으나 요즘에는 화진포와 천수만에서 드물게 볼 수 있다. 갈수록 수가 줄어 한 해에 찾아오는 수가 100마리도 채 되지 않는다. 천연기념물 제201-3호이자 멸종위기 1급이다.

생김새 고니 무리 가운데 몸집이 가장 크다. 암수 모두 몸이 흰색이고 다리는 검은색이며 목이 가늘고 길다. 부리는 주황색인데 위쪽에 검은색 혹이 붙어 있다. 짝짓기 무렵에는 혹이 더욱 커진다.

몸길이 152cm

사는 곳 호수, 저수지

먹이 물풀, 곤충, 조개

분포 우리나라, 중국, 일본, 몽골, 인도, 러시아, 유럽

구분 겨울 철새

혹고니 *Cygnus olor*

큰고니

Cygnus cygnus / Whooper Swan

큰고니는 고니 무리 가운데 몸집이 큰 새라고 붙인 이름이다. 우리나라에 찾아오는 고니 가운데 몸집이 가장 큰 새는 혹고니지만 큰고니 수가 훨씬 많고 고니보다는 몸집이 크기 때문에 이런 이름이 붙었다. 시끄러운 소리를 자주 내서 영명에는 시끄러운 고니라는 뜻이 담겨 있다.

흔히 호수나 강 같은 민물에 산다. 쉬거나 잠을 잘 때는 큰 무리를 짓고 먹이를 찾을 때는 가족끼리 다닌다. 체온이 많이 떨어지지 않게 한쪽 다리는 깃 속에 품고 한 다리로 선 채 머리를 뒤로 돌려 등깃에 파묻고 잔다. 헤엄칠 때 목을 S 자 꼴로 굽히는 혹고니와 달리 목을 곧게 세우고 헤엄친다. 먹이를 구할 때는 물구나무서듯이 긴 목을 물속 깊이 넣은 다음, 물풀을 뜯거나 작은 물고기, 우렁이, 조개, 물에 사는 곤충을 잡아먹는다. 고니 무리가 다 그렇듯이 큰고니도 몸집이 크고 무겁기 때문에 날아오르기 전에 부지런히 달음박질을 쳐야 몸을 띄울 수 있다. 물 위를 빠르게 달음질치면서 날아올랐다가 내려올 때는 발을 앞으로 쭉 뻗어 물 위에 대며 내려앉는 모습이 마치 비행기가 뜨고 내리는 모습과 비슷하다.

5~6월에 우리나라보다 서늘한 유럽과 몽골, 시베리아 물가에서 짝짓기를 한다. 고니 무리 가운데 성질이 사나운 편이라 암컷 한 마리를 두고 수컷끼리 심한 몸싸움을 벌이기도 한다. 짝을 이룬 암수는 목을 길게 뻗어 부리를 맞대고 큰 소리를 낸다. 큰고니를 비롯한 고니 무리는 한번 짝짓기를 하면 평생 짝을 바꾸지 않는다고 한다. 둥지는 호숫가 둘레 굴속이나 땅 위에 지푸라기와 나뭇잎을 화산처럼 쌓아 올려 짓는다. 흰색 알을 3~7개 낳아 암컷 혼자 35~42일쯤 품으면 새끼가 태어난다. 어린 새는 온몸이 연한 회갈색이고 부리는 어두운 분홍색을 띤다.

북쪽 나라에 날씨가 추워지고 얼음이 얼기 시작하면 우리나라를 찾아와 겨울을 난다. 해남, 천수만, 강진만, 순천만, 낙동강, 섬진강 하구에 흩어져 산다. 중국이나 일본에서도 겨울을 나는 큰고니를 볼 수 있다. 천연기념물 제201-2호이자 멸종위기 2급이다.

생김새 암수가 비슷하게 생겼다. 온몸이 흰색이고 부리는 노란색인데 끝이 검은색을 띤다. 고니보다 노란색 부분이 더 많다. 목은 가늘고 길며 다리는 검은색이다.

몸길이 140cm
사는 곳 호수, 강, 연못
먹이 우렁이, 조개, 물고기, 물풀, 곤충
분포 우리나라, 일본, 몽골, 인도, 러시아, 유럽
구분 겨울 철새

큰고니 *Cygnus cygnus*

고니 *Cygnus columbianus*
큰고니보다 몸집이 작고 부리 기부에 있는
[illegible]

혹부리오리

Tadorna tadorna / Common Shelduck

혹부리오리는 짝짓기 할 때가 되면 수컷의 위쪽 부리에 있던 붉은 혹이 커지기 때문에 붙은 이름이다. 북녘에서는 꽃진경이라고 부른다. 학명과 영명에는 얼룩덜룩한 오리라는 뜻이 담겨 있다. 여러 가지 색이 어우러진 혹부리오리는 특히 무리 지어 하늘을 날고 있을 때 아름답다. 붉은색 부리와 검은색 머리, 적갈색 띠와 흑백 날개깃이 뚜렷하게 대비되어 색다른 어울림을 보여 준다.

강 하구 갯벌이나 바다에서 30~100마리씩 큰 무리를 지어 산다. 낮에는 바다에 둥둥 떠서 머리는 물속에 넣고 궁둥이를 내놓은 채로 먹이를 찾는다. 밀물이 들어올 때는 갯벌에서 개흙을 부리로 열심히 헤치면서 조개 같은 연체동물이나 물고기, 달팽이, 게, 새우, 갯지렁이를 잡아먹는다. 해가 지면 멀리 논밭으로 날아가 한쪽 다리로 선 채 머리를 뒤로 돌려 등깃에 파묻고 잔다.

3~5월에 우리나라보다 서늘한 북유럽이나 몽골, 러시아에서 짝짓기를 한다. 바다나 호수 둘레에 있는 동굴이나 나무 구멍을 둥지로 삼고 가슴과 배에 있는 깃털을 뽑아 바닥에 깐다. 황백색 알은 8~16개 낳는데 30일쯤 품으면 새끼가 나온다.

가을에 우리나라를 비롯한 중국 남부와 일본, 인도, 아프리카 북부를 찾는다. 우리나라를 찾는 새들은 무안, 진도, 완도, 순천만, 천수만, 낙동강 하구에서 겨울을 난다. 그 가운데 낙동강 하구 철새 도래지에서는 해마다 1,000마리쯤 되는 무리를 볼 수 있다. 이듬해 2~3월에 수컷 부리에 붉은색 혹이 부풀어 오르면, 혹부리오리 무리는 다시 새끼를 치러 북쪽 나라로 날아간다.

생김새 암수가 비슷하게 생겼는데 수컷 몸집이 조금 더 크고 깃털 색이 진하다. 머리와 목은 검은색이고 햇빛을 받으면 녹색 빛이 돈다. 부리는 붉은색인데 짝짓기 무렵에는 수컷 부리 위에 있던 혹이 더 커진다. 가슴과 배는 흰색이고 배부터 등까지 넓은 적갈색 띠가 둘러 있다. 배 가운데에는 검은색 세로띠가 있으며 다리는 분홍색이다.

몸길이 60cm
사는 곳 갯벌, 바다, 강 하구, 냇가, 호수
먹이 조개, 물고기, 달팽이, 게, 곤충, 물풀
분포 우리나라, 중국, 일본, 몽골, 러시아, 인도, 유럽
구분 겨울 철새

혹부리오리 *Tadorna tadorna*

원앙

Aix galericulata / Mandarin Duck

원앙은 금실 좋은 부부를 상징하는 새로 알려져 있다. 예로부터 남녀가 혼인을 할 때는 부부가 백년해로하기를 바라는 마음으로 원앙을 수놓은 베개와 이불을 꼭 마련했다. 그러나 실제로는 암컷이 알을 낳으면 수컷이 다른 암컷을 찾아 떠나고, 남은 암컷 혼자서 새끼를 기른다. 그저 암수가 같이 있는 모습이 아름답고 좋아 보여서 그런 믿음이 생긴 것으로 보인다.

산속 계곡이나 연못에 무리 지어 산다. 여름에는 암수가 함께 살면서 짝짓기와 새끼 치기를 하고 겨울에는 다른 원앙들과 섞여 지낸다. 낮에는 사람 눈에 띄지 않는 바위틈이나 나뭇가지 위에서 머리를 등깃에 파묻고 한쪽 다리를 든 채 잠을 잔다. 다리가 몸통 가운데에 있어 걷기도 잘하고 헤엄도 잘 치기 때문에 먹이도 땅 위에서 걷거나 물에서 헤엄치면서 찾는다. 나무 열매 가운데 도토리를 즐겨 먹고, 물에 사는 곤충이나 달팽이, 작은 물고기도 잡아먹는다.

4~5월에 우리나라 깊은 산속 계곡에서 짝짓기를 한다. 수컷은 뒤통수에 길게 뻗은 댕기깃을 펼치고 머리를 앞으로 까딱까딱하면서 암컷 눈길을 끈다. 짝짓기를 마친 암컷은 나무 구멍에 둥지를 틀고 알을 7~12개 낳는다. 오리 무리 가운데서는 유일하게 나무 구멍을 둥지로 쓴다. 암컷이 흰색이나 황백색 알을 낳아 25~30일 품으면 새끼가 태어난다. 이틀쯤 지나면 새끼는 어미를 따라 둥지에서 땅 위로 뛰어내린 다음 물가로 가서 헤엄을 치기 시작한다. 짝짓기 철이 지나면 수컷 몸색은 암컷과 비슷하게 바뀌지만 부리는 그대로 붉은색이라 부리를 보고 암수를 구별할 수 있다.

우리나라에서 한 해 내내 사는 텃새지만 겨울이면 북쪽 시베리아나 중국 만주에서 새끼를 치고 내려오는 무리가 있어 수가 더 늘어난다. 경기 광릉, 충북 속리산을 비롯한 전국 곳곳에서 2,000마리 남짓 되는 원앙이 겨울을 난다. 천연기념물 제327호다.

생김새 수컷은 진한 녹색 머리에 자주색 깃이 나고 가슴은 적갈색이다. 뺨과 목에 주황색 깃이 수염처럼 나 있고, 옆구리에는 은행깃이라고 불리는 주황색 날개깃이 위로 솟아 있다. 암컷은 머리, 등, 날개는 회갈색이고 배는 흰색이며 가슴과 옆구리에 흰색 점무늬가 있다. 부리는 흑회색을 띤다. 눈 둘레에 흰색 테가 뚜렷하고 눈줄이 길게 뻗어 있다.

몸길이 45cm
사는 곳 계곡, 연못, 저수지
먹이 나무 열매, 달팽이, 물고기, 곤충, 풀씨
분포 우리나라, 중국, 일본, 러시아, 동남아시아, 유럽
구분 텃새

원앙 *Aix galericulata*

청둥오리

Anas platyrhynchos / Mallard

청둥오리는 겨울철에 우리나라 민물가 어디서든 흔히 볼 수 있는 새다. 청둥오리의 '청둥'은 짝짓기 무렵 수컷의 녹색 머리를 뜻한다. 옛날에는 들오리, 물오리, 참오리 들로 불렀고 북녘에서는 청뒹오리라고 한다. 학명은 부리가 넓은 오리라는 뜻이다. 집오리의 조상으로 사람들은 약 3,000년 전부터 생명력과 적응력이 강한 청둥오리를 잡아 길들여서 알과 고기, 깃털을 얻었다.

강이나 호수 같은 민물에서 산다. 흔히 낮에는 물 위나 물가에서 쉰다. 부리로 꼬리샘에서 나오는 기름을 몸에 바르면서 깃털을 다듬기도 한다. 해 질 무렵이면 가까운 논으로 날아가 낟알이나 풀씨를 주워 먹는다. 얕은 물에서 풀포기를 헤집거나 물속으로 물구나무서서 작은 물고기를 잡아먹기도 한다. 물속 깊이 잠수하지 않고 수면 가까이 사는 물고기나 곤충, 물풀을 많이 먹는다. 날씨가 흐리거나 사람이 없을 때는 낮에도 먹이를 찾아다닌다. 걸을 때는 뒤뚱뒤뚱 안짱걸음으로 걷는다. 물에 떠 있다가도 물 위를 달리지 않고 곧바로 하늘로 날아오를 수 있다. 여럿이 덩어리를 이루거나 V 자 꼴을 이루며 나는데, '쐐쐐쐐' 하고 날개 치는 소리가 난다.

4~7월에 러시아와 유럽에 있는 습지에서 짝짓기를 한다. 물가 풀숲에 마른 풀과 솜털로 둥지를 만들고 연한 청록색 알을 많게는 10개까지 낳는다. 암컷이 30일쯤 품으면 새끼가 나온다. 새끼는 태어난 지 몇 시간쯤 지나 젖은 깃털이 마르면 눈을 뜨고 어미를 따라다닐 수 있다. 짝짓기가 끝난 수컷은 몸 색이 암컷과 비슷해지지만 부리는 그대로 노란색이어서 암컷과 구별할 수 있다.

가을에 우리나라를 찾아오는 새들은 러시아에서 새끼를 친 새들이다. 겨울을 나고 이듬해 2~3월이면 다시 돌아간다. 우리나라 안에서 이동하면서 한 해 내내 살고 새끼를 치는 무리도 있는데, 그 가운데 몇몇은 흰뺨검둥오리와 짝짓기를 하기도 한다.

생김새 수컷은 머리가 초록색인데 햇빛을 받으면 반짝거린다. 목에는 흰색 테가 있고 가슴은 갈색이다. 몸통은 갈색과 연한 회색이 섞여 있다. 날개깃에 섞인 파란색 깃과 위로 말려 올라간 위꼬리덮깃이 눈에 띈다. 부리는 노란색, 다리는 주황색이다. 암컷 몸은 갈색 바탕에 흑갈색 무늬가 있고 부리는 위쪽이 검은색, 아래쪽이 노란색이다.

몸길이 58cm
사는 곳 강, 호수, 저수지, 연못, 냇가
먹이 곡식, 풀씨, 달팽이, 물고기, 나무 열매, 곤충
분포 우리나라, 중국, 일본, 동남아시아, 러시아, 유럽
구분 겨울 철새

수컷

암컷

청둥오리 *Anas platyrhynchos*

흰뺨검둥오리

Anas poecilorhyncha / Spot-billed Duck

흰뺨검둥오리는 몸 색에 비해 얼굴 쪽 색이 훨씬 밝아서 이런 이름이 붙었다. 멀리서 보면 몸은 검은색에 가깝고 머리는 흰색으로 보인다. 북녘에서는 검독오리라고 부른다. 부리가 검고 끝에 노란 점이 있어 영명도 부리에 점이 있는 오리라는 뜻이다. 우리나라에서 볼 수 있는 오리 무리 가운데 텃새는 흰뺨검둥오리 하나뿐이다. 겨울에만 머물다 가는 다른 오리들과 달리 한 해 내내 우리나라에 터를 잡고 사는 오리이니 '터오리'라고 부르자는 주장도 있다.

호수나 강 같은 물가에서 산다. 봄여름에는 암수가 함께 지내다가 짝짓기가 끝나면 큰 무리를 짓는다. 흔히 깊이 잠수하지 않고 얕은 물을 부리로 휘저으면서 물고기나 개구리를 잡아먹고, 논에 날아가 낟알이나 풀씨를 먹기도 한다. 동물과 식물을 가리지 않고 먹는 잡식성이다. 평소에는 나는 일이 드물지만 위험을 느끼면 날아서 도망간다. 땅 위보다는 물 위에서 날아오르는 일이 많다. 날 때 올려다보면 날개 밑면이 흰색과 검은색으로 뚜렷하게 나뉘어 있다.

4~7월에 우리나라를 비롯해 중국, 러시아 남부에서 짝짓기를 한다. 야산 기슭이나 물가 풀숲에 마른 풀을 엮어 접시처럼 생긴 둥지를 만들고 바닥에는 털을 깐다. 흰색 알을 10개쯤 낳아 암컷 혼자 25일쯤 품으면 새끼가 나온다. 갓 나온 새끼는 젖은 몸이 마르면 곧 어미를 따라 걷거나 헤엄치면서 먹이를 찾는다. 어미가 앞장서고 그 뒤로 새끼들이 나란히 줄을 서서 따라다니는 모습을 종종 볼 수 있다.

우리나라에 한 해 내내 사는 텃새가 많지만 겨울이면 북쪽 몽골이나 러시아에서 새끼를 치고 살던 무리가 내려와 수가 더 늘어난다. 우리나라에서 가창오리와 청둥오리 다음으로 많이 볼 수 있는 새다.

생김새 흔히 오리과 새는 수컷 번식깃이 화려하지만 흰뺨검둥오리는 번식깃이 따로 없고 암컷과 비슷하게 수수하다. 등과 날개는 어두운 갈색이고 배는 흰색이다. 날개깃에는 진한 파란색 깃이 섞여 있어 눈에 띈다. 머리와 목은 황백색인데 머리꼭대기는 검고 흰색 눈썹줄이 있다. 검은색 부리 끝은 노란색이고 다리는 밝은 주황색을 띤다.

몸길이 60cm
사는 곳 호수, 논, 강, 냇가, 바다
먹이 물고기, 나무 열매, 물풀, 곡식, 곤충
분포 우리나라, 중국, 일본, 몽골, 러시아
구분 텃새

흰뺨검둥오리 *Anas poecilorhyncha*

고방오리

Anas acuta / Northern Pintail

고방오리는 짝짓기 무렵 털갈이한 수컷의 뒤통수에서 목까지 흰색 줄무늬가 있는 모습이 마치 길게 땋아 늘어뜨린 머리인 고방 머리*를 한 것 같다고 해서 붙은 이름이다. 북녘에서는 가창오리라고 부른다. 영명에는 꼬리깃이 핀처럼 길고 뾰족한 수컷의 특징이 담겨 있다.

저수지나 물이 고인 논에서 산다. 고방오리끼리 무리를 짓기도 하지만 청둥오리, 흰뺨검둥오리, 쇠오리 들과 섞이는 때가 더 많다. 낮에는 물 위나 모래밭에서 쉬거나 잠을 자고 저녁이 되면 먹이를 찾아다닌다. 날씨가 흐리거나 사람이 없는 곳에서는 낮부터 먹이를 찾기도 한다. 머리를 물속에 넣고 물구나무선 채로 물고기를 잡아먹거나 물풀을 뜯어 먹는다. 짝짓기 무렵에는 달팽이 같은 작은 동물을 잡아먹으면서 영양분을 보충한다.

5~7월에 우리나라보다 서늘한 러시아와 유럽, 미국 북부 풀밭에서 둥지를 튼다. 황록색이나 황백색 알을 9개쯤 낳으면 수컷은 먼저 겨울날 곳을 찾아 이동한다. 남은 암컷 혼자서 20일 남짓 알을 품으면 새끼가 태어난다. 수컷이 떠난 지 30일이 훌쩍 넘어서야 암컷도 뒤따라 이동을 한다. 짝짓기 철이 지나면 수컷은 암컷과 비슷해지지만 부리는 그대로라서 구별할 수 있다.

러시아에서 새끼를 친 새들이 가을에 우리나라를 찾아와 겨울을 난다. 충남 서산 AB 지구와 서울 중랑천에서는 해마다 고방오리 수백 마리가 모여 겨울을 나는 모습을 볼 수 있다. 이듬해 봄이 오면 새끼를 치러 다시 북쪽 나라로 날아간다.

생김새 수컷은 머리와 목덜미는 갈색이고 목에는 흰색 줄무늬가 있다. 가슴과 배는 흰색이고 등과 옆구리는 회색이다. 어깨와 옆구리에는 파도 무늬가 있다. 날개는 회색 바탕에 검은 줄무늬가 있다. 꼬리는 검은색인데 가운데 꼬리깃은 길고 뾰족하다. 부리는 검은색이고 가장자리가 청회색이며, 다리는 검은색이다. 암컷은 몸집이 좀 작고 꼬리 길이가 수컷보다 훨씬 짧다. 온몸이 갈색 바탕에 흑갈색 무늬가 있고 부리는 검은색이다.

* 고방 머리 : 아직 혼인하지 않은 처녀들이 길게 땋아 늘어뜨린 머리 모양.

몸길이 75cm

사는 곳 저수지, 논, 연못, 호수, 냇가

먹이 물고기, 달팽이, 곡식, 물풀, 풀씨

분포 우리나라, 중국, 일본, 러시아, 미국, 유럽

구분 겨울 철새

고방오리 *Anas acuta*

고방오리는 물속에 머리를 넣고 물구나무서기하며 먹이를 찾는다. 이 자세에 꽁무니가 물 위로 솟아오르는데, 검고 뾰족한 꽁지깃이 눈에 띈다.

가창오리

Anas formosa / Baikal Teal

가창오리는 짝짓기 때면 수컷 얼굴에 노란색과 녹색 깃이 태극무늬처럼 어우러져 돋아난다. 그래서 북녘에서는 태극오리 또는 반달오리라고 부른다. 북녘에도 가창오리라고 부르는 새가 있는데, 재미있게도 그것은 우리가 말하는 고방오리다.

강이나 호수 같은 민물에서 무리를 지어 산다. 낮에는 물에서 쉬거나 자고, 해가 뜨거나 질 무렵이면 무리 지어 논으로 날아간다. 처음에는 수만 마리씩 큰 덩어리를 지어 파도 꼴로 날아오르지만 점점 여러 갈래로 흩어져서 땅에 내려앉을 때는 몇 백 마리로 줄어든다. 여럿이 논바닥을 뒤지며 먹이를 찾으면서도 질서 있게 한 방향으로만 나아간다. 흔히 논에서 벼 낟알이나 풀씨, 보리 새싹을 먹고 살고, 물가에서 지렁이나 물고기를 잡아먹기도 한다.

4~7월에 러시아와 중국 아무르 물가에서 짝짓기를 한다. 물가에서 가까운 풀밭에 지푸라기와 나뭇잎으로 접시처럼 생긴 둥지를 만들고, 바닥에는 가슴 털을 뽑아서 깐다. 연한 회갈색 알을 8개쯤 낳아 암컷 혼자 22일쯤 품으면 새끼가 태어난다. 짝짓기 철이 지나면 수컷 생김새는 암컷과 비슷하게 바뀐다.

가을이면 수십만 마리에 이르는 가창오리가 아산만, 천수만, 금강 하구, 주남 저수지, 영암호에서 겨울을 나고 이듬해 3~4월 북쪽 나라로 돌아간다. 지난 2000년 이후 해마다 평균 30만 마리가 넘는 가창오리가 우리나라를 찾는 것으로 확인되었다. 하지만 다른 나라에서는 거의 찾아볼 수 없는 데다 우리나라에서 머물 만한 논이나 습지가 개발 사업으로 점점 줄어들고 있기 때문에 꾸준한 관심과 보호가 필요하다.

생김새 수컷은 얼굴에 노란색과 초록색 깃이 섞여 있고 머리꼭대기는 흑갈색이다. 몸 위쪽은 갈색이고, 옆쪽은 청회색, 아래쪽은 흰색을 띤다. 가슴은 황갈색 기운이 돌며 점무늬가 있다. 주황색과 검은색이 섞인 어깨깃이 옆구리까지 내려온다. 부리는 검은색이고 다리는 황토색이다. 암컷은 갈색 바탕에 흑갈색 무늬가 있다. 부리 기부에 수컷한테는 없는 흰색 점이 있다.

몸길이 40cm
사는 곳 강, 호수, 논
먹이 풀씨, 곡식, 새싹, 지렁이, 물고기, 곤충
분포 우리나라, 중국, 일본, 러시아, 유럽, 북아메리카
구분 겨울 철새

가창오리 *Anas formosa*

가창오리 수만 마리가 붉게 물든 하늘을 무리 지어 나는 모습은 훌륭한 볼거리로 손꼽힌다.

흰죽지

Aythya ferina / Common Pochard

'죽지'는 몸에서 팔과 어깨가 맞닿은 곳, 곧 날개가 몸에 붙은 곳을 말한다. 흰죽지는 이 부분이 멀리서 보면 흰색을 띠어서 이런 이름이 붙었다. 북녘에서는 흰죽지오리라고 부른다.

갈대나 줄풀이 우거진 호수나 저수지 물 위에 떠서 지낸다. 적게는 3~4마리에서 많게는 몇 십 마리까지 무리를 짓는데 댕기흰죽지나 검은머리흰죽지 무리와 섞여 다닐 때가 많다. 가끔씩 땅 위로 올라와 가슴을 내민 채 뒤뚱거리면서 걷기도 한다. 다리가 몸통 뒤쪽에 붙어 있어서 걷는 속도는 느린 편이다. 대신 헤엄을 잘 치고 잠수도 깊이 할 수 있다. 얕은 물에 사는 곤충이나 물고기를 잡아먹기도 하고, 물속 1~3m 깊이에 자라는 물풀을 뜯어 먹기도 한다. 큰 물고기나 게를 잡았을 때는 물 위에서 여러 번 물고 흔들어 삼키기 좋게 만든 다음 먹는다. 물 위에서 쉴 때는 몸을 옆으로 굴리듯 물에 담그면서 깃을 다듬는다. 날 때는 물 위를 달음박질하면서 날아오른다. 나는 모습을 올려다보면 흰색 배와 검은색 가슴, 적갈색 머리가 뚜렷하게 나뉘어 보인다.

4~6월에 유럽이나 러시아 물가에서 짝짓기를 한다. 물 위나 물가 둘레의 풀이 우거진 곳에 갈대나 풀 줄기를 높게 쌓아 둥지를 만든 다음 자기 가슴 털을 뽑아 바닥에 깐다. 알은 6~11개 낳는데 녹회색을 띤다. 암컷 혼자 30일쯤 품으면 새끼가 나온다. 새끼는 어미 보살핌을 받으면서 자라다가 50일쯤 지나면 어미 곁을 떠난다.

러시아에서 새끼를 친 새들이 가을에 우리나라를 찾아와 겨울을 난다. 한강, 천수만, 낙동강 하구처럼 넓게 트인 물가에서 머무는데, 그 가운데 낙동강에서는 해마다 수백 마리씩 겨울을 나는 모습을 볼 수 있다. 중국 남부와 일본, 인도, 동남아시아에서도 겨울을 난다.

생김새 수컷은 머리부터 목까지 적갈색을 띤다. 가슴과 꼬리는 검은색이고 등과 배는 회백색이다. 부리는 검은색인데 가운데에 회색 띠가 있다. 눈은 붉은색이고 다리는 회색이다. 짝짓기가 끝나면 암컷과 비슷하게 바뀌지만 눈은 그대로 붉은색이다. 암컷은 온몸이 갈색을 띠는데, 눈도 갈색이라 수컷과 쉽게 구별할 수 있다.

몸길이 46cm
사는 곳 호수, 저수지, 강, 바다
먹이 물풀, 곤충, 물고기, 조개, 달팽이
분포 우리나라, 중국, 일본, 러시아, 유럽, 인도
구분 겨울 철새

흰죽지 *Aythya ferina*

댕기흰죽지 *Aythya fuligula*
머리에 검은색 댕기깃이 있고 눈은 노란색이다.
겨울 철새인데 흰죽지와 큰 무리를 지어 다닌다.

흰뺨오리

Bucephala clangula / Common Goldeneye

흰뺨오리는 수컷 뺨에 희고 둥근 무늬가 있어서 붙은 이름이다. 영명에는 '황금빛 눈'이라는 뜻이 들어 있는데, 뺨의 무늬보다는 눈 색을 눈여겨보고 이름 지은 것으로 보인다. 암수 모두 눈 색이 황금처럼 밝은 노란색을 띤다.

바다나 강에서 5~10마리씩 작은 무리를 지어 산다. 철 따라 이동할 때는 수백 마리씩 모여 같이 움직인다. 헤엄을 잘 치고 잠수도 잘한다. 물 위에서 헤엄치거나 깊은 곳까지 잠수해서 물에 사는 작은 곤충부터 조개, 물고기, 물풀, 풀씨까지 온갖 동식물을 먹는다. 여유롭게 먹이를 찾다가도 사람이 다가가면 재빨리 발로 물을 차고 날아오른다.

4~6월에 러시아 물가에서 짝짓기를 한다. 수컷은 마음에 드는 암컷 앞에서 머리를 뒤로 힘껏 젖혀서 등에 닿게 하는 동작을 되풀이한다. 암컷 눈길을 끌어서 짝짓기를 하려는 구애 행동 가운데 하나다. 둥지는 따로 짓지 않고 숲 속 나무 구멍을 쓴다. 알을 폭신하고 따뜻하게 품을 수 있도록 바닥에는 가슴 털을 뽑아 깐다. 청록색 알을 6~15개 낳아 암컷 혼자 30일쯤 품는다. 새끼는 태어난 지 50~60일쯤 되면 다 자란다. 짝짓기가 끝나면 수컷은 몸 색이 암컷과 비슷해지는데 뺨에 있는 흰색 무늬는 그대로 남는다.

러시아에서 새끼 치기를 마치고 가을에 우리나라를 찾아온다. 이동하는 때인 봄가을에는 한강에서도 보이지만 겨울은 낙동강 하구, 강릉 경포호, 거제도 바닷가에서 난다. 이듬해 봄이 오면 다시 러시아로 떠난다.

생김새 수컷은 머리가 녹색이다. 노란색 눈과 검은색 부리 사이에는 희고 둥근 무늬가 있다. 등과 꼬리는 검은색이고 날개는 흰색과 검은색 깃이 섞여 있다. 가슴과 배, 옆구리는 흰색을 띤다. 부리는 검은색이고 다리는 적황색이다. 암컷은 머리가 갈색이고 몸통은 회갈색이다. 목에는 흰색 띠가 있으며, 부리는 검은색인데 끝이 진한 노란색을 띤다.

몸길이 45cm
사는 곳 바다, 강, 호수
먹이 조개, 달팽이, 곤충, 물고기, 물풀, 풀씨
분포 우리나라, 중국, 일본, 동남아시아, 러시아, 유럽
구분 겨울 철새

수컷

암컷

흰뺨오리 *Bucephala clangula*

비오리

Mergus merganser / Common Merganser

비오리는 뒤통수에 난 댕기깃이 빗으로 빗은 것처럼 가지런해서 빗오리라고 했던 것이 바뀌어 굳어진 이름이라고 한다. 북녘에서는 갯비오리라고 부른다.

바다비오리와는 달리 저수지나 강 같은 민물에서 무리 지어 산다. 여럿이 한꺼번에 잠수해서 물고기를 우르르 몰아가며 잡는다. 부리가 맞닿는 면에 톱날처럼 생긴 돌기가 있어 미끄러운 물고기도 한번 물면 잘 놓치지 않는다. 깊게는 10m까지도 잠수하는데 한번 물속에 들어가면 1분 남짓 견딜 수 있다. 다리가 몸 뒤쪽에 붙어 있어 땅 위에서 걷기는 힘들지만 헤엄은 잘 친다. 바다와 가까운 저수지에서는 민물가마우지 무리와 섞여 먹이를 구하는 때가 많다. 물고기를 먹고 있으면 재갈매기가 날아와 빼앗기도 한다. 날아오를 때는 물 위를 빠르게 달리면서 몸을 띄우고, 긴 목을 앞으로 쭉 뻗은 채 날개를 젓는다.

4~6월에 유럽과 러시아 물가에서 짝짓기를 한다. 바위틈이나 움푹 파인 벼랑에 마른 풀과 나뭇잎을 쌓아 둥지를 틀고 바닥에는 가슴 털을 뽑아 깐다. 나무 구멍을 그대로 둥지로 쓰기도 한다. 알은 흰색인데 7~13개 낳아 암컷 혼자 30일 남짓 품는다. 새끼는 태어난 지 일주일이면 어미를 따라다니며 잠수를 하고 물고기를 잡아먹는다. 어미는 새끼를 등에 태운 채 헤엄치기도 한다. 어미 보살핌을 받으면서 자라난 새끼는 60일쯤 지나면 독립한다. 짝짓기 철이 지나면 수컷은 암컷과 비슷해지는데 등 색은 더 진하다.

가을에 우리나라를 찾아와 겨울을 난다. 예전에는 한강에서 볼 수 있는 비오리가 1,000마리도 넘었다지만 요즘은 50마리쯤으로 줄었다. 낙동강에서도 100마리쯤 살다가 이듬해 봄이면 북쪽 나라로 돌아간다. 일본과 중국에서도 겨울을 난다.

생김새 수컷은 머리가 검은색인데 햇빛을 받으면 녹색을 띤다. 뒤통수에 짧은 댕기깃이 있다. 몸통은 흰색이고 등과 날개에는 검은색 깃이 섞여 있다. 눈은 갈색이고 붉은색 부리는 가늘고 길면서 끝이 갈고리처럼 굽어 있다. 다리도 붉은색이다. 암컷은 머리가 밝은 적갈색이고 댕기깃이 수컷보다 길다. 턱과 가슴은 흰색이고 등과 배는 회색을 띤다.

몸길이 65cm

사는 곳 저수지, 강, 호수, 연못

먹이 물고기, 곤충, 게, 개구리

분포 우리나라, 중국, 일본, 몽골, 러시아, 유럽

구분 겨울 철새

비오리 *Mergus merganser*

비오리 암컷이 물 위를 뛰어 날아오르는 모습

꿩

Phasianus colchicus / Ring-necked Pheasant

꿩이라는 이름은 놀라서 날아오를 때 '꿔궝, 꿩' 하고 소리 내는 데에서 왔다. 부르는 이름도 여러 가지로 수컷은 장끼, 암컷은 까투리, 새끼는 꺼병이라고 달리 부른다. 예로부터 다른 새에 비해 흔하고 고기 맛이 좋아 사냥을 많이 했다. 꿩고기로 떡국을 끓이거나 만두를 빚고 긴 꼬리 깃은 장식하는 데 썼다. 옛 속담에 꿩이 많이 나오는 것이나, 조선 시대 소설 《장끼전》에 꿩이 주인공으로 나오는 것을 보아도 우리 조상들한테 여러모로 친근한 새였음을 짐작할 수 있다.

둘레가 탁 트인 풀밭이나 산기슭에 산다. 암수가 짝을 지어 산기슭을 어슬렁거리면서 먹이를 찾는다. 여름에는 메뚜기, 개미, 지네 같은 곤충이나 애벌레를 잡아먹고 겨울에는 나무 열매나 풀씨를 주워 먹는다. 흔히 낮에 먹이를 찾고 밤에는 나무 위에 올라가 잠을 잔다. 조금씩 날 수는 있지만 먼 거리를 오가는 새가 아니라 한 번에 오래 날지는 못한다. 그래서 위험한 일이 생겨도 날기보다는 빨리 걷거나 뛰어서 도망간다.

2월부터 짝짓기를 한다. 수컷은 눈 둘레의 붉은색 피부를 부풀린 채 '꿕, 꿕' 하는 소리를 내면서 암컷을 찾는다. 때로 수컷 여러 마리가 암컷 한 마리를 두고 서로 차지하려고 거친 몸싸움을 벌이기도 하는데 날카로운 며느리발톱을 써서 상대를 공격한다. 종종 수컷 한 마리가 암컷 서너 마리를 거느리기도 한다. 짝짓기를 끝낸 암컷은 산기슭이나 풀밭에 몸을 대고 비벼서 땅을 오목하게 판 뒤 마른 풀잎을 깔아 둥지를 만든다. 회갈색 알을 6~18개 낳아 25일쯤 품으면 새끼가 나온다. 갓 나온 새끼는 깃털이 있고 눈도 뜰 수 있어 하루쯤 지나면 어미를 따라 둥지를 떠난다. 얼마쯤 자라 보호색을 띠면, 사람이 다가갔을 때 죽은 척하면서 움직이지 않기도 한다.

우리나라에서 한 해 내내 산다. 전국 어디서나 볼 수 있고 특히 제주도에 많이 산다.

생김새 수컷은 짝짓기 때 눈가에 닭 볏 같은 붉은색 피부가 드러나고, 머리 양쪽에는 검은색 깃이 돋는다. 목에는 흰색 띠가 있는데, 그 위쪽은 진한 녹색이다. 가슴과 등은 갈색과 황갈색이 섞인 바탕에 검은색 점이 흩어져 있다. 꼬리깃은 길고 갈색 바탕에 검은색 가로줄 무늬가 있다. 발목 뒤에는 날카로운 며느리발톱이 붙어 있다. 암컷은 온몸이 황갈색 바탕에 흑갈색 무늬가 있다.

몸길이 수컷 80cm, 암컷 60cm

사는 곳 풀밭, 산기슭, 논밭

먹이 콩, 풀씨, 곤충, 애벌레

분포 우리나라, 중국, 일본, 몽골, 유럽, 오스트레일리아

구분 텃새

수컷

암컷

[illegible]

아비

Gavia stellata / Red-throated Loon

아비라는 이름은 어디서 나왔는지 알려져 있지 않지만 일본에서도 똑같이 아비라고 부른다. 북녘에서는 여름에 목 색이 붉다고 붉은목담아지라고 한다. 영명에도 이런 특징이 담겨 있다.

바다나 강 하구에 사는데 거의 물 위에 떠서 지낸다. 다른 물새들과 달리 긴 부리를 위로 살짝 들고 있어 멀리서도 알아볼 수 있다. 위험을 느끼면 몸은 물에 담그고 머리만 물 위로 내민 채 둘레를 살핀다. 다리가 몸 뒤쪽에 붙어 있어 헤엄을 잘 치고 잠수도 잘한다. 물 위에 떠서 헤엄치는 것보다 물속에서 헤엄치는 속도가 더 빠르다. 물속 10m까지 들어가 길게는 90초까지 견딘다. 잠수해서 물고기나 조개, 달팽이, 게를 잡아먹고 물풀도 뜯어 먹는다. 특히 멸치를 좋아해서 멸치 떼를 따라다니곤 한다. 옛날에는 아비 무리가 찾아올 때면 어부들이 멸치를 많이 잡길 바라면서 잔치를 열기도 했다고 한다. 물 위를 뛰면서 날아오르고 목과 다리를 쭉 뻗은 채 날갯짓을 한다. 날개가 좀 짧아 보이지만 날갯짓은 빠르다. 날다가 물 위로 내려앉을 때는 가슴이 먼저 닿는다. 뭍으로 올라오면 가슴을 땅에 댄 채 발을 뒤로 밀어 내면서 움직이거나 아예 몸을 꼿꼿이 세우고 펭귄처럼 걷는다.

5~6월에 러시아 북부 물가에서 짝짓기를 한다. 짝짓기를 할 때는 수컷이 몸을 세운 채 물 위를 달리면서 둘레에 있는 다른 새들을 쫓은 다음, 암수가 함께 헤엄치거나 날개를 퍼덕이며 울음소리를 낸다. 둥지는 움푹한 땅에 물풀이나 진흙을 깔아서 만든다. 알은 2개를 낳는데 갈색 바탕에 진한 갈색 무늬가 있다. 암컷이 24~28일 동안 품어서 새끼가 나오면 암수가 함께 키운다.

다른 겨울 철새보다 늦은 12월에 우리나라를 찾아와 동해안과 남해안에서 겨울을 난다. 거제 연안은 천연기념물 제227호로 지정된 아비 도래지다. 아비 말고도 회색머리아비와 큰회색머리아비를 함께 볼 수 있다.

생김새 아비 무리 가운데 몸집이 가장 작고 암수 생김새가 비슷하다. 머리, 목덜미, 등, 날개는 어두운 회색이나 흑갈색 바탕에 흰색 점무늬가 있고 턱부터 멱, 가슴, 배까지는 흰색이다. 눈은 붉은색이며 부리가 길고 뾰족하면서 위로 살짝 휘었다.

몸길이 63cm
사는 곳 바다, 강, 호수, 저수지
먹이 물고기, 새우, 게, 달팽이, 조개
분포 우리나라, 중국, 일본, 러시아, 미국
구분 겨울 철새

아비 *Gavia stellata*

짝짓기 무렵이면 멱이 붉은색을 띠고 머리꼭대기에서

목덜미까지 검은색 줄무늬가 나타난다

논병아리

Tachybaptus ruficollis / Little Grebe

논병아리는 논 둘레에 사는, 병아리와 비슷한 새다. 북녘에서는 농병아리라고 한다.

물이 있는 논이나 호수에 산다. 다리가 몸 뒤쪽에 달려 있고 발에는 나뭇잎처럼 넓적한 물갈퀴가 있어 헤엄을 잘 치고 잠수도 잘한다. 물속에 한번 들어가면 길게는 25초쯤 견딜 수 있다. 깃털이 가늘고 삐죽삐죽해서 잠수하고 나와도 물이 쉽게 빠진다. 물속 6m까지 들어가 작은 물고기나 새우 같은 동물성 먹이를 잡아먹고 물풀이나 갈대 씨도 먹는다. 가끔 제 깃털을 뽑아 먹기도 하는데, 소화되지 않는 찌꺼기를 토하는 데 도움이 된다. 거의 물 위에 떠서 지내고, 천적이 다가오면 땅 위를 빠르게 걷거나 물에서 헤엄치며 도망갈 때가 많다. 어쩌다 날 때는 물 위에서 한참 달음박질치고 나서야 날아올랐다가 물 위에 배를 먼저 대면서 엉성하게 내려앉는다.

4~7월에 물가에서 짝짓기를 한다. '끼르르르르르' 하고 높은 소리를 내면서 짝을 찾는데, 짝을 찾은 암수는 나란히 서서 물 위를 빠르게 걷거나 부리에 물풀을 물고 마주 보는 춤을 추기도 한다. 저수지 갈대밭이나 부들이 자라는 곳에 물풀과 이끼로 둥지를 짓는다. 화산처럼 봉우리가 움푹 파인 둥지는 홍수로 물이 불어도 물 위에 둥둥 떠서 둥지 안에 물이 차지 않는다. 흰색 알을 4개쯤 낳아 암수가 번갈아 가며 20일쯤 품는다. 둥지를 비울 때는 천적 눈에 띄지 않도록 풀잎으로 알을 덮고, 날씨가 더울 때는 날개를 부채처럼 흔들면서 알을 식히기도 한다. 새끼는 태어난 지 1~2일 지나면 헤엄을 치기 시작하는데, 종종 어미가 등에 태우고 헤엄친다. 먹이를 잡아 온 어미는 입에 물고 있으면서 새끼가 스스로 쪼아 먹게 한다. 두세 달쯤 지나면 새끼는 스스로 잠수를 하고 먹이를 잡는다.

우리나라에서 한 해 내내 사는 텃새인데 물이 어는 한겨울에는 남해안으로 옮기기도 한다. 가을에는 몽골과 러시아에서 새끼를 치고 겨울을 나러 오는 무리가 있어 수가 늘어난다.

생김새 논병아리 무리 가운데 몸집이 가장 작고 암수가 비슷하게 생겼다. 여름에는 머리와 등이 흑갈색이고 뺨과 목이 적갈색이다. 궁둥이는 흰색을 띤다. 눈은 노란색, 부리와 다리는 검은색인데 부리 기부에 노란색 점무늬가 있다. 겨울에는 머리와 등이 어두운 갈색이고 뺨과 목은 연한 갈색, 가슴과 배는 흰색을 띤다. 부리는 노란색으로 바뀌고 노란 점무늬도 작아진다.

몸길이 26cm

사는 곳 논, 호수, 연못, 저수지

먹이 물고기, 새우, 달팽이, 물풀, 풀씨

분포 우리나라, 일본, 중국, 몽골, 러시아, 아프리카

구분 텃새

논병아리 *Tachybaptus ruficollis*

어미는 새끼를 천적으로부터 보호하고 몸을 따뜻하게 지켜 주려고 등에 태우고 다닌다

뿔논병아리

Podiceps cristatus / Great Crested Grebe

뿔논병아리는 짝짓기 무렵이면 뒤통수에 뿔처럼 뾰족한 머리깃이 자라는 논병아리다. 북녘에서는 뿔농병아리라고 한다. 학명은 관처럼 생긴 머리깃이 있는 새라는 뜻이다.

호수나 강에서 홀로 또는 2~3마리씩 무리 지어 산다. 논병아리처럼 다리가 몸 뒤쪽에 치우쳐 있어서 땅 위에서 걷는 일은 드물고 헤엄을 치거나 잠수를 하면서 먹이를 찾는다. 흔히 물고기나 개구리를 잡아먹고 물풀도 먹는다. 땅 위에서 움직일 때나 물이 얼었을 때는 바닥에 납작 엎드린 채 뒤에 붙은 다리로 몸을 밀고 다닌다. 몸집에 비해 날개가 작아서 잘 날지 못하기 때문에 위험을 느끼면 물속으로 숨는 때가 많다.

5~7월에 몽골이나 중국 북부, 유럽에서 짝짓기를 한다. 짝을 이룬 암수는 물풀을 입에 물고 마주 본 채 춤을 추듯 머리를 흔든다. 같이 헤엄을 치다가 옆으로 나란히 서서 물 위를 빠르게 뛰기도 한다. 갈대나 부들이 많은 물가에 물풀을 쌓아 봉우리가 움푹 파인 화산처럼 생긴 둥지를 만든다. 높게 짓거나 둥글고 판판한 접시처럼 짓는다. 알은 3~5개를 낳는데 황백색 바탕에 연한 갈색 점무늬가 있다. 알을 품은 지 25일쯤 지나면 새끼가 태어난다. 갓 태어난 새끼는 온몸이 솜털로 덮여 있어 곧 헤엄을 칠 수 있다. 조금 자라면 머리부터 목까지 검은색 줄무늬가 있고 몸은 회갈색을 띤다.

가을에 우리나라를 찾아와 바다가 가까운 호수나 저수지에서 겨울을 나고 이듬해 봄에 떠난다. 2000년대 들면서 우리나라에서 한 해 내내 살면서 새끼를 치는 무리가 늘어나고 있다. 그런데 짝짓기 철에도 낚시하려고 저수지 구석구석까지 찾아드는 사람들 때문에 알 품기를 포기하고 비워 놓은 뿔논병아리 둥지가 많이 발견된다고 한다.

생김새 논병아리 무리 가운데 몸집이 가장 크고 암수가 비슷하게 생겼다. 겨울에는 머리와 등, 날개가 회갈색이고 얼굴, 멱, 가슴, 배는 흰색으로 수수한 편이다. 부리는 연한 분홍색을 띠고 발에는 나뭇잎처럼 생긴 물갈퀴가 있다. 짝짓기 하는 여름에는 몸 색이 두루 진해진다. 머리에는 흑갈색 머리깃이 삐죽삐죽 돋아나고 귀에는 적갈색 귀깃이 길게 자란다.

몸길이 50cm
사는 곳 호수, 저수지, 강, 연못, 바다
먹이 물고기, 개구리, 올챙이, 물풀, 곤충
분포 우리나라, 중국, 일본, 동남아시아
구분 겨울 철새

뿔논병아리 *Podiceps cristatus*

짝짓기 하는 여름에는 흑갈색 머리깃이 삐죽삐죽 돋아나고

적갈색 귀깃이 길게 자란다

황새

Ciconia boyciana / Oriental Stork

황새라는 이름은 몸집이 큰 새라는 뜻인 우리말 '한새'에서 왔다고 한다. 새 가운데 으뜸으로 쳐서, 황새의 황 자가 황제의 '황(皇)'에서 왔다는 말도 있다.

물이 고인 논이나 호수 같은 물가에서 혼자 살거나 두세 마리씩 무리 지어 산다. 가을걷이가 끝난 논에 볏짚을 쌓아 두면 부리로 지근지근 씹으면서 밑에 숨어 있는 물고기를 찾아 먹는다. 강에서 부리를 물속에 넣고 휘휘 젓거나 날개를 퍼덕여서 튀어 오르는 물고기나 개구리를 잡기도 하고 곤충이나 거미를 잡아먹기도 한다. 날 때는 기다란 목을 쭉 뻗은 채 너울너울 난다.

3~5월에 러시아나 중국 동북부 습지에서 짝짓기를 한다. 짝을 찾은 암수는 마주 보고 부리를 하늘로 치켜든 채 위아래 부리를 열었다 닫았다 하면서 '탁, 탁, 탁, 탁' 하는 소리를 낸다. 마치 다듬이질하는 소리와 비슷하다. 황새는 다른 새와 달리 허파 속에 소리를 내는 울음통(명관)이 없어서 목소리를 내지 못하기 때문에 부리를 여닫거나 다른 황새와 서로 부리를 부딪쳐서 의사소통을 한다. 둥지는 소나무, 미루나무, 팽나무, 은행나무 같은 큰키나무 꼭대기에 마른 나뭇가지를 쌓아 엉성하게 짓는다. 한번 지은 둥지를 해마다 고쳐 쓰는 때가 많다. 바닥에는 지푸라기를 깔고 접시 꼴로 만드는데, 큰 몸집에 맞게 둥지 지름도 1.5m쯤 된다. 흰색 알을 3~4개 낳아 30일쯤 품으면 새끼가 태어난다. 새끼는 어미가 구해다 주는 먹이를 먹고 자라다가 55일쯤 뒤에 둥지를 떠난다.

새끼를 친 황새는 늦가을에 우리나라를 찾아와 겨울을 난다. 서산 간척지와 해남 간척지에서 볼 수 있는데 개체 수가 얼마 되지 않는다. 온 세계에 남아 있는 황새 가운데 1%쯤 되는 것으로 알려져 있다. 예전에는 우리나라에서 새끼를 치고 사는 텃새 황새가 많았으나 6·25 전쟁과 사냥, 환경 오염으로 거의 없어지고 마지막 황새마저 1994년에 멸종해 버렸다. 1996년에 러시아에서 어린 황새 2마리를 들여와 인공 부화 과정을 통해 늘리고 있다. 천연기념물 제199호이자 멸종위기 1급으로 보호하고 있다.

생김새 온몸이 흰색이고 부리와 날개 가장자리는 검은색이다. 날개를 접고 있을 때는 날개깃이 꼬리 뒤쪽으로 나와 있어 마치 꼬리깃처럼 보인다. 눈 둘레와 다리는 붉은색을 띤다.

몸길이 112cm
사는 곳 논, 강, 연못, 호수
먹이 물고기, 개구리, 거미, 곤충, 들쥐
분포 우리나라, 중국, 몽골, 러시아
구분 겨울 철새

따오기

Nipponia nippon / Crested Ibis

우리나라 동요 가운데 “보일 듯이 보일 듯이 보이지 않는 따옥 따옥 따옥 소리 처량한 소리”로 시작하는 노래가 있는데, 이 노래 제목이 바로 ‘따오기’이다. 따오기라는 이름은 노랫말처럼 ‘따옥, 따옥’ 소리를 낸다고 해서 붙었다. 따옥새라고도 하고 얼굴과 날개 쪽이 선홍색을 띤다고 주로(朱鷺)나 홍학(紅鶴)이라고도 한다. 북녘에서는 땅욱이라고 부른다.

따오기는 논이나 개울에서 산다. 아침에 논바닥이나 개울가를 천천히 거닐면서 물고기나 달팽이, 개구리 같은 먹이를 잡아먹고, 잘 때는 대나무나 소나무가 우거진 숲으로 간다. 날 때는 목을 앞으로 쭉 뻗은 채 직선으로 나는데 땅에서 올려다보면 날개 밑면이 붉은 살구색을 띤다. 예민한 편이라 사람이나 천적이 다가가면 재빨리 달아난다.

4~5월이면 암수가 짝을 이루어 다니다가 짝짓기를 한다. 소나무나 밤나무 같은 높은 나뭇가지에 잔가지와 덩굴을 쌓아 접시처럼 생긴 둥지를 짓는다. 알은 4개쯤 낳는데 푸른색 바탕에 연한 갈색 무늬가 있다. 26~28일 동안 암수가 번갈아 품는다. 새끼가 태어나면 어미는 자기 입 속에 새끼 머리를 넣고 세게 흔들어서 먹이를 토한 다음 새끼한테 먹이면서 키운다.

따오기는 예로부터 우리나라와 중국을 비롯한 아시아에서만 살아온 새다. 1950년대까지만 해도 우리나라 시골 마을에서는 어렵지 않게 볼 수 있었다고 한다. 그런데 사람들이 따오기 사냥을 하기 시작하고 환경 오염도 갈수록 심해지면서 수가 재빨리 줄어들었다. 1979년 1월에 따오기를 보았다는 기록이 마지막이고 1980년대 들어서면서부터는 아예 찾아볼 수 없게 되었다. 2008년에 정부에서는 우리 땅에 따오기를 다시 퍼뜨리려고 중국에서 2마리를 들여왔고, 2013년에 2마리를 더 들여와 창녕 우포늪 따오기 복원센터에서 키우면서 개체 수를 늘리려 애쓰고 있다. 국제보호조이자 천연기념물 제198호이며 멸종위기 2급으로 지정하고 있다.

생김새 온몸이 흰색인데 아래날개덮깃만 살구색을 띤다. 얼굴은 붉은색 피부가 드러나 있고, 뒤통수에는 댕기깃이 있다. 부리는 검은색인데 끝이 붉고 아래로 굽었다. 짝짓기를 하는 여름철에는 뺨에 있는 기름샘에서 나오는 검은색 기름을 온몸에 문질러 머리, 등, 날개가 회색으로 바뀐다.

몸길이 75cm

사는 곳 논, 개울, 산기슭, 냇가

먹이 물고기, 달팽이, 개구리, 올챙이, 지렁이, 곤충

분포 우리나라, 중국, 일본, 러시아

구분 겨울 철새

따오기 *Nipponia nippon*

짝짓기 철이 되면 기름샘에서 나오는 검은색 기름을 온몸에 문질러 몸이 회색으로 바뀐다.

노랑부리저어새

Platalea leucorodia / Eurasian Spoonbill

노랑부리저어새는 짝짓기 무렵이면 검은색 부리 끝이 노란색을 띠는 새다. 부리가 주걱과 닮았다고 주걱새라고도 하고, 물고기 잡는 데 쓰는 기구인 가리와 닮았다고 가리새라고도 한다. 북녘에서는 누른뺨저어새라 부른다. 영명에는 '숟가락 부리' 라는 뜻이 들어 있다.

논이나 냇가 같은 민물에서 혼자 또는 작은 무리를 지어 산다. 쉴 때는 한쪽 다리로 서서 고개를 뒤로 돌려 등깃에 머리를 올려놓는다. 두 마리가 마주 보고 서서 부리로 서로의 깃을 다듬어 주기도 한다. 먹이를 찾을 때는 저어새처럼 부리를 물에 살짝 담근 채 좌우로 휙휙 젓는다. 부리 끝에 감각 기관이 있어 먹이를 쉽게 찾을 수 있다. 흔히 물고기나 개구리를 잡아먹고 물풀을 뜯어 먹기도 한다. 사람을 두려워해서 가까이 가면 곧바로 날아가 버린다. 황새처럼 목과 다리를 길게 뻗은 채 날개를 천천히 저으면서 너울너울 난다.

4~5월에 몽골, 중국, 유럽, 아프리카에서 무리 지어 짝짓기를 한다. 둥지는 호수나 습지에서 가까운 풀밭에 마른 풀과 나뭇가지를 쌓아 접시처럼 둥글고 넓적하게 만든다. 알은 이틀에 하나씩 모두 3~5개 낳는다. 흰색 바탕에 연한 갈색 무늬가 있는데 암수가 번갈아 가며 20일 남짓 품으면 새끼가 나온다. 어린 새는 부리 색이 연하고 날개 끝이 검은색을 띤다.

가을에 우리나라에 와서 시화호, 순천만, 천수만, 주남 저수지 같은 곳에 머물며 겨울을 난다. 중국과 일본에서도 겨울을 난다. 유럽, 아프리카에는 훨씬 많지만 우리나라에는 해마다 100~200마리가 관찰된다. 천연기념물 제205-2호이자 멸종위기 2급으로 보호하고 있다.

생김새 온몸이 흰색이고 부리와 다리는 검은색이다. 부리는 주걱처럼 넓적하게 생겼는데 끝 부분은 노란색을 띠며 주름이 많다. 눈은 붉은색이다. 짝짓기 철인 여름이 다가오면 뒤통수에 노란색 댕기깃이 길게 자라고 가슴에는 노란색 띠가 생긴다. 턱과 멱에 드러난 피부도 노란색이나 황적색을 띤다. 겨울에는 온몸이 흰색으로 바뀐다. 암컷은 비슷하지만 몸집이 더 작다.

몸길이 86cm
사는 곳 논, 냇가, 강 하구, 갈대밭
먹이 물고기, 개구리, 달팽이, 조개, 곤충, 물풀
분포 우리나라, 중국, 일본, 몽골, 유럽, 아프리카
구분 겨울 철새

노랑부리저어새 *Platalea leucorodia*

가을에 우리나라로 와서 물가에서 작은 무리를 지어 산다. 겨울이면 깃털이 모두 흰색으로 바뀐다.

저어새

Platalea minor / Black-faced Spoonbill

저어새는 먹이를 잡을 때 주걱 같은 부리를 물속에 넣고 좌우로 저어 가면서 잡기 때문에 이런 이름이 붙었다. 노랑부리저어새와 닮았지만 부리 끝에 노란색이 없고 얼굴 앞쪽 피부가 검은색이다. 그래서 북녘에서는 검은낯저어새라고 부른다. 영명에도 '검은 얼굴'이라는 뜻이 들어 있다.

무인도 바닷가나 논, 강 하구에서 살고 잠은 숲에서 잔다. 서너 마리에서부터 열 마리 남짓까지 무리 지어 다니면서 물을 휘젓거나 갯벌을 헤집는다. 우렁이나 물고기 같은 먹이를 잡으면 재빨리 부리를 홱 들어 올려 삼킨다. 가끔씩 백로과 새들이 뒤를 따라다니면서 저어새가 물을 휘저을 때 도망 나오는 물고기를 먹기도 한다. 경계심이 많아서 사람이 다가가면 재빨리 날아오른다. 목과 다리를 앞뒤로 쭉 뻗은 채 부드럽게 날개를 젓는다.

전 세계에서 동아시아에서만 볼 수 있는 새로 새끼도 우리나라에서만 친다. 3월에 서해안 무인도 곳곳에 찾아와 바위 절벽 틈에 둥지를 튼다. 나뭇가지와 풀을 쌓아 접시처럼 만들고 흰색 바탕에 연한 갈색 무늬가 있는 알을 4개쯤 낳는다. 암수가 번갈아 27일쯤 품으면 새끼가 태어난다. 어린 새는 부리 색이 붉은빛이 도는 연한 검은색이다. 날개 끝이 검은색을 띠고 댕기깃과 가슴의 노란색 띠가 없다.

가을에는 20~50마리씩 무리 지어 따뜻한 대만, 일본, 베트남, 필리핀 같은 곳으로 날아간다. 몇몇은 제주도에서 겨울을 나기도 한다. 전 세계에 2,400마리쯤 남은 것으로 알려져 있고 우리나라에서는 700마리 남짓까지 관찰한 기록이 있다. 하지만 갯벌 개발 공사로 갈수록 수가 줄고 있어 천연기념물 제205-1호이자 멸종위기 1급으로 지정하고 있다. 국제 보호종 1급이며 세계적으로 보호하는 국제 보호조이기도 하다. 저어새 번식지인 강화 갯벌과 무인도는 천연기념물 제419호이다.

생김새 암수 생김새가 비슷하다. 겨울에는 몸통은 흰색이고 부리와 다리는 검은색이다. 부리는 길고 끝이 둥그스름하면서 주름이 많다. 검은색 부분이 눈 둘레까지 넓게 퍼져 있다. 짝짓기 하는 여름이 되면 가슴에 노란색 띠가 생기고 뒤통수에는 노란색 댕기깃이 길게 자란다.

몸길이 85cm

사는 곳 바다, 강 하구, 논, 갯벌

먹이 우렁이, 물고기, 개구리, 게, 새우, 오징어

분포 우리나라, 중국, 일본, 동남아시아

구분 여름 철새

저어새 *Platalea minor*

덤불해오라기

Ixobrychus sinensis / Yellow Bittern

덤불해오라기는 저수지 둘레 갈대 덤불이나 줄 덤불에 많이 사는 해오라기라서 붙은 이름이다. 해오라기 무리 가운데 몸집이 가장 작다. 북녘에서는 물까마귀라고 부르는 검은댕기해오라기보다 몸집이 작다고 작은물까마귀라고 한다.

낮에는 잠을 자고 해 질 무렵부터 움직인다. 덤불 속에 있으면 몸 색이 갈대 색과 비슷해서 눈에 잘 띄지 않는다. 목에는 세로줄 무늬가 있는데, 천적이 다가오면 도망치기보다는 목을 하늘로 쭉 뻗어 마치 갈대나 줄, 나무 같은 식물 줄기처럼 보이게 한다. 이때 부리는 하늘로 세우지만 눈은 내리깐 채로 천적을 살핀다. 먹이를 잡을 때도 갈대 줄기를 붙잡고 가만히 숨어 있다가 작은 물고기나 개구리가 다가오면 기다란 부리로 재빠르게 낚아챈다. 부리 끝으로 콕 찍어서 잡기도 한다. 다리 근육이 튼튼해서 갈대 줄기를 붙잡고 오래 있을 수 있다. 하늘을 날 때는 황갈색 날개덮깃과 검은색 날개깃이 뚜렷하게 나뉘어 보인다.

4월 말부터 8월까지 호수, 저수지, 강 하구 물가에서 무리 지어 짝짓기를 한다. 둥지를 만들 때는 갈대나 줄 덤불 속에 들어가 물 위 0.3~1m 높이에 있는 풀 줄기를 여러 개 모아서 기둥으로 삼는다. 거기에 갈대나 줄 잎을 가로로 친친 감고 엮어 둥근 접시나 밥그릇처럼 생긴 둥지를 만든다. 사는 곳 가까이에 있는 재료를 써서 손쉬우면서도 천적 눈을 피할 수 있는 집을 만드는 것이다. 알은 흰색이나 청백색을 띤다. 5개쯤 낳아 15일쯤 품으면 새끼가 태어난다. 어린 새는 암컷과 생김새가 비슷하지만 바탕색이 흐리고 줄무늬는 훨씬 뚜렷하다.

우리나라 광릉, 양수리, 낙동강 같은 곳에서 새끼를 치고 날씨가 추워지면 인도나 필리핀, 대만 같은 동남아시아로 가서 겨울을 난다. 말레이시아, 미얀마, 베트남, 인도에서는 한 해 내내 살기도 한다.

생김새 수컷은 머리꼭대기가 검은색이다. 몸 위쪽은 진한 황갈색이고 아래쪽은 연한 황갈색을 띤다. 날개깃과 꼬리깃은 검은색이다. 눈과 부리는 노란색인데 위쪽 부리에 검은빛이 돈다. 다리는 녹황색이고 발가락이 길다. 암컷은 머리꼭대기가 암갈색이고 온몸에 연한 갈색 줄무늬가 있다.

몸길이 35cm
사는 곳 저수지, 갈대밭, 논, 풀밭
먹이 물고기, 개구리, 올챙이, 새우, 게, 곤충
분포 우리나라, 중국, 일본, 말레이시아
구분 여름 철새

덤불해오라기 *Ixobrychus sinensis*

해오라기

Nycticorax nycticorax / Black-crowned Night Heron

해오라기는 해오라비라고도 한다. 북녘에서는 밤물까마귀라고 부르는데, 밤에 움직이는 물까마귀라는 뜻이다. 이름처럼 저녁 어스름부터 나와 밤늦도록 돌아다닐 때가 많다.

강이나 저수지에서 사는데, 낮에는 숲 속 높은 나무 위에서 잠을 자고 밤에 늦도록 먹이를 찾아다닌다. 해가 뜰 무렵이면 다시 나무 위로 돌아간다. 물가에서 물속을 들여다보며 입맛을 다시듯 혀를 날름거리고 있다가 먹잇감이 나타나면 잽싸게 들어가 부리로 낚아챈다. 물고기가 먹는 먹잇감을 물에 띄워서 물고기가 다가오도록 이끌기도 한다. 물고기 말고도 새우, 개구리, 뱀, 곤충 같은 동물성 먹이를 두루 먹는다. 쉴 때는 갈대밭이나 대나무 숲처럼 몸을 숨길 수 있는 곳으로 간다. 나무 위에서 한쪽 다리로 서 있을 때도 많다. 흔히 백로나 왜가리처럼 목을 S 자 꼴로 굽힌 채 움츠리고 다니는데 날 때는 앞으로 쭉 뻗는다. 목에 털이 길고 많아서 뻗어도 꽤 두툼해 보인다. 폭이 넓은 날개를 천천히 저으면서 너울너울 난다. 혼자 날 때가 많지만 먼 거리를 이동할 때는 무리를 이루기도 한다.

4~8월에 우리나라에서 짝짓기를 한다. 특히 경기도 이남에서 많이 한다. 여러 가지 나무가 자라는 숲에서 무리 지어 새끼를 치는데, 백로나 왜가리 무리들과 섞일 때도 있다. 높은 나뭇가지 위에 작은 나뭇가지와 풀 줄기를 쌓아 접시처럼 생긴 둥지를 짓는다. 알은 3~5개 낳는데 청백색을 띤다. 25일쯤 품어서 새끼가 태어나면 다시 30일쯤 키운다. 어린 새는 온몸이 갈색 바탕이고 연한 노란색 줄무늬가 점선처럼 흩어져 있다.

새끼를 치고 나면 가을에 동남아시아로 떠난다. 몇몇은 남부 지방이나 제주도에 남아 겨울을 나기도 한다. 일본과 중국 남부, 말레이시아, 베트남, 미얀마에서는 한 해 내내 볼 수 있다.

생김새 암수가 비슷하게 생겼는데 수컷 댕기깃이 좀 더 길다. 머리와 등은 진한 푸른색이고 가슴과 배는 흰색이다. 날개는 연한 회색을 띤다. 짝짓기 할 때가 되면 머리에 흰색 댕기깃이 길게 자란다. 노랗던 다리에 붉은빛이 돌기도 한다. 눈은 붉은색이고 부리는 청흑색이다.

몸길이 65cm

사는 곳 강, 저수지, 논, 갈대밭

먹이 물고기, 새우, 개구리, 뱀, 곤충, 쥐

분포 우리나라, 중국, 일본, 동남아시아, 아프리카

구분 여름 철새

해오라기 *Nycticorax nycticorax*

흰날개해오라기 *Ardeola bacchus*

머리와 목, 가슴은 적갈색이고 등은 청흑색, 날개와 꼬리는 흰색이다. 짝짓기가 끝나면 온몸이 갈색으로 바뀐다. 나그네새다.

황로

Bubulcus ibis / Cattle Egret

황로는 노란 백로라는 뜻으로 짝짓기 무렵이면 목과 등에 노란색 깃이 난다고 붙은 이름이다. 북녘에서는 누른물까마귀라고 한다. 우리나라에서 볼 수 있는 백로과 새 가운데 덤불해오라기 다음으로 몸집이 작다.

흔히 시골의 논 둘레나 풀밭에서 산다. 4~5마리씩 작은 무리를 이루고 살다가 짝짓기 무렵이 되면 암수 2마리가 함께 다닌다. 미꾸라지 같은 물고기를 비롯해 개구리, 뱀, 새우, 게, 쥐, 곤충까지 동물성 먹이를 고루 잡아먹는다. 예전에는 시골에서 농부가 소를 몰면서 논갈이할 때 황로가 뒤따라 다니며 땅속에 있다가 드러난 땅강아지나 굼벵이를 잡아먹는 일이 많았다. 아예 소 등에 올라탄 채 날아다니는 곤충을 잡아먹거나 소 등에 붙어 있는 진드기, 쇠파리, 소등에를 잡아먹기도 했다. 학명과 영명에 소와 관련된 내용이 들어 있는 것도 이런 습성이 있기 때문이다.

5~7월에 우리나라에서 짝짓기를 한다. 소나무나 팽나무 같은 큰키나무 가지에 마른 나뭇가지와 풀 줄기를 쌓아 접시처럼 생긴 둥지를 만든다. 알을 6개쯤 낳는데 청백색을 띤다. 암수가 번갈아 가며 25일쯤 품으면 새끼가 태어난다. 중대백로, 중백로, 쇠백로 무리와 섞여서 새끼를 치기도 한다. 짝짓기가 끝나면 다시 4~5마리씩 작은 무리를 짓는다.

우리나라를 비롯한 중국, 일본에서 새끼를 치고 가을이면 중국 남부와 동남아시아, 오스트레일리아로 날아가 겨울을 난다. 이듬해 봄이 되면 백로 무리 가운데 가장 늦게 우리나라를 찾아온다. 베트남, 인도, 미얀마, 필리핀에서는 한 해 내내 살기도 한다. 우리나라에서는 1960년에 전남 무안과 해남에서 백로 무리에 섞여 처음 발견되었고 한반도 서쪽 강화군에서 동쪽 양양군까지 널리 퍼져 있어 비교적 흔히 볼 수 있다.

생김새 암수 생김새가 거의 같은데 눈 색만 달라서 암컷은 노란색, 수컷은 붉은색을 띤다. 겨울에는 깃털 전체가 흰색이지만 여름에 짝짓기 할 때가 되면 암수 모두 머리, 목, 가슴, 등에 노란색 치렛깃이 생긴다. 부리는 노란색, 다리는 흑갈색을 띤다. 다른 백로보다 목이 굵고 짧으며 몸이 통통하다.

몸길이 50cm
사는 곳 논, 풀밭, 습지
먹이 물고기, 곤충, 개구리, 뱀, 게, 쥐
분포 우리나라, 중국, 일본, 동남아시아, 오스트레일리아, 아프리카
구분 여름 철새

황로 *Bubulcus ibis*

왜가리

Ardea cinerea / Grey Heron

왜가리라는 이름은 날면서 '와-악, 와-악' 또는 '왜-액, 왜-액' 하고 소리를 내는 데서 나왔다. 시골 마을에서는 '황새'라고 부르기도 한다. 백로과 새 가운데 몸집이 가장 크다.

저수지나 강 같은 민물에서 산다. 흔히 밤에는 자고 낮에 돌아다닌다. 물가에 혼자 서서 움직이지 않고 눈으로 살피면서 먹이를 찾는다. 이런 습성 때문에 '외로운 잿빛 신사'라는 별명이 있다. 민물에 사는 물고기나 개구리, 새우 같은 동물성 먹이를 즐겨 먹는다. 땅 위에서는 한쪽 다리는 들고 목을 S 자 꼴로 굽힌 채 서 있을 때가 많다. 날 때도 목은 S 자 꼴로 굽히고 다리는 꼬리 뒤로 길게 뻗는다. 여름에 햇살이 세게 내리쬐면 양쪽 날개를 들어 활짝 벌리고 목을 쭉 편다. 그리고 입을 벌린 채 숨을 헐떡거린다. 사람과 달리 몸에 땀구멍이 없기 때문에 더울 때는 이런 행동을 통해 몸에 있는 열을 밖으로 내보내고 더위를 식히는 것이다. 새끼가 있을 때는 날개로 그늘을 만들어 새끼 몸을 가려 주기도 한다.

4~5월에 우리나라에서 중대백로, 쇠백로, 황로 무리와 섞여 짝짓기를 한다. 물가에서 멀지 않은 산에서 높은 소나무나 참나무를 찾는다. 나무 꼭대기에 마른 나뭇가지와 풀 줄기를 얹어 접시처럼 생긴 둥지를 만든다. 한번 둥지를 만들면 해마다 조금씩 덧붙이고 고쳐 쓰기 때문에 크기가 점점 커진다. 같이 새끼를 치는 백로 무리 가운데 가장 먼저 알을 낳는데 알 크기도 가장 크다. 청백색 알을 3~5개 낳아서 암수가 번갈아 30일 가까이 품으면 새끼가 나온다. 어미는 반쯤 소화한 먹이를 게워 내 새끼한테 먹인다.

우리나라에서 새끼를 친 무리는 가을이 오면 거의 따뜻한 중국 남부, 동남아시아로 내려가지만 몇몇은 남부 지방에 남아 겨울을 난다. 충북 진천과 경기 여주, 전남 무안 들에는 천연기념물로 지정된 왜가리 번식지가 있다.

생김새 날개깃은 청흑색이고 등과 날개덮깃은 회색이며 머리와 목, 가슴은 회백색을 띤다. 눈 위부터 머리까지 청흑색 줄이 있고 뒤통수에는 댕기깃이 자란다. 목 앞쪽에는 청흑색 세로줄이 여러 개 있고 아래에는 가늘고 긴 치렛깃이 있다. 부리는 노란색인데 짝짓기 때가 되면 붉은빛이 돈다.

몸길이 100cm
사는 곳 저수지, 강, 냇가, 연못, 논, 개펄
먹이 물고기, 개구리, 뱀, 가재, 쥐, 새우, 곤충
분포 우리나라, 중국, 일본, 몽골, 동남아시아
구분 여름 철새

왜가리 *Ardea cinerea*

왜가리는 목을 쭉 뻗었다 S 자로 움츠렸다 하면서 먹이를 잡는데 마치 뱀처럼 움직임이 부드럽다.

중대백로

Ardea alba / Great Egret

중대백로는 우리나라에 사는 백로 무리 가운데 몸집이 가장 큰 새다. 여름에 우리나라를 찾아오는 중대백로 아종과 겨울에 찾아오는 대백로 아종을 합쳐 중대백로라고 한다.*

논, 강, 개울 같은 민물이 있는 곳에서 혼자 또는 7~8마리까지 작은 무리를 지어 살다가 새끼를 칠 무렵부터는 수백 마리씩 무리 지어 나무 위로 올라가 지낸다. 다리가 반 남짓 잠길 만한 물속을 걸어 다니면서 먹이를 찾는다. 먹이가 눈에 띄면 가만히 보고 있다가 재빨리 부리로 집어 올려 삼킨다. 민물고기를 즐겨 먹고 개구리나 올챙이, 쥐, 새우, 가재도 먹는다. 날 때는 목을 S 자 꼴로 구부리고 다리는 뒤로 쭉 뻗는다.

4~6월에 우리나라에서 짝짓기를 한다. 수컷이 등에 나 있는 치렛깃을 부채꼴로 활짝 펼친 채 짝짓기 할 암컷을 찾는다. 짝짓기가 끝나면 여러 가지 나무가 섞여 자라는 숲 속으로 간다. 왜가리, 쇠백로, 황로, 해오라기 무리와 섞여서 새끼 칠 준비를 하는데, 그 수가 적게는 200마리에서 많게는 1,000마리에 이른다. 흔히 중대백로가 다른 새들보다 좀 더 높은 나무에 둥지를 짓는다. 소나무를 비롯한 높은 나뭇가지에 마른 나뭇가지와 풀 줄기를 엉성하게 엮어 접시처럼 생긴 커다란 둥지를 틀고 옥색 알을 2~4개 낳는다. 암수가 번갈아 가며 25일쯤 알을 품으면 새끼가 태어난다. 갓 나온 새끼는 온몸에 흰색 솜털이 나 있다. 어미 보살핌을 받으면서 자라다가 30일쯤 지나면 둥지를 떠난다.

9월이면 중국 남부나 필리핀으로 이동하지만 몇몇 무리는 남부 지방에 남아 겨울을 난다. 중대백로가 새끼를 치는 경기 여주나 전남 무안, 강원 양양 같은 곳은 천연기념물로 정하고 있다.

생김새 온몸이 흰색이고 부리와 눈 앞쪽 피부는 노란색이다. 다리는 검은색이다. 짝짓기 하는 여름에는 어깨와 가슴에 치렛깃이 자라고 부리는 검은색, 눈 앞쪽 피부는 옥색으로 바뀐다.

* 중대백로의 아종인 중대백로(Ardea alba modesta)와 대백로(Ardea alba alba)는 Ardea alba라는 하나의 종이다. 두 가지 아종을 포함하는 종명이 중대백로인 것은 중대백로 아종이 우리나라에서 새끼를 치고, 더 많이 관찰되기 때문이다. 일부 학자들은 서로 다른 종으로 보기도 한다. 대백로 아종은 백로 무리 가운데 몸집이 가장 큰 새로, 중대백로 아종보다 더 크다. 중대백로와 달리 북쪽 러시아 물가에서 새끼를 치고 우리나라에는 겨울을 나러 찾아온다.

몸길이 90cm

사는 곳 논, 강, 저수지, 개울, 바다

먹이 물고기, 올챙이, 개구리, 도마뱀, 곤충

분포 우리나라, 중국, 일본, 필리핀, 오스트레일리아

구분 여름 철새

중대백로 *Ardea alba*

노랑부리백로

Egretta eulophotes / Chinese Egret

노랑부리백로는 짝짓기 무렵이면 부리가 노란색을 띠는 백로다. 북녘에서는 다른 백로보다 몸집이 작은 편이라고 몸집이 작은 당나라 사람에 빗대어 당백로라고 부른다.

흔히 백로과 새들은 민물 둘레에 살지만 노랑부리백로는 유일하게 서해안 갯벌과 염전에서 많이 산다. 4~5마리부터 100마리까지 다양하게 무리를 짓고 섬 둘레나 갯벌을 돌아다니면서 먹이를 찾는다. 물고기 가운데 특히 망둑어를 즐겨 먹고 게나 새우도 잡아먹는다. 날 때는 목을 구부리고 다리는 뒤로 쭉 뻗는다.

3월 중순부터 찾아오는데 4월 중순이면 개체 수가 가장 많아진다. 흔히 4~6월에 우리나라 무인도에서 짝짓기를 하고 새끼를 친다. 떨기나무나 땅, 바위 위에 마른 나뭇가지나 풀을 쌓아 접시처럼 생긴 둥지를 엉성하게 짓는다. 알은 6개쯤 낳는데 청백색을 띤다. 낮은 곳에 둥지를 짓다 보니 알이나 새끼가 천적한테 잡아먹히는 일이 많다.

우리나라와 중국 남부에서 새끼 치기를 마치면 가을에 인도네시아, 말레이시아, 필리핀 같은 동남아시아로 가서 겨울을 난다. 1940년대까지만 해도 중국 남부와 동남아시아에서 무리 지어 살고 여름에 우리나라에서 새끼를 치는 무리가 많았다고 한다. 그런데 자연 개발이 계속되면서 수가 많이 줄어 이제는 전 세계에 2,000마리 정도밖에 남지 않은 것으로 짐작된다. 전남 칠산도가 대표 번식지이며 한강이나 낙동강 하구, 천수만, 진도, 제주도에서도 조금씩 볼 수 있다. 천연기념물 제361호이자 멸종위기 1급이다.

생김새 암수가 비슷하게 생겼다. 온몸이 희고 다리는 노란색이다. 부리는 검고 눈 앞쪽 피부는 푸른색이다. 짝짓기 하는 여름에는 부리가 노란색, 다리는 검은색으로 바뀐다. 뒤통수에는 가늘고 긴 댕기깃이 나고 어깨와 등, 가슴에도 치렛깃이 길게 자란다.

몸길이 65cm

사는 곳 갯벌, 염전, 바다, 강

먹이 물고기, 게, 새우, 갯지렁이

분포 우리나라, 중국, 일본, 동남아시아

구분 여름 철새

노랑부리백로 *Egretta eulophotes*

쇠백로 *Egretta garzetta*

몸집과 생김새가 노랑부리백로와 비슷하지만 부리와 다리가 검은색이다. 짝짓기 철에는 댕기깃이 자란다.

가마우지

Phalacrocorax capillatus / Temminck's Cormorant

가마우지는 까맣다, 검다는 뜻인 '가마'와 깃털을 뜻하는 '우지'가 만나 이루어진 이름으로, 곧 검은 깃털을 지닌 새라는 뜻이다. 갯마을 사람들은 물가에 사는, 까마귀처럼 검은 새라고 물까마귀라고 부른다. 북녘에서는 민물가마우지와 구별해서 바다가마우지라고 한다.

흔히 바닷가에서 4~5마리씩 무리 지어 산다. 물새 가운데 잠수를 가장 잘해서 물속에서 1분 남짓 버틴다. 몸에 기름샘이 없어서 잠수를 해도 몸이 잘 떠오르지 않기 때문이다. 깊게는 물 아래 30m까지 들어가 물고기를 잡은 다음 머리부터 통째로 삼킨다. 부리 끝이 갈고리처럼 굽어 있어 한번 물면 잘 놓치지 않는다. 중국과 일본에서는 가마우지 목에 고리를 걸어 먹이를 완전히 삼키지 못하게 한 다음 잠수를 시켜 고기잡이를 하기도 한다. 잠수를 하고 나오면 바닷가 바위 위에 올라가 기름샘이 없어 흠뻑 젖은 깃털을 말린다. 가마우지가 많이 모이는 바위에는 흰색 배설물 자국이 많이 남는다. 나는 데는 서툴러서 파도가 칠 때 생기는 상승 기류를 타고 난다. 파도가 치면 뜨거운 공기가 위로 올라와 몸을 받쳐 주어서 날기가 훨씬 수월하기 때문이다. 여럿이 이동할 때는 V 자 꼴을 이루면서 난다.

5~7월에 섬에 있는 벼랑에서 무리 지어 짝짓기를 한다. 쇠가마우지나 바다오리 무리와 섞일 때도 있다. 둥지는 절벽 오목한 곳에 마른 풀이나 물풀을 쌓아 접시처럼 둥글넓적하게 만든다. 청백색 알을 4개쯤 낳고 둥지 둘레에는 흰색 똥을 쌓아 놓는다. 세력권을 알리고 천적이 오는 것을 막으려는 것이다. 바닷가 바위에 흰색 똥이 쌓여 있으면 가마우지 둥지가 있다는 걸 짐작할 수 있다. 암수가 번갈아 가며 25일쯤 품으면 새끼가 태어난다.

우리나라에 한 해 내내 살고 동해나 제주도, 거제도 바닷가 바위에서 볼 수 있다. 중국과 일본 바닷가에서도 산다.

생김새 암수가 비슷하게 생겼다. 온몸이 검은색인데 햇빛을 받으면 진한 녹색으로 빛난다. 부리 양옆과 눈 둘레에는 노란색 피부가 드러나 있고 뺨과 멱은 흰색을 띤다. 눈은 녹색이다. 짝짓기 할 무렵에는 뒤통수와 옆구리에 흰색 치렛깃이 돋고 부리 옆 노란색 살갗에 붉은 기운이 살짝 돈다.

몸길이 80cm
사는 곳 바다
먹이 물고기
분포 우리나라, 중국, 일본, 동남아시아
구분 텃새

가마우지 *Phalacrocorax capillatus*

물에서 나오면 햇빛 잘 드는 바위에서 날개를 활짝 펴고 젖은 깃털을 말린다.

물수리

Pandion haliaetus / Osprey

물수리는 다른 수리 무리와 달리 물가에 살면서 물고기만 잡아먹기 때문에 붙은 이름이다. 북녘에서는 증경새나 바다수리라고 부른다. 학명은 바다에 사는 수리라는 뜻이다.

봄가을에 우리나라 바닷가나 호수에서 혼자 지낸다. 바닷가나 냇가 둘레를 낮게 날면서 빙빙 돌다가 먹이를 보면 그대로 멈춘다. 정지 비행을 하면서 가만히 보고 있다가 이때다 싶으면 날개를 반쯤 접고 빠르게 수면 위로 내려간다. 물속으로 다리를 쭉 뻗어 날카로운 발톱으로 물고기를 낚아채는데 많이 잡을 때는 한 번에 두세 마리씩도 잡는다. 물고기 가운데 특히 숭어를 즐겨 먹는다. 물고기를 움켜쥔 채로 날 때는 물고기 대가리가 앞을 보도록 쥐어서 공기 저항을 줄인다. 가끔 너무 큰 먹이를 잡아서 잘 날지 못하고 허둥거리거나, 먹이를 본 재갈매기가 빼앗으려고 다가와 몸싸움을 벌일 때도 있다. 높은 나무나 말뚝 위로 가져간 물고기는 갈고리처럼 굽은 부리로 천천히 뜯어 먹는다.

2~6월에 유럽과 시베리아 물가에서 짝짓기를 한다. 둥지는 암수가 함께 둘레에 있는 높은 나무나 바위 위에 나뭇가지와 풀을 쌓아 접시처럼 만든다. 한번 만든 둥지는 해마다 고쳐 쓰기 때문에 갈수록 크기가 커진다. 흰색 알을 4개 낳아 30일쯤 품으면 새끼가 나온다. 갓 나온 새끼한테는 먹이를 부리나 발톱으로 잘게 찢어 먹이지만 40일쯤 지나면 통째로 주고 스스로 먹게 한다.

새끼를 치고 나면 다시 우리나라에 들러 쉬었다가 동남아시아로 가서 겨울을 난다. 낙동강 하구나 제주도에 남아 겨울을 나는 무리도 있다. 개체 수가 얼마 없어 멸종위기 2급으로 지정되었다. 환경 오염도 큰 원인이지만 물수리가 강 하구에서 큰 물고기를 많이 먹고 살다 보니 물고기 몸에 흡수된 중금속이나 화학 물질도 같이 먹어 그것이 몸에 쌓이는 생물 농축 현상의 영향도 받을 것으로 짐작된다.

생김새 수리 무리 가운데 몸집이 큰 편이며 암수가 비슷하게 생겼다. 머리, 멱, 배는 흰색이고 눈 둘레와 목덜미, 등, 날개는 갈색을 띤다. 눈은 노란색, 다리와 발은 청회색이다. 발가락이 거칠고 단단한 비늘로 덮인 데다 발톱이 굵고 날카로워 미끄러운 물고기라도 잘 잡을 수 있다.

몸길이 수컷 54cm, 암컷 64cm

사는 곳 바다, 냇가, 호수, 강

먹이 물고기

분포 우리나라, 일본, 중국, 러시아, 동남아시아, 유럽

구분 나그네새

물수리 *Pandion haliaetus*

날개를 반쯤 접고 빠르게 내려가 물속으로 다리를 쭉 뻗으면서 날카로운 발톱으로 물고기를 낚아챈다.

독수리

Aegypius monachus / Cinereous Vulture

독수리는 한자 대머리 '독(禿)'과 성질이 사납고 고기를 먹는 새를 가리키는 우리말 '수리'가 만나 이루어진 이름으로 대머리수리라는 뜻이다. 북녘에서도 같은 뜻을 담아 번대수리라고 부른다. 겨울이면 털갈이하느라 머리꼭대기와 목덜미에 맨살이 드러나서 이런 이름이 붙은 것으로 보인다.

숲이나 강 하구에서 산다. 짝짓기 때는 혼자 또는 암수가 함께 다니다가 겨울이 오면 큰 무리를 짓는다. 흔히 바위나 큰 나뭇가지에 앉아 쉬지만 새벽에 사람이 드물 때는 강 하구나 바닷가 모래밭에도 내려앉는다. 몸집에 비해 다리가 작고 약해서 잘 걷지 못해 두 다리를 모으고 통통 튀어 오르듯이 뛰어다닌다. 날 때도 땅 위에서 달음박질친 다음에야 날아오를 수 있다. 한번 높이 날아오르면 날갯짓을 거의 하지 않고 폭 넓은 양쪽 날개를 일자로 뻗은 채 상승 기류를 탄다. 시력이 뛰어나 300m 상공에서도 땅 위에 무엇이 있는지 볼 수 있다. 바닷가, 냇가, 풀밭, 목장, 양계장, 도축장 둘레를 날아다니다가 죽어 있는 닭이나 오리, 기러기, 고라니를 보면 땅 위로 내려간다. 가끔씩 살아 있는 토끼나 쥐를 노리기도 하지만 몸집이 크고 굼떠서 실패할 때가 많다.

2~5월에 몽골과 러시아의 숲에서 짝짓기를 한다. 높은 나뭇가지나 절벽 위에 나뭇가지를 쌓아 접시처럼 생긴 둥지를 짓고 바닥에는 동물 털을 깐다. 한번 만들면 해마다 고쳐 쓰는데, 몸집이 큰 만큼 둥지도 커서 지름이 1~1.5m쯤 된다. 흰색 바탕에 갈색이나 적갈색, 회색 무늬가 있는 알을 1~2개 낳아 50일쯤 품으면 새끼가 태어난다. 다 자라는 데 6~7년이 걸리는데, 어린 새는 어른 새보다 몸 색이 연하다.

가을에 우리나라를 찾아와 겨울을 난다. 특히 해마다 독수리 먹이 주기 활동을 하고 있는 강원도 철원, 경기도 연천, 파주에서 많이 보인다. 천연기념물 제243-1호이자 멸종위기 2급이다.

생김새 우리나라 맹금류 가운데 몸집이 가장 크고 암수가 비슷하게 생겼다. 겨울에는 온몸이 흑갈색을 띤다. 머리꼭대기 깃은 짧고 목 깃은 길면서 부스스하게 서 있으며, 나머지 깃은 가라앉아 있다. 목덜미는 피부가 드러나 있는 때가 많다. 부리는 검은색이고 다리는 회색이나 살구색을 띤다. 여름에는 온몸이 연한 갈색으로 바뀐다.

몸길이 110cm
사는 곳 숲, 강 하구, 냇가, 호수
먹이 죽은 짐승, 토끼, 쥐, 물고기
분포 우리나라, 중국, 일본, 몽골, 러시아, 유럽
구분 겨울 철새

독수리 *Aegypius monachus*

날개를 폈을 때 가로 길이는 2m가 훌쩍 넘는다. 짧은 꼬리깃을 부채처럼 펼치고 난다.

참매

Accipiter gentilis / Northern Goshawk

참매라는 이름에서 '참'은 거짓이 아닌 진짜를 뜻하는 말로 매 가운데 진짜 매, 썩 좋은 매라는 뜻이다. 참매를 비롯해 꿩 사냥에 쓰는 매는 여러 이름으로 달리 부르기도 한다.*

숲 속이나 논밭 둘레에 있는 야산에서 혼자 또는 암수가 함께 산다. 다른 매에 비해 짧고 넓은 날개로 상승 기류를 타고 난다. 쉴 때는 높은 나뭇가지에 앉는다. 먹이를 잡을 때는 다른 매처럼 먹이 위에서 내리꽂으면서 발로 차서 떨어뜨리지 않고 소리 없이 먹잇감 가까이 날아간 다음 다리를 쭉 뻗어 잽싸게 낚아챈다. 발톱이 길고 날카로워 한번 잡으면 놓치는 일이 거의 없다. 흔히 날아다니는 까마귀나 메추라기 같은 새를 잡아먹지만 토끼나 곤충을 먹기도 한다. 죽은 것은 먹지 않고 꼭 살아 움직이는 것을 잡아먹는다. 잡은 먹이는 날카로운 부리로 털을 뽑은 다음 조금씩 찢어 먹는데, 소화되지 않는 것은 펠릿으로 게워 낸다. 매 무리 가운데 성질이 가장 사납다고 한다.

5~6월에 우리나라보다 서늘한 중국 북부와 러시아에서 짝짓기를 한다. 둥지는 높은 나무 위에 작은 나뭇가지를 쌓아 접시처럼 짓는데 커다란 암컷 몸집에 걸맞게 지름이 1m가 넘는다. 바닥에는 나뭇잎과 솔잎을 깔고 연한 청회색 알을 2~4개 낳는다. 암컷이 30일쯤 품으면 새끼가 태어난다. 암컷이 새끼를 돌보는 동안 수컷은 작은 새를 잡아 와 새끼한테 먹인다. 어린 새는 등과 날개가 연한 갈색이고 날개에 흰색 반점이 있는데 다 자라면 없어진다.

늦가을에 우리나라를 찾아와 겨울을 난다. 전국 야산이나 천수만, 주남 저수지, 낙동강 하구에서 볼 수 있는데, 사람들이 박제를 만들어 판다고 마구 사냥을 해서 수가 많이 줄었다. 천연기념물 제323-1호이자 멸종위기 2급이다.

생김새 암수가 비슷하게 생겼다. 등과 날개는 회갈색이나 청회색이고 머리꼭대기와 눈 둘레, 날개 끝은 검은색이다. 흰색 눈썹줄은 굵고 뚜렷하며 꼬리에 흑갈색 줄무늬가 4개 있다. 가슴과 배는 흰색 바탕에 회갈색 가로줄 무늬가 있고 다리는 노란색이다.

* 보라매 : 만 1년이 안 된 어린 매. 힘이 좋고 길들이기 쉽지만 경험이 적어 사냥 솜씨가 떨어진다. / 초진이 : 만 1년이 넘은 매. / 재진이 : 만 2년이 넘은 매. / 산진이 : 산에서 1년 이상 자란 매. 야성이 강해 길들이기 힘들지만 사냥을 잘한다. / 수진이 : 사람이 1년 이상 키운 매. 사람을 잘 따르고 사냥도 잘하지만 게으르다.

몸길이 수컷 50cm, 암컷 60cm

사는 곳 논밭, 산, 숲

먹이 새, 쥐, 토끼, 곤충

분포 우리나라, 일본, 중국, 몽골, 러시아, 동남아시아

구분 겨울 철새

참매 *Accipiter gentilis*

솔개

Milvus migrans / Black Kite

솔개는 소리개라고도 부르는 새다. 북녘에서는 소리개나 수리개라고 한다.

산이나 강, 바닷가에서 혼자 산다. 먹이를 구할 때는 날개를 살짝 꺾은 채 하늘 높이 날면서 빙빙 돌다가 먹이가 보이면 재빨리 내려온다. 날카로운 발톱으로 먹이를 낚아챈 다음 높은 나뭇가지나 땅 위로 옮겨 가서 먹는다. 크기가 작은 먹이는 공중에서 날면서 먹기도 한다. 쥐, 새, 물고기, 개구리를 잡아먹고 항구나 강 하구에서 죽은 동물이나 버려진 내장도 먹는다. 생태계의 청소부 역할을 함께하는 셈이다. 날 때는 양쪽 날개를 일자로 다 펴기보다는 약간 꺾은 채로 난다. 날개 밑면을 올려다보면 흰색 점무늬가 보인다. 옛날에 시골에서는 솔개가 마당에 있는 닭이나 병아리를 채 가는 일이 많아서 우는 아이한테는 솔개가 채 간다고 겁을 주기도 했다.

3월에 우리나라 산이나 섬, 바다 둘레 숲에서 짝짓기를 한다. 짝짓기를 마친 쌍들은 무리 지어 둥지를 튼다. 소나무나 전나무 같은 큰키나무 위에 작은 나뭇가지를 쌓아 접시처럼 생긴 둥지를 짓고 바닥에는 깃털과 마른 풀, 종이를 깐다. 알은 2~4개 낳는데 연한 회색 바탕에 적갈색 무늬가 있다. 암컷이 30일쯤 품어서 새끼가 나오면 다시 40일쯤 키워서 내보낸다. 어린 새는 온몸이 황갈색을 띤다.

우리나라는 부산 을숙도나 다대포 바닷가에서 몇 마리씩 볼 수 있다. 텃새라고는 하지만 볼 수 있는 장소나 개체 수가 적은 편이다.* 일본이나 몽골, 중국에서도 한 해 내내 사는데, 몽골이나 러시아에 살던 무리가 겨울을 나려고 우리나라로 내려오기도 한다. 멸종위기 2급이다.

생김새 암수가 비슷하게 생겼다. 머리꼭대기부터 꼬리 끝까지 진한 갈색 바탕에 세로로 밝은 갈색 줄무늬가 있다. 날 때는 길고 각진 날개가 눈에 띈다. 매와 비슷하게 생겼지만 부리와 발은 매가 더 크고 날카롭다. 부리는 검은색이고 다리는 연한 노란색이나 회황색을 띤다.

* 기록에 따르면, 1900년대에는 해 질 무렵이면 서울 남산에 솔개 수천 마리가 모여들었다고 한다. 1960년대 말까지만 해도 200마리가 넘는 솔개 무리가 서울 하늘을 빙빙 돌다가 창덕궁과 종묘 안에 있는 나무 위로 찾아가 잠을 잤다. 동물성 먹이를 먹고 펠릿을 게워 놓아서 냄새가 고약했다고 한다.

몸길이 수컷 58cm, 암컷 68cm

사는 곳 산, 강, 냇가, 바다

먹이 쥐, 새, 새알, 물고기, 개구리, 뱀, 곤충

분포 우리나라, 일본, 중국, 몽골, 러시아, 오스트레일리아

구분 텃새

솔개 *Milvus migrans*

말똥가리

Buteo buteo / Eastern Buzzard

말똥가리는 매나 수리를 뜻하는 옛말이 모인 이름이라고도 하고, 몸 색이 말똥 색과 비슷하기 때문에 이런 이름이 붙었다고도 한다. 먹이를 먹고 게워 내는 펠릿이 말똥과 비슷해서라는 말도 있다. 북녘에서는 저광이라고 부른다.

논밭이나 야산에서 혼자 또는 암수가 함께 산다. 날개가 짧고 둔해서 날기보다는 높은 나뭇가지에 앉아서 먹이를 찾는다. 먹이가 보이면 날개를 반쯤 접은 채 날아가 낚아채는데, 흔히 땅 위에 사는 쥐나 두더지를 잡아먹고 개구리, 뱀, 날아다니는 새를 먹기도 한다. 짝짓기 무렵에는 토끼를 자주 잡아먹는다. 시력이 좋고 시야가 넓어서 2km쯤 떨어진 곳에 있는 토끼도 쉽게 알아본다. 날개 끝을 벌리고 꼬리깃은 부채꼴로 펼친 채 날갯짓하며 공중에 떠 있는 정지 비행을 한다.

5~6월에 몽골이나 유럽 북부 깊은 숲 속에서 짝짓기를 하는데 암수가 함께 하늘을 빙빙 돌면서 울음소리를 낸다. 둥지는 산비탈이나 벼랑에서 자라는 큰키나무 위에 마른 나뭇가지를 두껍게 쌓아 만들고 바닥에는 나뭇잎을 깐다. 연한 풀색 바탕에 적갈색과 회색 무늬가 있는 알을 2~3개 낳는다. 암컷이 30일쯤 품어서 새끼가 나오면 다시 먹이를 잡아다 먹이며 40일쯤 키운다. 어린 새는 눈이 황갈색을 띤다.

10월에 우리나라를 찾아와 전국으로 흩어진다. 모두 500마리쯤 겨울을 나는 것으로 짐작하고 있다. 울릉도 같은 섬 지방에서는 한 해 내내 살기도 한다. 예전보다 수가 조금씩 늘고 있지만 꾸준한 보호가 필요하다.

생김새 암수가 비슷하게 생겼다. 몸 위쪽은 갈색이고 깃털 가장자리는 붉은색을 띤다. 가슴은 흰색 바탕에 적갈색 무늬가 있다. 날개는 폭이 넓고 길이가 짧다. 눈은 갈색이고 날 때 날개 밑면에 진한 갈색 점무늬가 보인다. 몸집에 비해 발은 작고 노란색을 띤다.

몸길이 수컷 52cm, 암컷 56cm

사는 곳 논밭, 야산, 냇가, 바다, 산

먹이 쥐, 두더지, 토끼, 새, 뱀, 개구리, 곤충

분포 우리나라, 중국, 일본, 몽골, 인도, 유럽

구분 겨울 철새

말똥가리 *Buteo buteo*

털발말똥가리 *Buteo lagopus*
머리와 가슴은 흰색이고 갈색 세로줄 무늬가 있다.
배와 등, 날개는 밝은 황갈색 바탕에 흰 얼룩무늬가 있다.
날개 가장자리와 꼬리 끝은 검은색이다. 겨울 철새다.

뜸부기

Gallicrex cinerea / Watercock

뜸부기는 짝짓기 무렵 수컷이 논에서 '뜸-, 뜸-' 하고 우는 소리를 본떠 붙인 이름이다. 듬복이나 듬북이라고도 한다. 닭과 비슷하다고 한자어로는 등계(鶲鷄)라고 한다.

논이나 갈대가 우거진 호수에 산다. 낮에는 물가 풀숲이나 덤불에서 오리 무리와 섞여 쉬고 아침저녁으로는 논에서 먹이를 찾는다. 벼 포기를 헤치거나 도랑을 걸어 다니면서 작은 물고기나 지렁이, 달팽이, 풀씨를 고루 찾아 먹는다. 사람이나 천적이 다가가면 날기보다는 몸을 낮추고 빠르게 기면서 달아난다. 다리와 발가락이 길어 걸음이 재빠르고 몸통이 좌우로 납작해서 벼 포기 사이로 다니기 때문에 눈에 잘 띄지 않는다. 벼 포기를 헤집는 것은 물론 볏잎을 엮어 집을 짓다 보니 농부들은 논에서 뜸부기를 보면 쫓아내고는 했다.

6~8월에 우리나라에서 짝짓기를 한다. 수컷이 울음소리를 내면서 암컷을 부른 다음 짝을 이룬다. 볏잎이나 논 둘레에 나는 풀 줄기를 엮어 접시처럼 생긴 둥지를 짓는다. 밑에 물이 있으면 수면에서 30cm쯤 띄워서 만든다. 알은 5~10개 낳는데 흰색 바탕에 붉은색 무늬가 있다. 갓 태어난 새끼는 온몸이 검은색 깃으로 덮여 있고 부리만 노란색을 띤다. 새끼가 나오면 어미는 새끼를 데리고 곧바로 둥지를 떠난다.

가을이 오면 우리나라보다 따뜻한 필리핀과 인도네시아로 날아가 겨울을 난다. 동남아시아에는 한 해 내내 볼 수 있다. 1980년대에만 해도 논농사를 많이 짓던 우리나라에서는 뜸부기가 아주 흔했다. 하지만 농약을 많이 쓰면서 논에 사는 먹이가 줄자 뜸부기 수도 빠르게 줄어들었고, 지금은 사람이 드문 논이나 휴전선 둘레에서 어쩌다 한두 마리 볼 수 있다. 천연기념물 제446호이자 멸종위기 2급이다.

생김새 수컷은 짝짓기 때가 되면 온몸이 푸른빛이 도는 검은색을 띠고 붉은색 이마판이 뿔처럼 솟는다. 부리는 노란색, 다리는 연한 녹갈색이다. 짝짓기가 끝나면 온몸이 암컷과 비슷하게 바뀌는데 부리는 암컷보다 더 굵다. 암컷은 온몸이 황갈색 바탕에 회갈색 무늬가 있다. 수컷과 달리 이마판이 없다.

몸길이 수컷 38cm, 암컷 33cm

사는 곳 호수, 논, 저수지, 개울

먹이 물고기, 곤충, 지렁이, 곡식, 물풀, 풀씨

분포 우리나라, 중국, 일본, 동남아시아

구분 여름 철새

뜸부기 *Gallicrex cinerea*

물닭

Fulica atra / Eurasian Coot

물닭은 물가에 사는 새인데, 닭하고 비슷하게 생겼다고 해서 붙은 이름이다. 북녘에서는 쇠물닭과 비교했을 때 몸집이 더 크다고 큰물닭이라고 부른다.

갈대와 물풀이 우거진 호수나 저수지에 산다. 때로는 오리 무리와 섞여 지내기도 한다. 발가락이 하나하나 떨어져 있으면서 저마다 '판족(板足)' 이라는 물갈퀴가 붙어 있기 때문에 헤엄도 잘 치고 걷기도 잘한다. 흔히 물속에서 자맥질을 하며 지내고 겨울에 물이 얼면 얼음과 땅 위를 걸어 다닌다. 마치 물 위를 뛰어가듯이 날아올라서 물 위와 가깝게 날기도 한다. 물에서 작은 물고기와 달팽이, 물풀을 먹거나 가까운 논으로 가서 벼 낟알이나 풀씨를 주워 먹는다. 작은 새가 낳은 알을 훔쳐 먹을 때도 있다. 사람이나 천적이 다가가면 재빨리 잠수를 하기도 하고 물 위를 달리거나 낮게 날면서 멀리 도망치기도 한다. 날개를 펼치면 날개 뒤쪽 끄트머리는 흰색을 띠어서 검은 몸 색과 대비된다.

6~7월에 우리나라 물가에서 '꾹, 꾹' 하는 소리를 내며 짝짓기를 한다. 둥지는 물 위 갈대 덤불 사이에 줄풀이나 부들 잎을 높이 쌓아 가운데가 움푹 파인 화산처럼 짓는다. 알은 6개에서 13개까지 낳는데 황회색 바탕에 갈색과 회색 무늬가 있다. 성질이 예민해서 사람이 둥지 가까이 가면 알을 두고 떠난다. 암컷이 품은 지 20일 남짓 지나면 새끼가 알을 깨고 나와 헤엄을 친다. 조성성 조류라 온몸에 털이 나 있다. 갓 나온 새끼는 이마가 붉은색이고 몸은 검은색이다. 어미는 물풀이나 갈대 줄기를 부리로 쪼아 잘게 만든 뒤 새끼한테 먹인다. 더 자라면 작은 물고기를 잡아 준다.

예전에는 북쪽 나라에서 새끼를 치고 겨울에 찾아오는 무리가 많았으나 요즘은 우리나라에서 한 해 내내 사는 무리가 훨씬 많다. 여름에는 전국 곳곳에서 볼 수 있고 겨울에는 북쪽 나라에서 내려온 무리까지 더해 큰 무리가 남부 지방 호수나 저수지에 모여 지내는 것을 볼 수 있다.

생김새 온몸이 검은색이고 통통하다. 흰색 부리 위에는 둥글고 넓은 흰색 이마판이 있다. 짝짓기 할 무렵에 커졌다가 겨울에는 작아져서 작은 점만 남는다. 눈은 붉은색이고 다리는 회흑색이다.

몸길이 41cm
사는 곳 호수, 저수지
먹이 물고기, 물풀, 곤충, 풀씨, 볍씨
분포 우리나라, 중국, 일본, 유럽, 아프리카
구분 텃새

물닭 *Fulica atra*

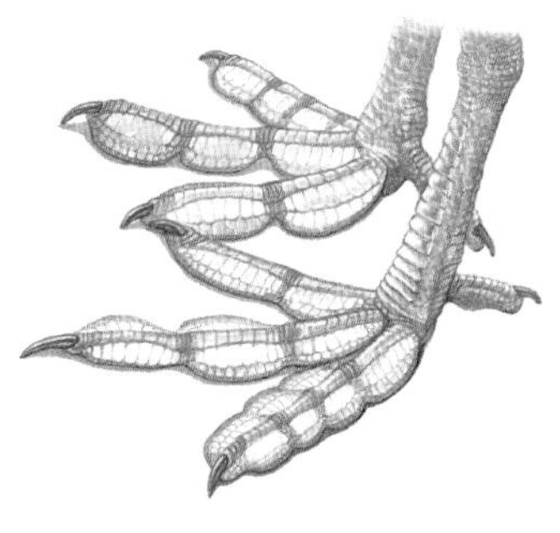

발가락마다 양쪽에 접고 펼 수 있는 납작한 판족이 붙어 있다.
노를 젓듯이 판족을 넓게 펴서 물을 뒤로 밀어냈다가 접어서 당기기를
번갈아 하면서 헤엄친다.

재두루미

Grus vipio / White-naped Crane

재두루미는 몸에 잿빛 깃이 많은 두루미라는 뜻이다. 이름처럼 목과 가슴, 배가 진한 잿빛을 띤다. 머리꼭대기가 붉은 다른 두루미와 달리 재두루미는 눈 둘레와 뺨이 붉다.

논이나 갯벌, 습지에서 산다. 겨울에는 암수와 새끼로 이루어진 가족 무리가 모여 50~300마리씩 큰 무리를 짓는다. 낮에는 긴 목을 S 자 꼴로 굽히고 땅 위를 걸어 다니면서 먹이를 찾는다. 흔히 논에서 낟알이나 풀씨를 주워 먹고 갯벌에서 작은 물고기나 새우를 잡아먹기도 한다. 밤에는 한쪽 다리로 선 채 머리를 뒤로 돌려 등깃에 파묻고 잔다. 경계심이 아주 강해서 사람이 다가가면 서로 신호를 주고받은 다음 머리를 위로 든 채 날아갈 준비를 한다. 날아오를 때는 날개를 반만 벌리고 빠르게 몇 걸음 뛰면서 떠오른 다음 목과 다리를 쭉 뻗고 난다. 여럿이 날 때는 V 자 꼴을 이루고 수가 적을 때는 직선을 이룬다.

4~5월에 몽골이나 러시아 물가에서 짝짓기를 한다. 짝을 찾은 암수는 마주 선 채 부리를 하늘로 치켜들고 '뚜루루, 뚜루루' 소리를 낸다. 두루미보다 조금 낮은 소리로 운다. 둥지는 풀밭에 마른 풀을 쌓아 짓고 알을 2개쯤 낳는다. 알을 품고 새끼 키우는 일을 암수가 번갈아 한다. 어린 새는 몸이 흰색이고 머리와 목덜미가 연한 갈색을 띤다.

10월에 두루미 무리 가운데 처음으로 우리나라를 찾아온다. 해마다 1,400마리쯤 오는데 그 가운데 400~500마리가 강원도 철원 비무장 지대와 휴전선 둘레, 경기도 파주에서 겨울을 난다. 날씨가 많이 추워지면 우리나라에 있던 새들은 일본으로 많이 옮겨 가 흑두루미와 함께 지낸다. 일본의 이즈미 시는 세계에서 가장 많은 재두루미가 겨울을 나는 곳으로 알려져 있다. 전 세계에 6,000마리쯤 남아 있고 천연기념물 제203호이자 멸종위기 2급으로 보호하고 있다. 천연기념물 제250호로 지정된 한강 하류 재두루미 도래지는 1970년대까지만 해도 2,000마리가 넘는 재두루미가 살았으나, 개발 공사로 강이 오염되면서 요즘은 어쩌다 한두 마리씩 날아온다.

생김새 두루미보다 몸집이 작고 암수가 비슷하게 생겼다. 머리꼭대기, 목덜미, 날개 끝은 흰색이고 나머지 부분은 회색이다. 눈 둘레에는 붉은색 피부가 드러나 있는데 짝짓기 무렵에는 더 넓어진다. 부리는 흐린 노란색이고 다리는 연한 분홍색이다.

몸길이 120cm
사는 곳 논, 갯벌, 습지, 저수지, 강 하구
먹이 곡식, 물풀, 풀씨, 물고기, 새우, 고둥, 곤충
분포 우리나라, 중국, 일본, 몽골, 러시아
구분 겨울 철새

재두루미 *Grus vipio*

겨울에는 암수 부부와 새끼들로 이루어진 가족끼리 무리 지어 다닌다.

두루미

Grus japonensis / Red-crowned Crane

두루미는 '뚜르르르' 하는 소리를 낸다고 붙은 이름이다. 흔히 학이라 부르기도 하고, 머리꼭대기가 붉다고 붉을 단(丹)자를 써서 단정학이라고도 한다. 북녘에서는 흰두루미라고 부른다. 우리나라와 중국에서는 예부터 두루미를 신선 같은 새로 여기고 해, 산, 물, 돌, 구름, 소나무, 거북, 사슴, 불로초와 더불어 십장생(十長生) 가운데 하나로 쳐 왔다. 실제로도 두루미는 새 가운데 수명이 가장 길어 80년이 넘도록 살기도 한다. 또한 암수가 한번 짝을 맺으면 평생 동안 바꾸지 않는다.

풀밭이나 논밭 둘레에서 산다. 짝짓기 때는 암수끼리 지내다가 새끼를 치고 나면 가족끼리, 또는 30~50마리씩 무리 짓는다. 땅에서 먹이를 먹거나 쉴 때도 한두 마리는 목을 높이 빼고 둘레를 살피다가 이상한 것을 보면 큰 소리로 알린다. 잘 때는 한쪽 다리를 들고 머리를 깃털 속에 파묻는다. 흔히 여름에는 물고기나 곤충, 개구리 같은 동물성 먹이를 먹고 겨울에는 풀씨나 낟알 같은 식물성 먹이를 먹는다. 몸집이 큰 편이라 날아오를 때는 바람의 힘을 빌린다. 목을 앞으로 쭉 뻗고 날개를 위아래로 힘차게 퍼덕이면서 바람이 부는 쪽으로 빠르게 달려 나가다가 떠오른다.

이른 봄인 2~3월부터 일본과 러시아에서 짝짓기를 한다. 암수가 함께 마주 선 채 부리를 하늘로 치켜들고 '뚜루, 뚜루' 하고 크게 운다. 이것을 두고 '학춤'이라고도 하는데 부산 동래학춤의 바탕이 되었다. 둥지는 갈대가 우거진 땅 위에 마른 나뭇가지나 갈대 줄기를 물어다 접시처럼 짓는다. 연한 황갈색 바탕에 갈색과 회색 무늬가 있는 알을 한두 개 낳는다. 30일쯤 암수가 번갈아 가며 품으면 새끼가 태어난다. 어린 새는 몸이 흰색 바탕에 머리와 목덜미가 황갈색인데, 3년이 지나면 다 자라서 부모와 같은 모습이 된다.

11월부터 해마다 1,000마리쯤 우리나라를 찾아와 겨울을 난다. 주로 경기도 철원을 비롯한 비무장 지대와 민간인 통제 지역에 모여 산다. 수가 많이 줄어서 천연기념물 제202호이자 멸종위기 1급이 되었다. 국제 자연 보존 연맹에서는 국제 보호조로 지정하고 있다.

생김새 몸은 희고 머리꼭대기에는 붉은색 피부가 드러나 있다. 눈 앞과 이마, 목, 다리는 검은색이고 부리는 흐린 노란색을 띤다. 끝이 검은 날개깃은 꼬리 위를 덮고 있다.

몸길이 135cm

사는 곳 풀밭, 논밭

먹이 물고기, 곤충, 개구리, 쥐, 풀씨, 곡식

분포 우리나라, 중국, 일본, 러시아

구분 겨울 철새

두루미 *Grus japonensis*

흑두루미

Grus monacha / Hooded Crane

흑두루미는 이름처럼 몸이 검은색을 띤다. 북녘에서는 흰목검은두루미라고 부른다. 학명에는 수녀라는 뜻이 담겨 있는데, 이것 또한 머리부터 목까지는 흰색이고 아래로는 검은빛을 띠는 몸이 마치 수녀 옷을 입은 것처럼 보이기 때문이다.

가을걷이하고 난 논이나 습지에서 무리 지어 산다. 암수와 새끼로 이루어진 가족끼리 다니기도 하고 다른 흑두루미들과 섞이기도 한다. 특히 먹이를 구할 때는 큰 무리를 지어 다닐 때가 많다. 논바닥을 걸어 다니면서 떨어진 낟알이나 풀씨를 주워 먹고 물가에서 작은 물고기나 개구리, 우렁이, 새우도 잡아먹는다. 해가 지면 사람이 없는 곳을 찾아가 쉰다. 한쪽 다리로 서서 머리를 뒤로 돌리고 부리를 등깃 속에 묻은 채 잠을 잔다. 사람이나 천적이 다가가면 무리 가운데 한 마리가 '쿠루루' 소리를 낸다. 이 신호를 들은 흑두루미들은 모두 목을 세우고 날 준비를 한 다음 한꺼번에 날아오른다. 긴 목과 다리를 일자로 뻗고 날개를 천천히 저으면서 먼 곳으로 도망간다. 여럿이 V 자 꼴을 이루고 나는 것은 다른 두루미들과 같다.

해마다 5~7월이면 러시아와 몽골, 중국 북부에서 짝짓기를 한다. 둥지는 습지에 갈대와 짚을 쌓아 접시처럼 만드는데, 한번 지은 둥지는 해마다 고쳐 쓰는 때가 많다. 연한 갈색 바탕에 검은색 무늬가 있는 알 2개를 낳아 30일쯤 품으면 새끼가 나온다. 태어난 새끼는 3~4년이면 다 자라서 짝짓기를 하고 새끼를 칠 수 있다. 어린 새는 온몸이 황갈색을 띤다.

가을에 우리나라를 찾아와 순천만, 천수만에서 겨울을 난다. 1960년대까지만 해도 2,000마리가 넘는 흑두루미가 찾아왔다지만 요즘은 300마리쯤으로 줄었다. 하천 개발과 간척 사업으로 먹이와 살 만한 곳이 줄어들고 있기 때문이다. 천연기념물 제228호이자 멸종위기 2급이다.

생김새 두루미 무리 가운데 몸집이 가장 작다. 머리꼭대기부터 목까지는 흰색이고 그 밑으로는 진한 회색이다. 눈은 붉은색이다. 이마와 눈 앞은 검은색을 띠고 머리꼭대기에는 붉은색 피부가 드러나 있다. 부리는 흐린 노란색이고 다리는 회색이다.

몸길이 100cm

사는 곳 논, 습지, 저수지, 갯벌

먹이 물고기, 우렁이, 개구리, 곡식, 풀 줄기, 풀씨

분포 우리나라, 중국, 일본, 몽골, 러시아

구분 겨울 철새

흑두루미 *Grus monacha*

검은머리물떼새

Haematopus ostralegus / Eurasian Oystercatcher

검은머리물떼새는 머리가 검은색이면서 물가에서 떼 지어 다니는 새라는 뜻이다. 시골에서는 울음소리가 요란하고 몸 색이 검다고 물까마귀나 물까치라고 부르기도 한다. 북녘에서는 까치도요 또는 긴부리까치도요라고 부른다. 영명은 굴을 잡아먹는 새라는 뜻이다.

바닷가나 강 하구에서 4~5마리씩 작은 무리를 짓고 산다. 갯벌이나 바닷가를 걸어 다니면서 먹이를 찾는다. 갯벌에 부리를 깊숙이 넣어서 조개, 물고기, 지렁이, 게를 잡아먹거나 단단한 부리로 바위에 붙은 굴을 떼어 먹기도 한다. 입을 벌리고 있는 조개가 있으면 세로로 납작한 부리를 재빨리 껍데기 속에 집어넣고 껍데기를 닫는 근육을 잘라 낸다. 조개가 힘을 잃으면 살을 쪼거나 흔들어서 꺼내 먹는다. 입을 꾹 다문 조개는 공중에서 바위 위로 떨어뜨려 깨뜨린 다음 먹는다. 동물성 먹이를 즐겨 먹지만 가끔은 물풀이나 그 열매를 먹기도 한다. 성질이 예민해서 사람이 다가가면 재빨리 도망치는데, 하늘을 날 때면 날개 윗면에 흰색 띠가 뚜렷하게 보인다.

4~5월에 우리나라 서해안 무인도에서 짝짓기를 한다. 수컷이 암컷 앞에서 머리를 숙이고 부리를 땅 위에 댄 채 좌우로 흔들면서 마음을 얻는다. 둥지는 바위 위나 움푹하게 파인 자갈밭에 조개껍데기와 작은 돌을 깔아서 만든다. 황갈색 바탕에 어두운 갈색이나 회색 점무늬가 있는 알을 3개쯤 낳는데 알 색이 자갈과 비슷한 보호색을 띤다. 암컷이 20일 남짓 품으면 새끼가 나온다. 어린 새는 등과 날개가 흑갈색이고 부리 끝이 검은색을 띤다. 둥지에 사람이나 천적이 다가가면 어미는 날카롭게 울거나 위협하면서 둥지에서 먼 곳으로 쫓아내려고 애쓴다.

겨울이 오면 강화도 갯벌에 살던 새들이 서해안 남부로 옮겨 간다. 따라서 서해안에서는 한 해 내내 볼 수 있으며, 그 가운데 금강 하구에 있는 유부도에서는 우리나라에서 가장 많은 검은머리물떼새가 겨울을 난다. 해마다 보이는 개체 수가 적게는 수백 마리에서 많게는 5,000여 마리까지로 차이가 큰 편이다. 천연기념물 제326호이자 멸종위기 2급이다.

생김새 머리, 멱, 등, 날개는 검은색이고 가슴과 어깨, 배, 옆구리는 흰색이다. 눈과 부리는 붉은색이며 다리는 분홍색이다. 발가락이 굵고 튼튼한 편이다. 겨울에는 목에 흰색 무늬가 생긴다.

몸길이 45cm
사는 곳 바다, 강 하구, 냇가
먹이 굴, 조개, 물고기, 조개, 지렁이, 게, 곤충
분포 우리나라, 중국, 일본, 러시아
구분 텃새

검은머리물떼새 *Haematopus ostralegus*

장다리물떼새

Himantopus himantopus / Black-winged Stilt

장다리물떼새는 물떼새 무리 가운데 다리가 가장 길다. 북녘에서는 긴다리도요라고 부른다.

물이 고인 논이나 호수, 바닷가 얕은 물에서 산다. 얕은 물가를 천천히 걸어 다니며 먹이를 찾는다. 논에서는 개구리나 올챙이, 애벌레를 먹고 바닷가에서는 작은 물고기나 조개를 먹는다. 조용히 걸어 다니다가 설 때는 몸을 위아래로 흔드는 습성이 있다. 헤엄을 잘 치고 날 때는 긴 다리를 꼬리 뒤로 길게 뻗는다. 날갯짓을 천천히 하면서 너울너울 난다.

4~6월에 논이나 냇가에서 짝짓기를 한다. 여럿이 무리 지어 10~30m씩 거리를 두고 둥지를 짓는다. 얕은 물 위에 볏짚이나 풀 줄기를 쌓아 접시처럼 만든 다음 바닥에는 물풀이나 작은 돌을 깐다. 갑자기 비가 많이 올 때는 둥지가 물에 잠기지 않도록 풀을 더 쌓아 화산처럼 높고 위가 움푹 파이게 만든다. 처음 만들 때는 높이가 낮지만 비가 올 때마다 조금씩 높이기 때문에 새끼가 태어날 무렵이면 둥지가 꽤 높아져 있는 것을 볼 수 있다.

황백색 바탕에 무늬가 있는 알을 4개 낳아 암수가 함께 25일쯤 품는다. 긴 다리를 접은 채로 앉아 알을 품다가 한 번씩 일어나 부리로 알을 조금씩 굴린 다음 다시 품기를 되풀이한다. 체온이 알에 고루 전해지도록 돌려 가며 품는 것이다. 알을 품는 동안 뱀이나 매, 삵, 너구리, 뱀 같은 천적이 다가와 알을 노리는 때도 있다. 그때는 암컷이 '꽥꽥꽥꽥' 하고 날카롭게 소리를 내서 둘레에 있는 무리를 불러 모아 함께 적을 쫓아낸다. 공중에서 급하게 내리꽂으면서 위협하기도 하고 날개를 펼친 채 다친 척하면서 둥지에서 먼 곳으로 이끄는 의상 행동을 하기도 한다. 새끼가 무사히 태어나면 젖은 털이 마르는 대로 어미와 함께 둥지를 떠난다.

2000년대 초까지만 해도 전남 고천암호, 충남 서산 천수만, 경기도 안산 시화호에서 30~50쌍이 새끼를 쳤다지만 요즘에는 거의 봄가을에 들러 쉬어 가고 새끼 치는 모습은 보기가 힘들다.

생김새 등과 날개는 검은색인데 햇빛을 받으면 녹색 빛이 난다. 목과 가슴, 배는 흰색이고 머리에는 검은색 무늬가 있다. 날개는 가늘고 길며 끝이 뾰족하다. 검은색 부리도 가늘고 길면서 위로 살짝 휘었고, 분홍색 다리는 매우 길다. 암컷은 몸 색이 수컷보다 연해서 등과 날개가 갈색을 띤다.

몸길이 50cm
사는 곳 논, 호수, 바다, 습지
먹이 개구리, 도마뱀, 물고기, 조개, 곤충
분포 우리나라, 중국, 일본, 몽골, 러시아
구분 나그네새

장다리물떼새 *Himantopus himantopus*

뒷부리장다리물떼새 *Recurvirostra avosetta*

부리가 가늘면서 위로 휘어 있다. 머리와 목덜미, 날개에 있는 검은색 무늬가 뚜렷하다. 나그네새다.

댕기물떼새

Vanellus vanellus / Northern Lapwing

댕기물떼새는 머리에 댕기처럼 길게 뻗은 깃이 있는 물떼새다. 댕기깃은 옆에서 보면 아래에서 위로 살짝 휜 채로 뻗은 것처럼 보이지만, 앞에서 보면 왕관을 쓴 것처럼 양옆으로 넓게 퍼져 있다. 쟁개비라고도 부르고 북녘에서는 댕기도요라고 한다.

논이나 갯벌에서 3~4마리부터 50마리 남짓까지 무리 지어 산다. 큰 눈으로 가만히 서서 둘레를 살피다가 먹이가 보이면 재빨리 달려가 먹는 것은 다른 물떼새와 같다.* 갯벌에 사는 갯지렁이, 조개, 게를 잡아먹고 논밭에서 풀씨도 먹는다. 걸을 때는 3~4걸음 걷다가 멈추기를 되풀이하고 날 때는 끝이 뭉툭한 날개를 느리게 저으며 너울너울 난다. 여럿이 함께 날 때도 일정한 꼴을 이루기보다는 저마다 제멋대로 난다.

3~4월에 몽골이나 러시아로 새끼 치러 가는 길에 우리나라에 들러 쉬었다 간다. 다시 북쪽으로 이동하는 도중에 강가나 냇가에 잠시 내려앉아 꼬리를 높이 든 채 '위-입, 위-입' 하고 울면서 짝짓기를 한다. 새끼 칠 곳에 다다르면 곧바로 풀밭 위에 풀 줄기와 지푸라기로 접시처럼 생긴 둥지를 튼다. 바닥에는 마른 풀이나 물풀, 이끼를 깐다. 연한 갈색이나 황백색 바탕에 갈색 무늬가 있는 알을 4~5개 낳아 25일쯤 품는데, 그동안 까마귀를 비롯한 천적이 둥지에 다가오면 사납게 달려들어 내쫓는다. 어린 새는 몸 위쪽 녹색 부분이 연하고 깃 둘레에 황갈색 비늘무늬가 나타난다. 댕기깃 길이는 어른 새보다 짧다.

새끼를 치고 난 늦가을에 중국 남부와 동남아시아로 이동하면서 다시 우리나라에 들른다. 몇몇은 중부 지방에 남아 겨울을 난다. 유럽에서는 한 해 내내 살기도 한다.

생김새 등과 날개는 진한 녹색이고 날개에는 붉은색과 푸른색 깃이 섞여 있다. 머리꼭대기는 검은색인데 가늘고 긴 깃이 위로 솟아 있다. 짝짓기 무렵이면 깃이 더 길어진다. 뺨과 가슴은 검고 배는 희다. 다리는 붉은색을 띤다. 겨울에는 몸 색이 한층 연해지고 가슴에 있던 검은 띠도 사라진다.

* 물떼새들은 갯벌 위를 빠르게 걷다가 멈춰서 둘레를 살피고 다시 걷기를 되풀이하면서 먹이를 찾는다. 갯벌 속에서 지렁이를 찾으면 일단 한쪽 끝을 물고 잡아당기는데, 갯벌 속으로 도망가는 지렁이가 중간에 끊어지지 않도록 조금씩 당겨서 한 마리를 통째로 먹는 솜씨가 상당히 기술적이다.

몸길이 32cm

사는 곳 논, 갯벌, 강, 호수, 습지, 냇가

먹이 갯지렁이, 조개, 게, 새우, 곤충, 풀씨

분포 우리나라, 중국, 일본, 몽골, 인도, 유럽, 아프리카

구분 나그네새

댕기물떼새 *Vanellus vanellus*

개꿩

Pluvialis squatarola / Grey Plover

갯가에 살고 생김새가 꿩 암컷과 비슷하다고 개꿩이라고 한다. 하지만 실제로는 꿩보다 몸집이 훨씬 작고 날씬하다. 여름이면 부리 기부에서부터 아랫배까지 검은빛을 띠어 북녘에서는 검은배알도요라고 부른다. 여름에는 검은가슴물떼새와 생김새가 비슷하기 때문에 언뜻 보아서는 구별하기 어렵다. 그러나 전체적으로 누런빛을 띠는 검은가슴물떼새와 달리 몸 색이 흰색에 가깝고 몸집이 더 크다.

흔히 바닷가 갯벌에 많이 산다. 10마리 가까이 무리 지어 다니는데 큰뒷부리도요, 마도요, 흑꼬리도요, 왕눈물떼새, 민물도요와 섞이기도 한다. 썰물 때 갯벌을 걸어 다니면서 먹이를 찾는다. 갯지렁이나 새우, 조개를 많이 먹고 곤충이나 풀씨도 먹는다. 걷다가 갑자기 멈춘 채 가만히 서 있는 습성이 있어 사진 찍기에 좋지만, 그 때문에 예전에는 쉽게 사냥감이 되기도 했다. 무리 지어 날 때는 가로로 일자를 만들거나 V 자 꼴을 이룬다. 날개를 펼치고 나는 모습을 보면 옆구리에 있는 검은색 반점과 날개 윗면의 흰색 띠, 허리의 흰색이 뚜렷하다.

5~7월에 툰드라 지대에서 짝짓기를 한다. 둥지는 바닷가와 숲 사이의 땅 위에 틀고 바닥에 작은 나뭇가지와 나뭇잎, 이끼를 깐다. 알은 4개쯤 낳는데 녹회색 또는 황백색 바탕에 검은색 무늬가 있다. 암수가 번갈아 가며 23~27일 동안 품으면 새끼가 나온다. 어린 새는 어른 새의 비번식깃과 비슷하나 몸 위쪽 색이 더 진하고 깃 가장자리 얼룩무늬는 흐린 노란색이다.

봄가을마다 이동하면서 우리나라에 들르는 나그네새다. 흔히 겨울은 동남아시아와 중국 남부에서 나지만 적은 수는 우리나라 서해안이나 남해안에 남아 겨울을 나기도 한다.

생김새 몸집에 비해 눈이 크다. 여름에는 몸 위쪽이 검은색 바탕에 흰색 얼룩무늬가 줄지어 있고, 아래쪽은 부리 기부에서부터 가슴, 아랫배까지 검은색을 띤다. 이마에서 꼬리까지 흰색 띠가 넓게 있으며 부리와 다리는 검은색이다. 겨울에는 몸 색이 연해진다. 몸 위쪽은 회갈색으로 바뀌고 아래쪽은 흰색 바탕에 연한 회갈색 점무늬가 생긴다.

몸길이 29cm
사는 곳 갯벌, 강 하구, 저수지
먹이 지렁이, 새우, 조개, 곤충, 풀씨
분포 우리나라, 중국, 일본, 러시아, 북아메리카
구분 나그네새

개꿩 *Pluvialis squatarola*

개꿩과 검은가슴물떼새는 여름이면 생김새가 비슷해져서 구별하기 어렵다. 개꿩이 몸집이 더 크고 흰색이 뚜렷하다.

꼬마물떼새

Charadrius dubius / Little Ringed Plover

꼬마물떼새는 물떼새 가운데 몸집이 가장 작아서 붙은 이름이다. '낄룩, 낄룩' 우는 것 같다고 낄룩새라고도 부른다. 북녘에서는 알도요라고 한다.

강이나 저수지 같은 물가에 산다. 여름에는 암수가 함께 살고 새끼를 치고 나면 가족끼리 다닌다. 몸집에 비해 눈이 크고 밝아서 가만히 선 채로 두리번거렸다가 빠르게 걷기를 되풀이하면서 먹이를 찾는다. 흔히 하루살이나 파리, 모기처럼 작은 곤충과 물속에 사는 곤충의 애벌레를 잡아먹는다. 날개를 펴고 날 때 보면 다른 물떼새 무리한테 있는 흰색 띠가 없다.

4~7월에 우리나라 곳곳의 하천과 저수지, 바닷가 둘레를 날아다니면서 짝짓기 할 곳을 찾는다. 둥지는 물이 불어도 잠기지 않을 만한 자갈밭이나 모래밭을 찾아 바닥을 오목하게 파서 만든다. 바닥에는 작은 돌이나 마른 풀, 조개껍데기를 깐다. 엉성해 보이지만 비가 많이 와도 물이 잘 빠지기 때문에 알을 잘 품고 보살필 수 있다. 적황색 바탕에 갈색 무늬가 있는 알을 4개쯤 낳는다. 알을 품는 동안 천적이 다가오면 암컷은 다리를 절룩거리거나 날개를 퍼덕거려 다친 척하면서 천적을 다른 곳으로 이끈다.* 죽은 척 엎드려서 새끼나 알을 덮기도 한다. 기온이 너무 높을 때는 날개에 물에 적셔 와서 알을 덮어 식힌다. 알을 품은 지 25일쯤 지나면 새끼가 태어난다. 조성성 조류라 젖은 깃털만 마르면 스스로 걸어 다니면서 먹이를 찾아 먹는다. 어린 새는 목둘레에 두꺼운 흰색 띠가 있다.

이른 봄에 우리나라를 찾아와 새끼를 치고 초가을이면 우리나라보다 더 따뜻한 남쪽 나라로 날아간다. 흔히 아프리카나 인도, 동남아시아에서 겨울을 난다. 난대와 아열대, 열대 지역에서는 텃새로 살기도 한다.

생김새 물떼새 무리 가운데 몸집이 가장 작다. 눈에는 노란색 테가 있고 이마와 뺨, 목둘레는 검은색을 띤다. 머리꼭대기와 등, 날개는 연한 갈색이고 턱과 가슴, 배는 흰색이다. 부리는 검은색인데 기부에 노란색이나 붉은색 무늬가 있으며, 다리는 노란색이다. 겨울에는 머리와 목둘레의 검은색이 연해지고 몸 위쪽은 어두운 갈색으로 바뀐다.

* 이런 행동을 의상(擬傷) 행동이라 하는데, 물떼새 무리한테서 흔히 볼 수 있다.

몸길이 15cm
사는 곳 강, 저수지, 개울, 바다, 논
먹이 곤충, 애벌레
분포 우리나라, 중국, 일본, 몽골, 인도, 러시아
구분 여름 철새

꼬마물떼새 *Charadrius dubius*

둥지에 천적이 다가오면 다리를 절룩거리거나 날개를 퍼덕거려 다친 척하면서 다른 곳으로 이끈다.

흰물떼새

Charadrius alexandrinus / Kentish Plover

흰물떼새는 물떼새 무리 가운데 몸 색이 연하고 흰색을 많이 띤다고 해서 붙은 이름이다. 북녘에서는 흰가슴알도요라고 부른다.

바닷가나 강, 저수지에서 무리 지어 산다. 다른 물떼새 무리와 섞이기도 한다. 한자리에 서서 크고 밝은 눈으로 둘레를 둘러보다가 먹이를 찾으면 재빨리 달려간다. 흔히 갯지렁이나 물에 사는 곤충을 먹는다. 지렁이를 잡을 때는 흙 속으로 도망가려는 지렁이를 재빨리 물고는 몸이 끊기지 않도록 천천히 당겨서 다 끄집어내는 기술을 선보인다. 날아오를 때 보면 펼친 날개 윗면에 흰색 띠가 있다.

4~7월에 우리나라보다 서늘한 러시아 물가에서 짝짓기를 한다. 모래와 자갈이 많고 움푹 파인 땅을 찾아 둥지를 트는데 마땅한 곳이 없으면 땅바닥에 몸을 문질러서 구멍을 만든다. 바닥에는 지푸라기와 작은 돌을 깐다. 알은 3~4개 낳는데 황백색 바탕에 갈색 무늬가 있다. 암수가 번갈아 가며 23일쯤 따뜻하게 품는다. 둥지 가까이 천적이 다가오면 먼 곳으로 날아가 앉아 알 품는 시늉을 한다. 천적이 따라오면 좀 더 먼 곳으로 날아가 같은 행동을 되풀이하면서 둥지와 먼 곳으로 이끌다가 날아가 숨어 버린다. 날씨가 더울 때는 가슴 깃털에 물을 묻혀 와 알에 대고 식히거나 날개로 가려 그늘을 만든다. 새끼는 태어나자마자 곧바로 어미를 따라다닌다.

흔히 봄가을에 이동하면서 우리나라에 들러 낙동강 하구나 김포 모래밭에서 쉬어 간다. 봄에 낙동강 하구 모래밭에서는 해마다 2,000~3,000마리씩 큰 무리를 짓고 살고, 김포 모래땅 풀밭에서도 200~300마리가 산다. 몇몇은 여름에 그대로 남아 사람이 드문 모래밭에 둥지를 틀고 새끼를 치기도 한다. 남부 지방 바닷가에서는 겨울을 나는 무리도 있다.

생김새 수컷은 이마와 뺨, 가슴 양옆에 검은색 띠가 있는데 가슴에 있는 띠는 가운데가 끊어져 있다. 머리꼭대기와 뒤통수는 연한 적갈색이고 등, 날개, 꼬리는 연한 갈색이다. 가슴과 배는 흰색이며 부리와 다리는 검은색이다. 겨울에는 머리꼭대기와 뒤통수가 연한 갈색으로 바뀐다. 암컷은 머리와 가슴에 있는 띠가 갈색을 띠어 쉽게 구별된다.

몸길이 17cm

사는 곳 바다, 강, 저수지, 간척지

먹이 갯지렁이, 곤충, 거미, 새우

분포 우리나라, 중국, 일본, 러시아, 유럽

구분 나그네새

흰물떼새 *Charadrius alexandrinus*

흰목물떼새 *Charadrius placidus*

흰물떼새보다 몸집이 크고 부리가 길다. 가슴에 있는 검은색 띠는 가늘면서 한 줄로 이어져 있다. 나그네새다.

꺅도요

Gallinago gallinago / Common Snipe

꺅도요는 보호색을 써서 사람이나 천적 눈에 띄지 않게 몸을 감추는 재주가 있다. 위험을 느끼면 가만히 웅크리고 숨어 있다가 천적이 가까워졌을 때 '꺅, 꺅' 하고 짧고 큰 소리를 내면서 튀듯이 날아오르는 습성이 있어서 이런 이름이 붙었다. 영명에는 저격한다는 뜻을 지닌 단어 'snipe'가 들어 있는데, 아마도 긴 부리로 바닥을 쿡쿡 찌르면서 먹이를 잡는 모습이 총 쏘는 모습과 비슷하다고 여긴 듯하다.

바닷가나 강가에서 사는데 흔히 낮에는 덤불 속에 숨어서 쉬다가 해 질 무렵부터 먹이를 찾기 시작한다. 물기가 있는 논이나 냇가의 개흙 바닥에 긴 부리를 푹푹 꽂아 헤치면서 작은 물고기, 지렁이, 달팽이 같은 것을 잡아먹는다. 때로는 물풀이나 풀씨도 먹는다. 움직임이 빠르고 어디든지 잘 숨기 때문에 가까이서 보기는 어렵다. 땅 위에서 날아오를 때도 '꺅' 하는 소리를 내고는 갈지자를 그리면서 난다. 몸집에 비해 날갯짓 소리가 꽤 크게 들린다. 날 때 날개 밑면을 보면 가장자리에 흰색 띠가 뚜렷하다.

3~7월에 러시아 물가에 있는 풀밭에서 짝짓기를 한다. 둥지는 물가에서 떨어져 있는 땅 위의 오목한 곳에 접시처럼 짓고 바닥에는 마른 풀을 깐다. 알은 한 번에 5개쯤 낳는데, 녹갈색이나 연갈색 바탕에 흑갈색이나 갈색 무늬가 흩어져 있다. 암컷이 20일쯤 품는데 잠시 둥지를 비울 때면 둘레에 있는 풀로 보이지 않게 덮는다.

우리나라보다 북쪽에서 새끼를 치고 우리나라보다 남쪽에 있는 나라로 가서 겨울을 난다. 두 곳을 오가는 때인 봄가을에 우리나라에 들러 먹이를 먹고 쉬어 간다. 흔히 겨울은 중국 남부나 동남아시아에서 보내지만 몇몇은 우리나라 남부 지방에 있는 바닷가나 강 하구에 남기도 한다.

생김새 부리가 곧고 길며 암수 생김새가 같다. 몸 위쪽은 연한 황갈색 바탕에 갈색과 검은색 무늬가 있고 가운데에는 흰색 세로줄 무늬가 있다. 배는 흰색이고 옆구리에는 흑갈색 가로줄 무늬가 여러 개 있다. 머리꼭대기 양쪽에 굵은 흑갈색 줄이 있고 부리까지 이어지는 눈썹줄이 뚜렷하다. 몸집에 비해 다리가 짧은 편이다.

몸길이 27cm

사는 곳 바다, 강, 논, 갯벌, 호수

먹이 물고기, 새우, 게, 지렁이, 곤충, 물풀

분포 우리나라, 중국, 일본, 몽골, 러시아, 유럽, 아프리카

구분 나그네새

꺅도요 *Gallinago gallinago*

마도요

Numenius arquata / Eurasian Curlew

마도요는 우리나라에서 볼 수 있는 도요 가운데 알락꼬리마도요와 함께 몸집과 부리가 가장 크고 긴 도요다. 학명에 담긴 '초승달'이란 뜻도 아래로 살짝 굽은 부리 생김새에서 온 것이다.

바닷가 갯벌이나 염전, 냇가에서 무리 지어 산다. 흔히 20~30마리에서 수백 마리까지 큰 무리를 이룬다. 썰물 때 갯벌이 드러나면 긴 부리로 바닥을 깊숙이 찔러 가면서 먹이를 찾는다. 부리는 13~16cm로 머리보다 3배나 긴 데다 끝에 날카로운 신경이 있어서 갯벌 깊숙이 있는 먹이를 잘 찾아낸다. 갯지렁이, 새우, 조개를 잡아먹는데 가장 즐겨 먹는 것은 게다. 게를 먹을 때는 먼저 다리를 떼어 내고 물에 씻은 다음 몸통만 통째로 삼킨다. 종종 괭이갈매기나 재갈매기가 먹이를 빼앗으려고 달려들어서 서로 쫓고 쫓기는 모습을 볼 수 있다. 날 때는 날개깃에 덮여 있던 흰색 허리가 잘 보인다. 전체적인 생김새는 알락꼬리마도요와 비슷하지만, 알락꼬리마도요의 허리는 흰색 바탕에 갈색 무늬가 있다. 여럿이 날 때는 V 자 꼴을 이루기도 하고, 가로나 세로로 한 줄을 이루기도 한다.

5월에 몽골이나 러시아 물가에서 짝짓기를 한다. 둥지는 땅 위에 접시처럼 짓고, 바닥에는 마른 풀을 깐다. 연한 풀색이나 청회색 바탕에 갈색 무늬가 있는 알을 4개쯤 낳는다. 암수가 번갈아 가며 30일쯤 품으면 새끼가 태어난다.

새끼를 치러 오가는 봄가을에 우리나라에 들러 쉬어 가는 나그네새다. 겨울은 동남아시아, 인도, 아프리카, 일본에서 나는데, 우리나라 서해안 강화도와 유부도, 금강 하구 갯벌에서도 해마다 겨울을 나는 무리를 볼 수 있다.

생김새 부리가 아주 길고 활처럼 아래로 굽었다. 부리는 검은색인데 아래쪽 부리 기부는 붉은색이 돈다. 머리와 몸 위쪽은 연한 황갈색 바탕에 진한 갈색 줄무늬가 있다. 배와 옆구리, 아래꼬리덮깃은 흰색이고 꼬리깃에는 흰색과 흑갈색으로 이루어진 가로줄 무늬가 있다. 다리는 회청색이다. 날 때 허리의 흰색이 뚜렷하게 드러난다.

몸길이 60cm

사는 곳 바다, 냇가, 염전, 연못

먹이 게, 갯지렁이, 새우, 조개, 물고기, 곤충

분포 우리나라, 중국, 일본, 몽골, 동남아시아, 러시아

구분 나그네새

마도요 *Numenius arquata*

알락꼬리마도요 *Numenius madagascariensis*

마도요와 비슷하나 몸에 흰색 부분이 없고 황갈색 바탕에 갈색 무늬가 빽빽하게 있다. 마도요보다 몸집이 더 크다. 나그네새다.

청다리도요

Tringa nebularia / Common Greenshank

청다리도요는 다리 색이 노란 기운이 섞인 녹색을 띠는 도요다. 북녘에서는 푸른다리도요라고 부른다. 영명에도 '녹색 다리'라는 뜻이 담겨 있다. 하지만 여름에서 가을 사이 노란색을 띠는 개체도 더러 보이기 때문에 다리 색만으로 다른 도요와 구별하기는 어렵다.

바닷가 갯벌이나 저수지의 얕은 물가에서 산다. 2~3마리에서 많게는 70~80마리까지 무리를 짓는데, 흔히 사람이 드문 이른 아침과 저녁에 움직인다. 물가를 걸으면서 종종 머리와 몸을 위아래로 까닥거린다. 얕은 물속에 들어가 물을 휘젓기도 하고 빠르게 뛰기도 하면서 먹이를 찾는다. 긴 부리를 써서 망둑어 같은 물고기나 물에 사는 곤충, 지렁이, 조개를 잡아먹는다. 하늘로 날아오를 때는 '뵤뵤뵤' 하고 특이한 소리를 낸다. 꼬리 뒤로 다리를 쭉 뻗고 여럿이서 가로로 일자를 이루며 난다. 너울너울 날갯짓을 하면 날개 밑에 가려 있던 허리가 새하얗게 드러난다.

4~5월에 러시아 북부 물가에서 짝짓기를 한다. 둥지는 물가 둘레에 큰키나무가 많은 풀숲이나 이끼가 있는 땅에 접시처럼 둥글고 넓게 짓는다. 바닥에는 풀 줄기나 이끼를 깐다. 연한 황갈색 바탕에 적갈색 무늬가 있는 알을 3~5개 낳고 암컷이 25일쯤 품으면 새끼가 나온다. 어린 새는 몸이 회갈색을 띤다.

겨울은 인도나 동남아시아, 오스트레일리아처럼 따뜻한 곳에서 난다. 우리나라에는 새끼 치러 오가는 봄가을에 들러 바다나 바다와 가까운 저수지, 냇가에서 먹이를 먹으며 쉰다. 도요 무리 가운데서는 찾아오는 수가 많은 편이다. 낙동강 하구나 서해안 갯벌에서 흔히 볼 수 있다.

생김새 여름에는 머리꼭대기와 몸 위쪽이 흰색 바탕에 검은빛을 띤 회색 무늬가 있다가 겨울이 되면 무늬가 흑갈색으로 바뀐다. 꼬리깃은 흰색인데 가운데 깃 2개가 회갈색이고 검은색 가로줄 무늬가 있다. 가슴과 배, 허리는 흰색이다. 검은색 부리는 길면서 끝이 위로 조금 휘었고 다리는 황록색을 띤다.

몸길이 32cm
사는 곳 바다, 냇가, 연못, 저수지, 논
먹이 물고기, 곤충, 조개, 달팽이, 올챙이
분포 우리나라, 중국, 일본, 러시아, 오스트레일리아
구분 나그네새

청다리도요 *Tringa nebularia*

쇠청다리도요 *Tringa stagnatilis*

청다리도요와 비슷하지만 몸집이 좀 더 작다.
청다리도요의 부리가 두툼하면서 위로 살짝 휘어 있는 것에 비해 쇠청다리도요의 부리는 얇고 곧은 편이다.
나그네새다.

삑삑도요

Tringa ochropus / Green Sandpiper

삑삑도요는 '삐삐삐삑' 하고 날카로운 소리로 우는 도요다. 북녘에서는 뺙뺙도요라고 한다.

냇가나 강 같은 민물에서 혼자 살거나 2~3마리씩 작은 무리를 짓고 산다. 도요 무리 가운데 다리 길이가 짧은 편이라 땅 위를 걸을 때는 궁둥이를 위아래로 흔들면서 뒤뚱거린다. 물가 둘레를 걸어 다니면서 지렁이나 곤충, 거미 같은 동물성 먹이를 잡아먹는다. 사람이나 천적이 다가가면 크고 날카로운 소리를 내면서 갈지자로 날아오른다. 꽤 멀리까지 도망쳤다가 1시간은 지나야 돌아온다. 날 때 보면 날개 밑면은 흑갈색이고 옆구리가 흰색이다.

5~6월에 우리나라보다 서늘한 러시아 물가에서 짝짓기를 한다. 도요 무리가 흔히 땅 위에 둥지를 짓는 것과 달리 삑삑도요는 나무 위에 둥지를 짓는다. 개똥지빠귀나 까마귀, 때까치, 어치가 쓰다가 버린 묵은 둥지를 찾아 쓰기도 하고, 나무 구멍 속에 있는 올빼미 둥지나 다람쥐 집에 들어가 알을 낳기도 한다. 때로는 풀밭이나 쓰러진 나무 위에 쌓인 낙엽 더미에 둥지를 짓기도 한다. 연한 풀색이나 황갈색 바탕에 자갈색과 회색 무늬가 있는 알을 4개 낳는다. 암컷이 20일쯤 품으면 새끼가 알을 깨고 나온다.

겨울은 우리나라보다 따뜻한 인도, 아프리카, 동남아시아에서 난다. 우리나라에는 봄가을에 작은 개울이나 논에 내려앉아 한동안 쉬었다 간다. 가끔 서산 간척지를 비롯한 습지에서 여름내 한두 마리씩 머무는 것을 볼 때 둘레에 있는 야산에서 새끼를 칠 가능성도 있다. 남부 지방에서는 몇 마리씩 남아 겨울을 나기도 한다.

생김새 여름에는 머리꼭대기, 등, 날개가 흑갈색이고 자잘한 흰색 점이 흩어져 있다. 눈과 부리 사이에는 두꺼운 흰색 눈썹줄이 있다. 멱에는 연한 갈색 세로무늬가 있으며 배는 흰색, 다리는 녹갈색을 띤다. 꼬리깃은 흰색인데 끝에 검은색 가로줄 무늬가 2~3개 있다. 겨울이 되면 몸 색이 전체적으로 연해진다.

몸길이 24cm
사는 곳 냇가, 강, 논, 저수지, 습지
먹이 지렁이, 거미, 곤충, 새우, 게
분포 우리나라, 중국, 일본, 몽골, 러시아, 아프리카
구분 나그네새

뻬뻬도요 *Tringa ochropus*

알락도요 *Tringa glareola*

전체 생김새는 비슷하지만 몸집이 크고 개체 수도 훨씬 많다. 등에 회색 점이 많고 다리는 노란색이다. 나그네새다.

좀도요

Calidris ruficollis / Red-necked Stint

도요 무리 가운데 몸집이 가장 작아서 좀도요라고 부른다.

바닷가 갯벌이나 강 하구, 염전 같은 물가에서 산다. 흔히 5~6마리씩 작은 무리를 지어 다니는데, 좀도요끼리 모이기도 하고 민물도요, 넓적부리도요, 뒷부리도요, 송곳부리도요와 섞여 다니기도 한다. 갯벌에 사는 조개, 게, 가재를 먹고 곤충과 갯지렁이도 잘 잡아먹는다. 무리 지어 바쁘게 걸어 다니면서 먹이를 쪼아 먹고 날 때도 우르르 같이 날아오른다. '츄이, 츄이' 또는 '삐잇, 삐잇' 하는 소리를 낸다.

6~7월에 러시아 북부의 툰드라 습지에서 짝짓기를 한다. 풀밭이나 땅바닥 위 오목한 곳에 접시처럼 생긴 둥지를 틀고 바닥에는 이끼와 마른 풀을 깐다. 연한 황갈색 바탕에 적갈색 무늬가 있는 알을 4개 낳으면 암수가 함께 품고 기른다. 어린 새는 몸이 전체적으로 황갈색을 띤다.

새끼를 치고 난 8월 초에 도요 무리 가운데 가장 먼저 우리나라를 찾아온다. 예전에는 서해안에 1,000마리가 넘는 좀도요 무리가 많이 왔다지만 습지나 갯벌이 점점 사라지면서 요즘에는 10~50마리로 줄었다. 부산 을숙도에서도 해마다 50마리쯤 되는 좀도요가 쉬어 간다. 먹이를 먹으면서 날아갈 힘을 기른 다음 인도, 동남아시아, 오스트레일리아로 가서 겨울을 난다. 이듬해 봄이면 새끼 치러 러시아로 이동하는 길에 다시 찾아온다.

생김새 여름에는 뺨과 멱에 적갈색이 돌고 날개는 갈색 바탕에 흑갈색과 흰색 무늬가 섞여 있다. 머리꼭대기와 가슴, 등에는 밝은 적갈색 무늬가 퍼져 있다. 가슴과 배는 흰색이고 부리와 다리는 검은색이다. 겨울에는 여름에 갈색이었던 부분이 회색으로 바뀌면서 수수해진다. 어깨에만 연한 갈색이 남는다.

몸길이 15cm

사는 곳 바다, 염전, 습지, 논, 연못, 냇가

먹이 조개, 갯지렁이, 게, 가재, 새우, 곤충

분포 우리나라, 중국, 일본, 동남아시아, 러시아

구분 나그네새

좀도요 *Calidris ruficollis*

민물도요

Calidris alpina / Dunlin

민물도요는 민물에서 사는 도요라는 뜻으로 붙인 이름이다. 그러나 실제로 민물도요는 바닷가 갯벌이나 민물과 바닷물이 만나는 강 하구에서 산다. 그런 까닭인지 북녘에서는 민물도요를 두고 갯도요라고 부른다. 사는 곳을 보자면 북녘에서 부르는 이름이 더 어울린다고 할 수 있다.

바닷가에서 수백 마리에서 만 마리 남짓까지 큰 무리를 지어 산다. 갯벌을 걸어 다니면서 갯지렁이와 게, 새우를 잡아먹는다. 먹잇감이 보이면 가만히 지켜보다가 갑자기 재빠르게 달려가 부리로 낚아챈다. 얕은 물에 들어가 물고기를 잡아먹거나 바다 둘레에 자라는 식물의 풀씨를 먹기도 한다. 날 때도 우르르 떼 지어 난다. 수면과 가까운 높이에서 날다가 높이 날아오르기를 되풀이한다. 몸 위쪽은 어두운 색이고 아래쪽은 밝은 색을 띠다 보니 갑자기 방향을 바꾸어 날 때는 마치 카드 섹션을 하는 듯 한꺼번에 밝아졌다 어두워졌다 하는 모습이 꽤 재미있다.

5~6월에 우리나라보다 서늘한 유럽과 러시아 물가에서 짝짓기를 하고 새끼를 친다. 둥지는 땅바닥이나 떨기나무 가지에 접시처럼 만들고 바닥에는 마른 풀이나 이끼를 깐다. 알은 3~4개 낳는데 청갈색 바탕에 자갈색이나 회갈색 무늬가 있다. 암수가 번갈아 가며 20일 남짓 품으면 새끼가 태어난다. 어린 새는 몸 위쪽이 황갈색을 띤다.

새끼를 치고 나면 많은 수가 중국 남부나 동남아시아, 오스트레일리아로 가서 겨울을 난다. 흔히 이동하는 봄가을에 서해 갯벌에 들러 쉬는 모습을 볼 수 있는데, 우리나라를 찾아오는 도요 무리 가운데 가장 수가 많다. 적게는 1만 마리에서 많게는 1만 6,000마리가 넘는다. 그 가운데 몇몇은 우리나라 남해안과 충남 서산 갯벌에 남아 겨울을 나기도 한다.

생김새 여름에는 머리꼭대기와 등이 적갈색 바탕에 흑갈색 무늬가 있다. 배는 흰색 바탕인데 검은색 무늬가 넓게 나타난다. 검은색 부리는 길고 아래로 조금 굽었으며 다리도 검은색이다. 짝짓기가 끝난 겨울에는 몸 위쪽이 회갈색으로 차분하게 바뀌고 배는 흰색을 띤다.

몸길이 20cm

사는 곳 바다, 강 하구, 간척지

먹이 게, 새우, 갯지렁이, 물고기, 풀씨

분포 우리나라, 중국, 일본, 러시아, 오스트레일리아, 유럽

구분 나그네새

민물도요 *Calidris alpina*

붉은부리갈매기

Chroicocephalus ridibundus / Black-headed Gull

우리나라에 머무는 겨울철이면 부리와 다리가 붉은색을 띠어서 붉은부리갈매기라는 이름이 붙었다. 짝짓기 하는 여름철에는 머리가 흑갈색을 띠어서 검은머리갈매기와 비슷해 보이지만, 검은머리갈매기의 부리가 검은색인 것과 달리 붉은부리갈매기는 부리가 붉은색을 띤다.

바닷가 항구나 강 하구에서 무리 지어 산다. 비슷하게 생긴 검은머리갈매기 무리와 섞일 때가 많다. 검은머리갈매기는 흔히 하늘을 날면서 먹이를 찾다가 발견하면 내려앉으면서 바로 낚아채지만, 붉은부리갈매기는 갯벌을 걸어 다니면서 먹이를 잡거나 날다가 먹이를 발견하면 바로 잡아먹는 점이 다르다. 물고기는 물론이고 횟집에서 내다 버린 물고기 내장, 게, 곤충, 쥐, 음식물 찌꺼기까지 고루 먹는다. 때로는 다른 새들이 먹고 있는 먹이를 빼앗기도 한다. 여럿이 V 자 꼴을 이루면서 날고 쉴 때는 한쪽 다리를 든 채로 서 있는다. 천적이 다가가면 한꺼번에 날아오르면서 거친 소리로 운다. 때로는 부딪칠 듯이 몸을 바짝 들이대며 공격하기도 한다.

4~7월에 유럽과 러시아의 작은 섬과 습지에서 무리를 지어 새끼를 친다. 움푹 파인 땅에 풀이나 나뭇가지로 둥지를 짓고 바닥에는 나뭇가지, 풀, 물풀을 깐다. 알은 2~4개 낳는데, 청갈색 또는 연녹색 바탕에 흑갈색 무늬가 있다. 암수가 번갈아 가며 20일 남짓 품는데 그동안 사람이나 천적이 다가가면 사납게 울부짖거나 덤벼들곤 한다. 갓 태어난 새끼가 다 자라는 데는 2년이 걸린다. 어린 새는 날개 윗면이 갈색과 흰색을 띠고 꼬리 끝에 검은색 띠가 있다.

새끼를 치고 나면 우리나라 남해안을 비롯해 일본, 중국, 대만을 찾아가 겨울을 난다. 겨울에 우리나라 바닷가에서 가장 많이 볼 수 있는 새로 낙동강 하구에서는 해마다 200~600마리씩 큰 무리를 짓고 사는 것을 볼 수 있다.

생김새 암수가 거의 비슷하게 생겼다. 여름에는 머리가 흑갈색이고 뒤통수와 가슴, 배는 흰색이다. 날개는 회색이며 부리와 다리는 어두운 붉은색을 띤다. 짝짓기가 끝나면 머리는 흰색 바탕에 검은색 무늬가 조금 남고 날개는 청회색으로 바뀐다. 부리와 다리는 밝은 붉은색을 띤다.

몸길이 40cm

사는 곳 바다, 강 하구, 호수

먹이 물고기, 새우, 게, 곤충, 쥐, 음식물 찌꺼기, 죽은 동물

분포 우리나라, 일본, 중국, 러시아

구분 겨울 철새

붉은부리갈매기 *Chroicocephalus ridibundus*

짝짓기 하는 여름에는 머리가 흑갈색을 띤다.

검은머리갈매기

Chroicocephalus saundersi / Saunders's Gull

검은머리갈매기는 짝짓기 무렵이면 머리가 이름처럼 검은색을 띠는 갈매기다. 자주 섞여 다니는 붉은부리갈매기와 비교했을 때 검은 부리가 눈에 띄어서 검은부리갈매기라고도 한다. 붉은부리갈매기보다 몸집이 조금 작다.

바닷가 갯벌과 강 하구 둘레를 날아다니면서 산다. 수십 마리에서 수백 마리씩 무리 지어 다니고 갯벌에서 게, 새우, 갯지렁이를 잡아먹는다. 바다 위에서 낮은 높이로 천천히 날다가 물속에서 헤엄치는 물고기를 부리로 잽싸게 낚아채기도 한다.

우리나라에 한 해 내내 살면서 짝짓기를 하고 새끼도 친다. 서해안 영종도와 송도 매립지에 많이 모이고 강 하구 모래밭에도 모인다. 4~5월에 짝짓기를 하는데 짝짓기를 앞두고 짝을 정한 암수가 부리를 써서 서로 깃털을 다듬어 주기도 한다. 둥지는 식물이 자라는 땅 위에 마른 물풀을 쌓아서 접시처럼 만든다. 회흑색 바탕에 검은색 무늬가 있는 알을 4개쯤 낳아 암수가 번갈아 가며 30일 가까이 품으면 새끼가 태어난다. 알을 품거나 새끼를 키우고 있을 때 천적이 다가가면 암수가 같이 힘을 모아 무섭게 공격하면서 쫓아낸다. 날카로운 소리를 내면서 가까이 다가와 똥을 뿌리기도 한다. 어린 새는 날개에 흑갈색 얼룩무늬가 있다.

한 해 내내 사는 텃새지만 갈매기 무리 가운데 가장 희귀한 새다. 전 세계에 7,000~9,000마리쯤 있는 것으로 알려져 있고 우리나라에는 1,200~2,000마리쯤 산다. 짝짓기 철에는 서해안 북쪽에서 지내다가 추워지면 순천만을 비롯한 서해안 남쪽와 남해안으로 옮기는데, 매립지 개발 때문에 살 만한 곳이 점점 줄어들고 있다. 멸종위기 2급이다.

생김새 암수 생김새는 비슷하지만 몸집은 수컷이 좀 더 크다. 여름에는 머리가 검은색이고 목, 가슴, 배는 흰색이다. 등과 날개는 연한 회색을 띠며 꼬리에는 검은색 띠가 있다. 부리는 검은색이고 다리는 붉은색이다. 겨울에는 머리가 흰색 바탕이고 귀깃 쪽에 검은색 얼룩무늬가 있다.

몸길이 32cm

사는 곳 갯벌, 바다, 강 하구

먹이 물고기, 게, 새우, 가재, 갯지렁이

분포 우리나라, 중국, 러시아

구분 텃새

검은머리갈매기 *Chroicocephalus saundersi*

괭이갈매기

Larus crassirostris / Black-tailed Gull

울음소리가 고양이가 내는 소리와 비슷해 고양이의 준말인 '괭이'를 써서 괭이갈매기라고 한다. 북녘에서는 꼬리에 검은색 띠가 있다고 검은꼬리갈매기나 개갈매기라고 부른다. 우리나라에 사는 갈매기 무리 가운데 몸집이 중간쯤 된다.

바닷가와 강 하구를 날아다니면서 물고기나 조개, 개구리, 음식물 찌꺼기, 물풀까지 닥치는 대로 먹고 산다. 횟집에서 나오는 물고기 내장을 먹으려고 몰려들기도 하고, 매어 놓은 배 둘레를 날아다니면서 사람이 먹고 버린 음식물 찌꺼기를 찾기도 한다. 때로는 유람선을 따라다니면서 사람들이 던져 주는 과자를 받아먹기도 한다. 항구 가까이 살기 때문에 바다 멀리 나갔다 들어오는 배들은 괭이갈매기를 보고 항구에 다다랐음을 안다고 한다. 태풍이 밀려올 때가 되면 바다에서 갑자기 무리 지어 항구로 몰려오는 습성이 있어 태풍을 미리 알려 주고, 바다 위에서는 물고기 떼가 있는 곳을 따라다니기 때문에 어부들이 어장을 찾는 데 도움을 주기도 한다.

4~6월에 무리 지어 짝짓기를 한다. 수컷은 멸치 같은 먹이를 물어다 암컷한테 선물해서 마음을 얻는다. 귀소성이 강해서 지난해 쓰던 둥지를 찾아 암수가 같은 곳으로 돌아온다. 짝짓기 상대도 바뀌지 않는 때가 많다. 무인도 풀밭이나 땅 위 오목한 곳에 마른 풀과 깃털을 깐 다음 알을 낳는다. 이틀에 1개씩 모두 3개를 낳는데, 크기는 달걀만 하고 연한 갈색에 흑갈색 무늬가 있다. 암컷이 25일쯤 품는데 그동안 천적이 다가가면 목 깃털을 부풀린 채 '꽉, 꽉' 하고 시끄럽게 울면서 위협한다. 새끼가 태어나면 한두 달 키운 다음 바다로 데리고 간다. 갓 나온 새끼는 몸 전체가 짙은 갈색을 띠고 부리가 검은색이지만, 2년이 되는 해에는 몸통에 흑회색 깃털이 자라면서 색이 조금씩 밝아지고 부리도 분홍색이 된다. 난 지 3년이 되면 어른 새와 같은 모습을 갖춘다.

우리나라 안에서 날씨에 따라 이동하며 사는 텃새다. 충남 태안 난도와 경남 통영 홍도, 인천 옹진 신도는 괭이갈매기 집단 번식지로서 천연기념물로 지정해 보호하고 있다.

생김새 머리, 가슴, 배는 흰색이고 등과 날개는 진한 회색이다. 겨울이 오면 뒤통수에 갈색 기운이 돈다. 꼬리 끝에는 검은색 띠가 있다. 부리는 노란색인데 끝에 붉은색과 검은색이 섞여 있다. 다리는 노란색이고 앞발가락 사이에 물갈퀴가 있다.

몸길이 46cm

사는 곳 바다, 강 하구

먹이 물고기, 조개, 곤충, 개구리, 물풀, 음식물 찌꺼기

분포 우리나라, 중국, 일본, 동남아시아, 러시아

구분 텃새

괭이갈매기 *Larus crassirostris*

재갈매기

Larus vegae / Vega Gull

재갈매기는 등과 날개가 잿빛을 띠어서 이런 이름이 붙었다. 우리나라에서 볼 수 있는 갈매기 가운데 몸집이 꽤 큰 편이다.

물가에서 100~200마리씩 크게 무리 지어 산다. 바닷가 모래밭이나 갯벌에서 무리를 지어 쉬고 항구나 횟집 둘레를 날아다니면서 먹이를 찾는다. 물고기는 물론이고 다른 새가 낳은 알이나 새끼, 죽은 동물, 음식 찌꺼기, 나무 열매를 가리지 않고 먹는다. 고기잡이배를 따라다니면서 그물에 걸려 나오는 물고기, 오징어, 게 같은 것을 먹기도 한다. 날 때는 날개를 규칙적으로 퍼덕이면서 직선으로 날 때가 많다. 날개를 편 채 바닷바람을 타고 자유롭게 날아다니다가 물 위로 미끄러지듯 내려앉고는 한다.

흔히 5~8월에 러시아 북부나 알래스카에서 짝짓기를 한다. 수컷은 암컷 눈에 띄려고 머리를 위아래로 흔들면서 큰 소리를 낸다. 짝짓기를 하고 나면 조용한 섬에 있는 풀밭이나 벼랑에 무리 지어 둥지를 짓는다. 물풀과 마른 풀, 나뭇가지, 조개껍데기로 밥그릇처럼 둥그스름하게 만든다. 황갈색 바탕에 흑갈색 무늬가 있는 알을 3개쯤 낳아 24~28일쯤 품으면 새끼가 태어난다. 갓 나온 새끼는 온몸이 짙은 재색 바탕에 검은색 무늬로 뒤덮여 있고 부리도 흑갈색을 띠어 어른 새와는 생김새가 많이 다르다. 시간이 갈수록 조금씩 밝은색 깃이 돋아나 섞이면서 황갈색을 띠다가, 태어난 지 4년이 되면 말끔한 어른 깃을 지닌다.

우리나라에는 짝짓기와 새끼 치기를 마친 9월쯤부터 찾아오기 시작해 이듬해 4월까지 볼 수 있는 겨울 철새다. 낙동강 하구나 바닷가 모래밭, 어장 둘레에서 괭이갈매기와 함께 큰 무리를 지어 산다. 서해안 무인도에서는 여름까지 남아 새끼를 치는 무리가 발견되기도 했다. 중국, 일본, 대만, 필리핀에서도 겨울을 난다.

생김새 겨울에는 전체적으로 몸이 희고 등과 날개가 청회색을 띤다. 머리와 목에는 갈색 점무늬가 있다. 꼬리에는 검은색 띠가 있다. 부리는 노란색이며 아래쪽 부리 끝은 붉은색이다. 다리는 분홍색이다. 여름에는 머리와 목에 있던 점무늬가 없어지고 등과 날개가 흐린 회색으로 바뀐다.

몸길이 62cm

사는 곳 바다, 강 하구

먹이 물고기, 새, 새알, 죽은 짐승, 나무 열매

분포 우리나라, 중국, 일본, 몽골, 러시아, 유럽

구분 겨울 철새

재갈매기 *Larus vegae*

제비갈매기

Sterna hirundo / Common Tern

제비갈매기는 제비처럼 날개 끝이 뾰족하고 꼬리가 두 갈래로 길게 뻗어 있어 제비갈매기라는 이름이 붙었다. 북녘에서는 검은머리소갈매기라고 부른다.

호수나 습지 둘레의 갈대숲에서 무리 지어 산다. 물 위를 낮게 날거나 공중에서 정지 비행을 하면서 먹이를 찾는다. 먹잇감을 보면 날개를 반쯤 접은 채 물속으로 재빨리 뛰어들어 먹이를 잡는다. 물에 사는 게, 새우, 작은 물고기는 물론이고 딱정벌레, 잠자리처럼 날아다니는 곤충도 먹는다. 이동할 때도 2~4마리에서 200~300마리씩 무리를 지어 다닌다. 하늘을 날 때 보면 날개 끝 부분이 검은색을 띠는 것이 보인다. 비행을 하다 지치면 모래밭이나 높은 말뚝 위에 앉아 쉬면서 부리로 날개깃을 다듬곤 한다.

5~8월에 몽골과 러시아의 큰 저수지나 호수에서 무리 지어 짝짓기를 하고 새끼를 친다. 둥지는 호숫가나 갈대밭이 있는 진흙땅, 모래밭 위에 튼다. 마른 풀을 높게 쌓고 꼭대기는 오목하게 만들어 화산처럼 짓는다. 알은 2~3개 낳는데 갈색이나 연한 녹황색 바탕에 흑갈색이나 적갈색 무늬가 있다. 암수가 번갈아 가며 20일 남짓 품으면 새끼가 태어난다. 어린 새는 뒤통수와 등, 날개가 암갈색이고 아래쪽 부리 기부와 다리가 황갈색을 띤다. 꼬리 길이는 짧다.

새끼를 치고 10월쯤 되면 따뜻한 동남아시아와 오스트레일리아로 이동하는 길에 우리나라에 들른다. 봄가을마다 동해, 을숙도, 천수만에서 먹이를 먹으며 지친 몸을 쉬어 간다.

생김새 부리 위부터 머리꼭대기를 지나 목덜미까지는 검은색이고 등과 날개는 회색이다. 꼬리는 흰색인데 날개깃에 거의 가린다. 가슴과 배는 흰색이고 부리는 검은색이다. 다리는 적갈색이나 검은색이다. 겨울이 되면 검은색이었던 이마와 눈 둘레가 흰색으로 바뀐다. 날 때는 제비 꼬리처럼 두 갈래로 갈라진 긴 꼬리가 눈에 띈다.

몸길이 35cm
사는 곳 바다, 강 하구, 습지, 모래밭
먹이 게, 새우, 곤충, 물고기, 오징어
분포 우리나라, 중국, 일본, 러시아, 몽골, 아프리카
구분 나그네새

제비갈매기 *Sterna hirundo*

쇠제비갈매기 *Sternula albifrons*
몸집이 훨씬 작고 부리가 노란색이면서 끝이 검은색을 띤다. 다리는 적황색이다. 여름 철새다.

멧비둘기

Streptopelia orientalis / Oriental Turtle Dove

멧비둘기는 집비둘기와 달리 야산에서 더 많이 보이는 새다. 이름에 산을 뜻하는 옛말 '메'가 들어가는 것도 그 때문이다. 영명에 'Turtle Dove'가 들어가는 것은 멧비둘기 등과 날개에 있는 무늬가 거북이 등 무늬와 비슷하기 때문인 것으로 보인다. 낮고 탁한 소리로 '구, 구, 구, 구' 우는데 옛날 사람들은 이 소리가 슬프고 처량한 느낌이 들어서 싫어했다고 한다. 귀소성이 강해 통신을 주고받는 데 쓰기도 하고 고기 맛이 좋아서 잡아먹기도 했다.

야산이나 논 둘레를 날아다니면서 산다. 짝짓기 때는 암수가 함께 다니다가 새끼 치기가 끝나면 수십 마리에서 수백 마리씩 무리 지어 다닌다. 땅 위에서 걸을 때는 머리를 앞뒤로 흔들고 하늘을 날 때는 길고 뾰족한 날개로 빠르게 난다. 흔히 벼, 보리, 콩, 옥수수 같은 낟알이나 나무 열매를 먹고, 여름에는 메뚜기를 비롯한 곤충을 잡아먹는다. 사람들이 키우는 농작물을 먹어서 미움을 받기도 한다.

우리나라에서 한 해 내내 살면서 많게는 2~3번까지 새끼를 친다. 흔히 3~6월에 치지만 먹잇감이 많으면 늦가을까지도 가리지 않는다. 둥지는 논밭 둘레에 있는 소나무나 전나무 같은 큰키나무 위에 작은 나뭇가지를 쌓아 짓는다. 접시처럼 넓고 둥그렇게 만든 둥지에 흰색 알을 2개 낳고 암수가 번갈아 가며 15일쯤 품으면 새끼가 나온다. 어미가 비둘기 젖(pigeon milk)* 을 게워 내면 새끼가 어미 목구멍에 머리를 집어넣고 먹는다. 며칠 지나면 콩이나 나무 열매를 먹고 반쯤 소화시킨 것을 게워 내서 먹이는데, 이것도 새끼가 음식을 잘 소화할 수 있도록 도우려는 것이다.

우리나라 전국 어디서나 산과 들이 있는 곳이면 흔히 볼 수 있다. 일본과 중국에서도 한 해 내내 살면서 새끼를 친다. 일본 북부와 러시아, 몽골에서는 여름 철새로 지낸다.

생김새 암수가 비슷하게 생겼다. 온몸이 보랏빛이 도는 회갈색이나 연한 황갈색을 띤다. 목에는 청회색과 검은색으로 이루어진 둥그스름한 무늬가 있다. 날개에는 적갈색과 흑갈색이 섞여 있고 꼬리는 흑갈색이다. 눈은 황갈색이나 붉은색을 띠며 부리는 회색, 다리는 붉은색이다.

* 비둘기 우유 또는 소낭유(嗉囊乳)라고도 한다. 비둘기의 모이주머니 벽에서 나오는 사람 젖 같은 즙이다. 유지방과 단백질이 풍부해서 이것을 먹는 비둘기 새끼는 다른 새들보다 빨리 자란다.

몸길이 33cm
사는 곳 야산, 논, 마을
먹이 곡식, 나무 열매, 곤충
분포 우리나라, 일본, 중국, 몽골, 러시아
구분 텃새

멧비둘기 *Streptopelia orientalis*

벙어리뻐꾸기

Cucculus saturatus / Oriental Cuckoo

생김새가 뻐꾸기와 많이 닮았지만 '뻐꾹, 뻐꾹' 소리를 내는 게 아니라 '궁궁궁, 궁궁궁' 하고 쥐어짜면서 소리를 제대로 못 낸다고 벙어리뻐꾸기라고 부른다. 짝짓기 하는 5~6월이면 수컷이 암컷을 부르면서 우는데 소리가 커서 꽤 멀리까지 들린다. 암컷은 한 번씩 '삣, 삣, 삣' 하는 소리를 낸다. 북녘에서는 궁궁새라고도 한다.

탁 트인 들판보다는 깊은 산속의 울창한 숲에 많이 산다. 흔히 혼자 다니는데 경계심이 강해서 나뭇잎이 우거진 나무에 몸을 숨긴다. 특히 오래된 나무 꼭대기에 자주 앉는다. 나뭇가지 사이를 날아다니면서 나비나 나방의 애벌레, 벌, 매미, 딱정벌레, 메뚜기를 잡아먹는다. 논밭에서 해충을 잡아먹어 농사에 도움을 주기도 한다.

뻐꾸기보다 조금 이른 4~5월에 우리나라에서 짝짓기를 시작한다. 수컷은 거의 이른 아침부터 밤까지 온종일 울음소리를 내면서 짝짓기 할 암컷을 찾는다. 둥지도 짓지 않고 짝짓기를 마치면 암컷은 뻐꾸기와 마찬가지로 알을 품고 있는 산솔새나 멧새 둥지를 찾아가 몰래 알을 낳는다. 둥지마다 1개씩 모두 5개쯤 낳는데 흰 바탕에 갈색 무늬가 있다. 뻐꾸기 무리가 다 그렇듯이 갓 태어난 새끼는 둥지에 있는 다른 알과 새끼들을 밖으로 밀어 내고 둥지를 독차지한 다음 가짜 어미한테서 먹이를 받아먹고 자란다. 그래야 자기 혼자 먹이를 먹고 살아남을 수 있기 때문이다. 어미는 남의 둥지에 새끼를 맡겨 놓고 둥지를 매일 찾아가 울음소리를 내면서 새끼를 가르친다.

우리나라를 비롯해 중국, 일본, 러시아에서 새끼를 치고 겨울이면 중국 남부와 동남아시아, 남태평양의 여러 섬으로 날아가 겨울을 난다. 1970년대 말까지만 해도 경기도 광릉에서 울음소리를 쉽게 들을 수 있었다지만 1980년대에 들어서면서 개체 수가 계속 줄고 있다. 경계심도 강해서 눈으로 보기는 힘들다.

생김새 뻐꾸기와 닮았지만 몸 색이 더 진하다. 몸 위쪽은 진한 회색이고, 가슴과 배는 황갈색 바탕에 검은색 가로줄 무늬가 있다. 눈과 다리는 노란색이고 부리는 회갈색인데 기부는 노란색이다. 암컷도 비슷하게 생겼지만 때때로 등이 적갈색을 띤다.

몸길이 30cm
사는 곳 숲
먹이 애벌레, 곤충
분포 우리나라, 중국, 일본, 러시아, 유럽, 시베리아
구분 여름 철새

벙어리뻐꾸기 *Cuculus saturatus*

두견이목
두견이과

뻐꾸기

Cuculus canorus / Common Cuckoo

짝짓기 무렵이면 수컷이 부채꼴로 펼친 꼬리를 치켜든 채 암컷을 찾으면서 '뻐꾹, 뻐꾹' 하는 소리를 낸다고 이런 이름이 붙었다. 날아다니면서 우는 때가 많아 쉽게 눈에 띈다. 암컷은 가끔씩 '삣, 삣, 삣' 하는 소리를 낸다.

들판이나 야산에서 혼자 지내다가 짝짓기 때만 암수가 쌍을 이룬다. 흔히 나무에 앉아 지내고 높은 전봇줄에 앉기도 한다. 나비나 나방의 애벌레를 즐겨 먹고 나비, 딱정벌레, 메뚜기, 벌, 파리 같은 곤충도 먹는다. 쥐처럼 작은 포유류를 잡아먹기도 한다.

5~7월에 우리나라에서 짝짓기를 한다. 멧새, 산솔새, 개개비처럼 자기보다 몸집은 작지만 번식력이 강한 새의 둥지를 찾아가 어미 새가 둥지를 비울 때를 기다리거나 놀래 주어 도망가게 한 다음, 둥지에 있던 알 하나를 버리고 자기 알을 낳는다. 전 세계 두견이과 새 가운데 40%쯤은 이렇게 탁란(托卵)을 하는 것으로 알려져 있다. 흔히 청백색 알을 둥지마다 1개씩 모두 20개까지도 낳는다. 신기하게도 본디 있던 알과 크기와 생김새가 비슷한 알을 낳기 때문에 돌아온 어미 새는 자기 알인 줄 알고 같이 품는다. 10일쯤 지나면 뻐꾸기 새끼가 알을 깨고 나와 다른 알과 새끼를 모두 둥지 밖으로 밀어 낸다. 혼자 먹이를 받아먹고 살아남으려는 본능 때문이라고 한다. 실제로도 덩치가 훨씬 크다 보니 먹이를 나눠 먹기에는 양이 차지 않는 것이다. 가짜 어미가 물어 오는 곤충을 받아먹으면서 새끼가 자라는 동안 진짜 어미는 둥지와 가까운 나무에 찾아와 울음소리를 내면서 새끼를 가르친다. 20일쯤 지나 새끼가 다 자라면 울음소리로 새끼를 불러내 함께 둥지를 떠난다.

가을이면 우리나라보다 따뜻한 동남아시아, 인도로 날아가 겨울을 보내고 이듬해 봄에 다시 찾아온다. 여름철에 우리나라 야산 숲 속에서 볼 수 있다.

생김새 머리와 가슴, 날개는 회색이고 날개 끝과 꼬리는 검은색이다. 배와 아래꼬리덮깃은 흰색 바탕에 검은색 가로줄 무늬가 있다. 눈은 노란색이고 노란색 눈테가 뚜렷하게 있다. 부리도 노란색인데 끝이 검고 다리도 노란색이다. 발가락은 앞뒤로 2개씩 있다. 암컷도 비슷하지만 머리와 등이 적갈색 바탕에 검은색 줄무늬가 있는 것도 있다. 몸집에 비해 발이 작다.

몸길이 33cm
사는 곳 들판, 야산, 냇가, 숲, 공원
먹이 애벌레, 곤충, 쥐
분포 우리나라, 중국, 몽골, 러시아, 유럽
구분 여름 철새

뻐꾸기 *Cuculus canorus*

두견이 *Cuculus poliocephalus*

뻐꾸기보다 몸집이 작고 배에 있는 가로줄이 굵으면서 사이가 넓다. 여름 철새다.

소쩍새

Otus sunia / Oriental Scops Owl

소쩍새는 해 질 무렵부터 밤까지 '소쩍, 소쩍' 하고 운다고 붙은 이름이다. 북녘에서는 '접동, 접동' 운다고 접동새라고 부른다. 옛날 우리 조상들은 소쩍새 울음소리로 한 해 농사가 어떻게 될 것인지를 점쳤다. '소쩍' 하고 울면 다음 해에 흉년이 든다고 생각하고, '소쩍다' 하고 울면 '솥이 작으니 큰 솥을 준비하라' 는 뜻으로 여겨 이듬해에 풍년이 온다고 믿었다고 한다. 우리나라 올빼미과 새 가운데 몸집이 가장 작다.

깊은 산속이나 숲에 살지만 밤에는 야산이나 공원, 과수원, 도시의 가로수까지 내려오기도 한다. 낮에는 숲 속 나무 구멍 속이나 그늘진 나뭇가지에 앉아 쉬거나 잠을 잔다. 쉬거나 잘 때도 깃뿔을 안테나처럼 세운 채 주위를 경계한다. 야행성 새라 초저녁부터 새벽까지는 어둠 속을 날아다니며 먹이를 구한다. 새끼를 기르거나 먹이가 부족할 때는 낮에 다니기도 한다. 날 때는 소리 없이 날개를 펄럭인다. 흔히 매미, 나방, 메뚜기 같은 곤충을 먹고 작은 새나 쥐도 잡아먹는다.

5~6월에 짝짓기를 하는데 수컷이 밤새 울음소리를 내면서 암컷을 부른다. 크고 오래된 나무 구멍을 찾아 바닥에 마른 풀을 깐 다음 그대로 둥지로 쓴다. 때로는 딱따구리나 까치가 쓰다 버린 둥지를 쓰기도 한다. 희고 둥근 알을 3~5개 낳아서 암컷이 25일 동안 품는다. 새끼가 태어나면 암수가 함께 먹이를 물어다 나르며 21일쯤 기른 다음 내보낸다.

우리나라에서는 4월부터 10월까지 전국의 야산이나 공원, 숲 속에서 울음소리를 들을 수 있다. 하지만 주로 밤중에 다니는 데다 보호색을 띠어서 직접 보기는 힘들다. 새끼를 치고 난 9~10월이면 우리나라보다 따뜻한 중국 남부와 동남아시아로 날아가서 겨울을 난다. 인도와 아프리카에서는 한 해 내내 산다. 수가 많이 줄어 천연기념물 제324-6호로 지정해 보호하고 있다.

생김새 암수 모두 몸이 갈색 바탕이고 검은색 세로무늬가 있어 나무껍질과 비슷해 보인다. 눈은 동그랗고 노란색을 띠며 사람 눈처럼 앞을 본다. 머리에는 깃뿔이 있고 부리는 흑갈색인데 끝이 갈고리처럼 굽어 있다. 발가락은 앞뒤로 2개씩 있으며 위쪽으로는 털이 덮여 있다.

몸길이 20cm
사는 곳 산, 숲, 공원
먹이 곤충, 거미, 쥐, 새, 풀씨
분포 우리나라, 일본, 중국, 동남아시아, 인도, 아프리카
구분 여름 철새

소쩍새 *Otus sunia*

잠잘 때 눈은 감아도 깃뿔은 안테나처럼 세운 채 주위를 경계한다.

수리부엉이

Bubo bubo / Eurasian Eagle-Owl

수리부엉이라는 이름에는 수리처럼 크고 날쌔며 용맹스런 부엉이라는 뜻이 담겨 있다. 나무 구멍 둥지 속에 꿩이나 토끼 같은 먹이를 모아 두는 습성이 있어 예로부터 '부자새'로 불렸다. 서양에서는 지혜의 상징으로 통한다. 우리나라 올빼미과 새 가운데 몸집이 가장 크다.

절벽이나 바위가 많은 산에서 무리를 짓지 않고 혼자 산다. 낮에는 바위틈이나 나무 구멍, 나뭇가지 위에 앉아 잠을 자거나 쉰다. 날이 어두워지면 움직이기 시작해서 해가 뜰 무렵까지 먹이를 찾아 날아다닌다. 넓고 둥근 날개로 소리 없이 날면서 먹이를 찾고 날카로운 발톱으로 먹이를 움켜쥔다. 곤충이나 개구리, 도마뱀, 쥐 같은 작은 동물부터 산토끼, 꿩 같은 큰 동물까지 두루 잡아먹는다. 숲에 먹이가 마땅히 없을 때는 양계장에 들이닥쳐 키우는 닭을 잡아먹기도 한다. 흔히 새끼한테는 큰 먹이를 먹이고 어미는 작은 먹이를 먹는다. 소화하지 못한 털과 뼈는 펠릿으로 다시 게워 낸다.

1~2월에 짝짓기를 한다. 벼랑 중턱, 바위틈, 나무 구멍에 털을 깔고 알을 낳는데 해마다 같은 장소를 찾는다. 흰색 알을 2~4개 낳아 35일쯤 품는다. 암컷이 알을 품는 동안 수컷은 하루 종일 먹이를 물어다 나르면서 암컷한테 먹인다. 갓 태어난 새끼는 온몸이 흰색 털로 덮여 있다. 어미는 새끼가 먹기 좋도록 먹이를 잘게 찢어 먹이면서 35일쯤 키운다. 어미 품을 떠난 새끼들은 부리를 부딪쳐 '딱, 딱, 딱' 소리를 내면서 신호를 주고받으며 한동안 몰려다니다가 각자 독립한다.

우리나라를 비롯한 중국, 일본, 러시아, 유럽에서 한 해 내내 사는 텃새다. 우리나라에 사는 부엉이와 올빼미 무리 가운데 몸집이 가장 큰 데다 머리에 길게 자란 깃뿔이 있어 다른 새와 쉽게 구별할 수 있다. 파주와 주남 저수지 둘레 야산의 절벽에서는 해마다 새끼를 친다. 예전에는 흔한 새였으나 사람 몸에 좋다는 소문이 돌아 사냥을 많이 하고, 산을 깎아 도로를 만들어 살 곳이 줄어드는 바람에 수가 많이 줄었다. 천연기념물 제324-2호이자 멸종위기 2급이다.

생김새 온몸이 황갈색을 띠는데, 등과 날개에는 검은색과 흑갈색 무늬가 있고 가슴과 배에는 검은색 줄무늬가 가득하다. 머리에는 깃뿔이 귀처럼 쫑긋하게 서 있다. 눈은 적황색이고 부리는 검은색이며 갈고리처럼 날카롭게 굽어 있다. 발은 황갈색 털로 덮여 있고 발톱이 날카롭다.

몸길이 70cm

사는 곳 절벽, 산

먹이 쥐, 꿩, 오리, 산토끼, 개구리, 도마뱀, 곤충

분포 우리나라, 중국, 일본, 인도, 유럽, 아프리카

구분 텃새

수리부엉이 *Bubo bubo*

올빼미

Strix aluco / Tawny Owl

올빼미의 옛 이름은 온바미다. '온'은 검다는 뜻을 지닌 옛말로 깜깜한 밤에 다니는 새라는 뜻을 담아 부른 것으로 짐작한다. 밤에 활동하는 사람을 두고 올빼미에 빗대어 말하기도 한다.

흔히 야산이나 숲 속, 시골 마을 둘레에 혼자 산다. 낮에는 큰 나무 구멍에 들어가 잠을 자거나 쉬고, 밤이 되면 먹이 사냥을 나선다. 눈은 사람 눈처럼 앞면에 붙어 있어 거리를 쉽게 가늠할 수 있다. 귓구멍이 수직으로 긴 데다 양쪽 귓구멍 높이가 달라서 수직 방향에서 들리는 소리의 차이를 잘 알 수 있고, 폭 넓은 두개골의 양쪽에 귓구멍이 있기에 수평 방향에서 오는 소리의 차이도 잘 들을 수 있다. 덕분에 올빼미는 어둠 속에서 작은 소리를 듣고 정확하게 먹이의 위치를 알아낸다. 날개깃은 아주 부드러워서 날갯짓을 해도 소리가 거의 나지 않는다. 조용히 날아다니면서 작은 곤충부터 쥐, 새, 토끼, 개구리 같은 동물성 먹이를 고루 잡아먹는다. 큰 먹이는 날카로운 발톱으로 도망가지 못하게 움켜쥔 다음 부리로 잘게 찢어 먹고 소화되지 않은 털과 뼈는 펠릿으로 게워 낸다. 비가 오거나 바람이 많이 불어 밤에 사냥하기 힘들 때는 낮에도 돌아다닌다.

2~3월쯤 되면 아기 울음소리와 비슷한 소리를 내면서 짝을 찾고 짝짓기를 한다. 마을 둘레에 있는 소나무나 밤나무 구멍을 둥지로 쓰는데 때로는 까마귀나 매가 쓰던 둥지에 들어가기도 한다. 흰색 알을 2~4개 낳고 28일쯤 품으면 새끼가 태어난다. 갓 태어난 새끼 몸에는 하얗고 부드러운 깃털이 있다. 어미가 먹이를 물어다 주면서 30일쯤 키운 다음 내보낸다.

우리나라에서 한 해 내내 볼 수 있는 텃새이며 중국에서도 텃새로 산다. 전국 곳곳의 숲에 흩어져 사는데 특히 강원도에서 가장 많이 보인다. 하지만 산림 개발로 고목이 줄어들면서 올빼미가 살 곳도 줄고 있다. 천연기념물 제324-1호이자 멸종위기 2급이다.

생김새 암수가 비슷하게 생겼다. 온몸이 밝은 회색 바탕이고 흑갈색 무늬가 있다. 머리는 크고 둥글며 부엉이 무리와 달리 깃뿔이 없다. 얼굴이 둥글고 판판하며 가장자리에 흑갈색 테가 있다. 둥근 눈은 검은색이고, 노란 부리는 짧지만 튼튼하며 갈고리처럼 끝이 굽어 있다. 발은 흰색 털로 뒤덮여 있고 발가락은 앞뒤로 2개씩 있다. 귀는 눈의 바깥쪽에 있는데 귀깃으로 덮여 있다.

몸길이 38cm
사는 곳 야산, 숲, 마을
먹이 쥐, 곤충, 새, 토끼, 개구리
분포 우리나라, 일본, 중국, 몽골, 유럽
구분 텃새

올빼미 *Strix aluco*

솔부엉이

Ninox scutulata / Brown Hawk-Owl

솔부엉이는 이름처럼 소나무가 많은 곳에서 사는 부엉이다.

야산이나 숲처럼 소나무를 비롯한 여러 가지 나무가 많은 곳에서 혼자 또는 암수가 함께 산다. 흔히 낮에는 우거진 숲 속 나뭇가지에 앉아 자거나 쉰다. 성질이 예민해서 누군가 다가오는 소리만 들려도 멀리 날아간다. 해 뜨기 전이나 해가 진 뒤에 먹이를 구하러 날아다닌다. 어두운 숲 속에서는 낮에 돌아다니기도 한다. 긴 날개를 소리 없이 펄럭이면서 나무에 붙어 사는 매미도 잡아먹고, 날아다니는 나방이 보이면 그대로 쫓아가 공중에서 잡아먹는다. 때로는 박쥐나 작은 새, 뱀, 개구리를 먹기도 한다.

5~7월에 우리나라 숲이나 야산에서 짝짓기를 한다. 수컷이 밤새도록 '후후, 후후' 하고 울면서 암컷을 부른다. 짝짓기를 마친 암수는 숲 속 나무 구멍이나 묵은 까치 둥지에 자리 잡는다. 사람이 달아 놓은 둥지에서도 곧잘 알을 낳는다. 둥글고 흰색을 띠는 알을 3~5개씩 낳아 암컷이 25일쯤 품으면 새끼가 태어난다. 그동안 수컷은 가까운 나뭇가지에 앉아 천적이 오는지 살핀다. 새끼한테는 나비나 딱정벌레, 잠자리 같은 곤충을 잡아다 먹이면서 28일쯤 키운다. 알을 품고 새끼를 키우는 동안 천적이나 사람이 둥지 가까이 가면 어미는 갑자기 사납게 덮치면서 쫓아낸다.

우리나라를 비롯한 일본, 중국에서 새끼를 치고 가을에는 따뜻한 동남아시아로 날아가 겨울을 난다. 필리핀, 방글라데시, 인도에서는 한 해 내내 산다. 천연기념물 제324-3호로 보호하고 있다.

생김새 암수가 비슷하게 생겼다. 머리와 등은 진한 갈색이고 가슴과 배는 흰색 바탕에 갈색 세로줄 무늬가 있다. 꼬리는 길고 흑갈색 가로줄 무늬가 있다. 눈은 둥글고 노란색을 띠며 부리는 흑갈색, 발은 노란색을 띤다. 다른 부엉이 무리와 달리 깃뿔이 없다.*

* 올빼미목 올빼미과 새는 영어로는 하나로 묶어서 Owl이라는 이름을 쓰지만 우리나라에서는 부엉이와 올빼미, 소쩍새라는 이름으로 나누어 부르고 있다. 소쩍새는 울음소리가 특이해서 따로 구분하고, 나머지 종을 부엉이와 올빼미로 나누는데 거의 모든 종을 깃뿔이 있으면 부엉이, 깃뿔이 없으면 올빼미로 나눌 수 있지만 유독 솔부엉이만 부엉이 무리인데도 깃뿔이 없어 생김새로 둘을 구분하는 데 혼란을 준다.

몸길이 29cm

사는 곳 야산, 소나무 숲, 공원

먹이 곤충, 박쥐, 새, 뱀, 개구리

분포 우리나라, 일본, 중국, 몽골, 동남아시아, 러시아

구분 여름 철새

솔부엉이 *Ninox scutulata*

쇠부엉이

Asio flammeus / Short-eared Owl

쇠부엉이란 작은 부엉이라는 뜻이다. 올빼미과 새 가운데서는 몸집이 중간쯤 되는데, 솔부엉이나 소쩍새보다는 크다. 아마도 몸집이 가장 큰 수리부엉이에 비해 작다는 뜻으로 이런 이름이 붙은 듯하다.

흔히 논밭이 드넓은 들이나 풀밭에서 무리를 짓지 않고 혼자 산다. 낮에는 풀밭이나 숲 속 나뭇가지, 나무 밑동에 앉아서 잠을 잔다. 가끔 작은 새들이 모여 떠들면서 쇠부엉이를 쫓아내기도 한다. 밤에는 낮게 날아다니면서 먹이를 찾는다. 폭이 좁고 긴 날개를 천천히 저으며 소리 없이 움직이는데, 흐린 날에는 낮에도 나는 모습을 볼 수 있다. 쥐나 작은 새를 즐겨 먹고, 곤충을 잡아먹기도 한다. 쥐나 새가 움직이는 소리가 들리면 좌우로 잘 돌아가는 머리부터 그 방향으로 돌린 다음 몸통을 같은 방향으로 돌린다. 소리가 나는 위치를 정확히 알아내면 조용히 날아가 먹이에 닿기 직전에 발로 힘껏 걷어차서 순식간에 죽인다. 잡은 먹이는 부리로 물고 옮긴 다음 통째로 삼킨다. 소화하지 못한 뼈나 털은 펠릿으로 게워 낸다. 때로는 먹이를 풀 속에 숨겨 두었다가 나중에 찾아 먹는다.

4~5월에 몽골이나 러시아에서 짝짓기를 하고 갈대밭이나 풀밭 오목한 곳에 둥지를 튼다. 흰색 알을 4개에서 14개까지 낳는다. 암컷이 24~28일 동안 품으면 새끼가 나오고, 다시 25일쯤 먹이를 먹이면서 키우면 새끼는 둥지를 떠난다.

북쪽 나라에서 짝짓기를 하고 가을에 우리나라를 찾아와 겨울을 나는 겨울 철새다. 천수만과 낙동강 하구, 주남 저수지에서 몇 마리씩 볼 수 있지만 주로 사는 곳인 논밭과 습지를 매립·개발하면서 개체 수가 꾸준히 줄고 있다. 천연기념물 제324-4호로 지정하고 있다.

생김새 얼굴이 사람처럼 판판하고 둥글다. 온몸이 황갈색이고 가슴과 배에는 검은색 세로줄 무늬가 있다. 눈은 노란색이고 흰색 눈썹줄이 있으며 부리는 검은색이다. 깃뿔이 있지만 길이가 짧고 누워 있을 때가 많아 잘 보이지 않는다. 발이 황갈색 털로 덮여 있으며 발톱이 길고 날카롭다.

몸길이 41cm

사는 곳 논밭, 풀밭, 갈대밭, 습지

먹이 쥐, 새, 곤충

분포 우리나라, 중국, 몽골, 러시아, 유럽

구분 겨울 철새

쇠부엉이 *Asio flammeus*

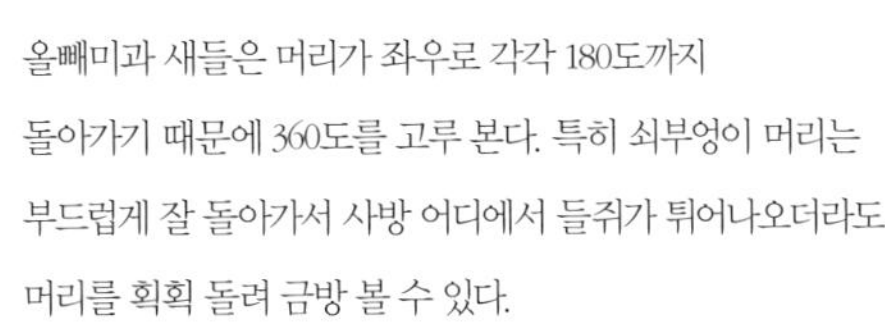

올빼미과 새들은 머리가 좌우로 각각 180도까지 돌아가기 때문에 360도를 고루 본다. 특히 쇠부엉이 머리는 부드럽게 잘 돌아가서 사방 어디에서 들쥐가 튀어나오더라도 머리를 획획 돌려 금방 볼 수 있다.

쏙독새

Caprimulgus indicus / Grey Nightjar

해 질 무렵, 야산이나 풀숲에서 '쏙쏙쏙쏙쏙……' 하고 연이어 운다고 쏙독새란 이름이 붙었다. 어두워질 무렵 돌아다니며 우는 것이 소 몰고 집에 가는 소몰이꾼 같다고 소몰이새라고 부르기도 하고, 소 몰던 머슴이 죽어서 새가 되었다고 머슴새나 귀신새라고도 부른다. 울음소리가 도마질하는 소리와 비슷하다고 '요리새'라고 부르기도 한다. 북녘에서는 외쏙도기라고 한다.

야산이나 마을 둘레의 풀숲에서 혼자 산다. 낮에는 어두운 숲 속 우거진 나뭇가지 위나 낙엽 더미 위에 몸을 붙인 채 잠을 자거나 쉰다. 보호색을 띠고 있기 때문에 가까이 있어도 알아보기 어렵고, 해 질 무렵에 울음소리를 내면 그제야 알 수 있다. 천적이 다가가도 꼼짝 않고 있다가 바로 앞까지 오면 재빨리 날아오른다. 밤에 입을 크게 벌리고 날아다니면서 곤충을 잡아먹는다. 겉으로 보이는 부리는 짧고 작지만 기부가 넓어서 입을 벌린 채 날아다니면 곤충을 입안에 담듯이 잡을 수 있다. 한 바퀴만 돌아도 많은 먹이를 잡을 수 있고 10cm가 넘는 큰 곤충도 한 번에 삼킬 수 있다. 입 둘레에는 빳빳한 털이 나 있어 날아다니던 곤충이 잘 걸려든다. 모기, 나방, 벌, 메뚜기, 딱정벌레를 고루 잡아먹는다. 하늘을 날 때는 긴 날개와 꼬리가 돋보인다.

5~8월에 우리나라에서 짝짓기를 한다. 둥지는 따로 만들지 않고 여러 가지 나무가 있는 숲 속 풀밭이나 낙엽 더미, 낮은 바위틈에 알을 낳는다. 알은 흔히 2개를 낳는데 회백색 바탕에 갈색 무늬가 있다. 암컷이 19일쯤 품어서 새끼가 태어나면 다시 30일 동안 먹이를 물어다 먹이면서 키운다. 알을 품다가 천적한테 들키면 날개를 써서 알을 다른 곳으로 옮기고, 천적이 다가오면 날개를 다친 척하면서 둥지와 멀리 떨어진 곳으로 이끌기도 한다.

가을에 따뜻한 동남아시아로 날아간다. 방글라데시나 미얀마에서는 한 해 내내 산다.

생김새 온몸이 흑갈색 바탕이고 적갈색과 황갈색 무늬가 있다. 부리는 아주 작고 끝이 아래로 굽어 있다. 다리도 아주 작으면서 갈색을 띤다. 발가락 네 개가 모두 앞을 보고 있는데, 거칠거칠해서 깃털을 손질할 때 쓴다. 수컷은 가슴과 날개, 꼬리에 뚜렷한 흰색 반점이 있는데 비해 암컷은 꼬리에 반점이 없고 가슴과 날개에 있는 반점도 흐릿하다.

몸길이 29cm

사는 곳 야산, 풀숲, 마을, 계곡

먹이 곤충

분포 우리나라, 중국, 일본, 필리핀, 몽골, 러시아

구분 여름 철새

쏙독새 *Caprimulgus indicus*

쏙독새는 커다란 입을 벌리고 날아다니면서 곤충을 잡아먹는다.

파랑새

Eurystomus orientalis / Oriental Dollarbird

파랑새는 산속의 절 둘레에 많이 보여서 승려새라고도 불린다. 날아다닐 때 날개 윗면 끝에 보이는 흰색과 파란색이 어우러진 둥근 무늬가 태극 무늬와 비슷하다고 태극새라고도 한다. 북녘에서는 파랑새나 청조라고 부른다.

큰키나무가 많은 숲 속이나 논밭 둘레에서 산다. 나무 꼭대기나 전봇대에 앉아서 둘레를 살피거나 천천히 날면서 먹이를 찾는다. 날아다니는 나방이나 매미, 잠자리, 딱정벌레 같은 곤충이 보이면 쫓아가 잡은 다음 높은 곳에 자리를 잡고 먹는다. 우리 민요 가운데 "새야 새야 파랑새야 녹두밭에 앉지 마라. 녹두꽃이 떨어지면 청포 장수 울고 간다." 하는 노래가 있는데, 노랫말과 달리 파랑새는 주로 나뭇가지를 옮겨 다니며 먹이를 구하지 땅이나 녹두밭에는 앉지 않는다.

5~7월에 짝짓기 철이 되면 수컷은 마음에 드는 암컷한테 다가가 둘레를 빙빙 돌면서 난다. 하늘 높이 올라갔다가 갑자기 빠른 속도로 내려오기를 되풀이하면서 곡예 비행을 하기도 하고, '객객객객' 하고 거친 소리를 내기도 한다. 짝짓기를 하고 나면 둥지를 스스로 짓지 않고 오래된 나무 구멍이나 다른 새가 쓰다 버린 둥지를 자기 둥지로 삼는다. 때로는 알을 품거나 새끼를 키우고 있는 딱따구리나 까치 둥지에 들어가 주인을 쫓아내고 둥지를 차지한다. 남의 둥지 하나를 두고 파랑새 두 마리가 서로 차지하려고 몸싸움을 벌일 때도 있다. 둥지를 마련한 파랑새는 희고 둥근 알을 5개 낳아 20일 남짓 품는다. 암컷이 알을 품는 동안 수컷은 먹이를 물어다 준다. 새끼가 태어나면 먹이를 잡아다 먹이며 20일쯤 기른 다음 내보낸다.

가을에 동남아시아로 가서 겨울을 나고 이듬해 5월에 다시 돌아온다. 우리나라 말고도 일본, 중국에서 새끼를 친다. 필리핀, 인도네시아, 오스트레일리아에서는 한 해 내내 산다.

생김새 몸통은 청록색, 날개는 파란색, 머리와 꼬리는 검은색으로 여러 색이 섞여 있고 햇빛을 받으면 선명하게 반짝거린다. 날개 밑면에는 흰색 반점이 있다. 눈은 둥글고 검은색이며, 붉은색 부리는 짧고 두툼하면서 아래로 살짝 굽어 있다. 발은 붉은색인데 발톱은 검은색이다.

몸길이 30cm

사는 곳 숲, 논밭, 공원, 물가

먹이 곤충

분포 우리나라, 중국, 일본, 동남아시아, 오스트레일리아

구분 여름 철새

파랑새 *Eurystomus orientalis*

호반새

Halcyon coromanda / Ruddy Kingfisher

호반은 호숫가를 뜻한다. 호반새는 호수나 저수지와 같은 물가 둘레에 사는 새라는 뜻으로 붙은 이름이다. 비 내리는 것처럼 '주루루루루룩' 하는 소리를 낸다고 비새라고도 하고, 붉은색을 띠는 물총새라고 보석 이름을 따와서 '적비취(赤翡翠)' 라고도 한다.

햇빛이 잘 들지 않고 나무가 무성한 호숫가나 산속 계곡 가까운 곳에 산다. 물가에서 가까운 나뭇가지에 가만히 앉아 물을 내려다보면서 먹이를 찾는다. 물고기나 가재, 개구리, 게, 새우가 보이면 재빨리 내려가 부리로 낚아챈다. 살아 움직이는 먹이는 나뭇가지에 여러 번 쳐서 기절시킨 다음 먹는다. 딱정벌레나 매미, 메뚜기 같은 곤충도 잘 먹는다. 하늘을 날 때는 흔히 수평으로 나는데 움직임이 아주 재빠르다.

6~7월에 짝짓기를 하고 산속 오래된 나무 구멍을 찾거나 흙 벼랑에 스스로 구멍을 파서 둥지로 쓴다. 바닥에는 나무껍질을 깐다. 청호반새처럼 둥지 구멍에 똥을 잔뜩 쌓아 놓아 천적이 오지 못하게 한 다음 알을 낳는다. 흔히 6개쯤 낳는데 탁구공처럼 둥글고 황백색을 띤다. 암수가 번갈아 가며 품으면 새끼가 태어난다. 어린 새는 목과 가슴에 비늘무늬가 있다.

우리나라를 비롯한 러시아, 일본, 필리핀, 인도네시아에서 새끼를 친다. 필리핀이나 인도네시아에서는 한 해 내내 살지만, 우리나라에서 새끼를 친 새들은 동남아시아로 가서 겨울을 나고 이듬해 5월쯤 다시 찾아온다. 1970년대까지는 우리나라에 많은 호반새가 살았다고 하지만 계곡이 오염된 요즘은 보기 힘들다. 게다가 성질이 예민해서 둥지에 사람 손길이 한 번이라도 닿으면 둥지를 버리고 떠나기 때문에 생태에 대한 조사가 많이 이루어지지 못했다. 강원도, 경기도와 충남 계룡산에서 몇 마리 관찰한 기록이 있다.

생김새 암수가 비슷하게 생겼다. 몸통이 둥그스름하고 전체적으로 붉은빛을 띤다. 머리꼭대기부터 등, 날개, 꼬리까지는 적갈색이고 가슴과 배는 연한 주황색이다. 허리에는 하늘색 세로무늬가 있다. 부리는 몸집에 비해 굵고 크며 진한 붉은색을 띤다. 눈은 검은색이고 다리는 부리보다 연한 붉은색이다.

몸길이 28cm
사는 곳 호수, 계곡, 저수지
먹이 물고기, 가재, 개구리, 곤충
분포 우리나라, 중국, 일본, 동남아시아
구분 여름 철새

호반새 *Halcyon coromanda*

청호반새

Halcyon pileata / Black-capped Kingfisher

호숫가에서 많이 보이는 호반새 가운데 몸 색이 푸른색을 띠는 새다. 영명은 검은 모자를 쓰고 있는 호반새라는 뜻인데, 머리 위쪽의 검은 부분이 모자를 쓴 것 같다고 지은 듯하다.

호수나 산속 계곡에서 혼자 또는 암수 한 쌍이 함께 산다. 높은 나뭇가지에 꼼짝 않고 앉아 있거나 공중에서 정지 비행을 하면서 먹이를 찾는다. 먹잇감을 보면 재빨리 내려가 부리로 잡는다. 땅 위나 물속에서 잡은 먹이를 물고 높은 곳으로 옮긴 다음, 딱딱한 돌이나 나무에 부딪쳐 기절시켜서 먹는다. 땅 위를 다니는 쥐나 뱀도 먹고 물속에 사는 물고기나 개구리, 새우도 먹는다. 때로는 날아다니는 곤충을 잡아먹기도 한다. 바닷가에 사는 청호반새는 갯벌에서 게를 잡아 다리는 떼어 내고 몸통만 먹는다. 전봇줄에도 자주 앉는다. 날 때 올려다보면 날개 윗면에 있는 흰색 반점이 보인다.

짝짓기 무렵인 5~7월에는 암수가 날카로운 소리를 내면서 서로 쫓고 쫓기듯이 물 위를 날아다닌다. 둥지는 나무 구멍을 찾아 쓰거나 물가 흙 벼랑에 깊이 1m쯤 되는 구멍을 길게 파서 만든다. 해마다 같은 구멍을 쓰기도 하고 여러 개를 파 놓고 마음에 드는 것으로 바꿔 가며 쓰기도 한다. 구멍은 비가 들이치지 않도록 땅과 수직을 이루도록 파고, 입구에는 천적이 못 들어오도록 냄새가 고약한 똥을 쌓아 둔다. 맨 안쪽에 동물을 잡아먹고 게워 낸 개구리나 도마뱀의 뼈, 게 껍데기를 깐 다음 알을 낳는다. 알은 4~6개 낳는데 청백색 바탕에 갈색 무늬가 있다.

우리나라와 중국, 인도에서 새끼를 치고 가을이면 중국 남부와 동남아시아로 날아가서 겨울을 난다. 중국 남부와 미얀마에서는 한 해 내내 텃새로 산다. 우리나라에서는 강원도 철원을 비롯한 전국 내륙 지방, 산속 벼랑에서 볼 수 있다.

생김새 암수가 거의 비슷하게 생겼다. 몸집에 비해 머리가 크고 목이 짧은 편이다. 머리는 검은색이고 목둘레와 가슴은 흰색이다. 등과 꼬리는 푸른색을 띠는데 햇빛을 받으면 반짝거린다. 날개에는 검은색과 푸른색이 섞여 있다. 배는 주황색, 부리와 다리는 붉은색이다.

몸길이 28cm

사는 곳 호수, 계곡, 야산, 바다

먹이 쥐, 물고기, 개구리, 뱀, 게, 새우, 곤충

분포 우리나라, 중국, 일본, 몽골, 인도, 동남아시아

구분 여름 철새

청호반새 *Halcyon pileata*

물총새

Alcedo atthis / Common Kingfisher

물총새는 물가의 나뭇가지에 앉아 있다가 먹잇감이 보이면 마치 총을 쏜 듯 물속으로 재빠르게 내리꽂으면서 물고기를 잡아서 이런 이름이 붙은 것으로 보인다. 북녘에서는 물촉새라고 한다.

물고기가 환히 보일 정도로 물이 맑은 강가나 냇가에서 혼자 또는 암수가 함께 산다. 종종 맑은 물에 몸을 씻고 햇빛 잘 드는 나뭇가지에 앉아 깃을 고른다. 먹이를 찾을 때도 물가 둘레 나뭇가지나 말뚝에 앉아 물속을 살핀다. 때로는 물 위에서 정지 비행을 하거나 물속으로 머리를 담가 찾기도 한다. 먹이가 보이면 물속에 곧바로 뛰어들거나 물 위 2~3m까지 날아올랐다가 방향을 바꿔 빠르게 내리꽂으면서 잡는다. 잡은 물고기를 물고 다시 나무 위로 올라가 물고기 머리를 세게 내리쳐 기절시킨 다음 머리부터 통째로 삼킨다. 게나 가재처럼 딱딱한 먹이도 잘 먹고 물에 사는 곤충도 먹는다. 소화하지 못한 것은 펠릿으로 게워 낸다.

5~6월이 되면 수컷이 물고기를 잡아 암컷 부리에 물려 주고 암컷이 받아먹으면 짝짓기를 한다. 둥지는 호수나 냇가 둘레에 있는 흙 벼랑에 옆으로 긴 구멍을 뚫어 터널처럼 만들고 바닥에는 물고기 뼈를 깐다. 흔히 길이는 50~100cm, 지름은 6~9cm 된다. 알은 5~7개 낳는데 둥글고 흰색이다. 암컷이 20일쯤 알을 품는 동안 수컷은 열심히 물고기를 잡아서 암컷한테 먹인다. 새끼가 나오면 먹이를 잡아다 먹이며 25일쯤 키운다. 새끼들은 소화력이 매우 뛰어나서 제 몸집보다 큰 먹이도 잘 받아먹는다. 25일이 지나면 어미는 새끼를 데리고 둥지를 떠나 사냥 기술을 가르친다. 많은 새들이 둥지를 깨끗이 치우고 살지만 알을 품고 새끼를 키워 낸 물총새의 둥지에는 물고기 뼈와 펠릿, 새끼의 배설물이 쌓여 고약한 냄새가 난다. 이처럼 둥지에서 냄새가 나도록 치우지 않고 내버려 두는 것은 천적이 가까이 오지 못하게 하려는 것이라고 한다.

겨울이 오면 거의 따뜻한 중국 남부와 동남아시아로 간다. 몇몇은 남부 지방의 강 하구나 제주도 양어장에 남아 겨울을 나기도 한다. 일본, 중국, 베트남에서는 한 해 내내 산다.

생김새 작은 몸집에 비해 머리가 크고 부리가 길다. 머리꼭대기와 날개는 반짝이는 청록색이고 등에서 꼬리까지는 선명한 하늘색이다. 가슴과 배는 주황색이며 검은 눈 앞뒤로 주황색 반점이 있다. 부리는 검은색인데 암컷은 아래쪽 부리만 붉은색을 띤다. 발은 암수 모두 붉은색이다.

몸길이 15cm
사는 곳 강, 냇가, 호수, 논
먹이 물고기, 게, 가재, 올챙이, 곤충
분포 우리나라, 중국, 일본, 필리핀, 몽골
구분 여름 철새

물총새 *Alcedo atthis*

물가에 있는 흙 벼랑에 길고 둥근 구멍을 뚫어 둥지를 만든다. 새끼한테는 물고기를 잡아다 먹인다.

후투티

Upupa epops / Common Hoopoe

후투티란 이름은 순우리말이다. 오디나무(뽕나무)에 즐겨 앉는 모습을 보고 오디새라고 부르기도 하며, 머리 위에 접었다 폈다 할 수 있는 머리깃이 인디언 추장이 쓰는 모자와 비슷하다고 인디언 추장새라고도 한다.

논밭이나 풀밭에서 혼자 또는 암수가 함께 산다. 길고 아래로 굽은 부리로 논밭의 거름 더미와 낙엽 더미를 헤집거나 땅을 파고 다니면서 먹이를 찾는다. 그 모습이 마치 곡괭이로 밭을 가는 것 같다고 우리 조상들은 후투티를 봄을 알리는 새로 여겼다. 딱정벌레, 땅강아지, 나비, 벌 같은 곤충과 애벌레, 지네, 지렁이를 잡아먹는다. 부리 끝에는 예민한 신경이 퍼져 있어 땅속에 있는 먹이를 잘 잡을 수 있다. 날 때는 머리깃과 날개, 꼬리깃을 활짝 편 채 파도를 그리며 난다.

3~4월에 짝짓기를 한다. 딱따구리가 쓰던 낡은 둥지에 들어가거나 흙더미, 돌벽 틈, 배수관 같은 곳을 그대로 둥지로 삼는다. 둥지 구멍은 간신히 드나들 수 있을 만큼 작다. 알은 5~6개 낳는데 흰색이다. 암컷 혼자 15일쯤 품으면 새끼가 태어난다. 땅강아지와 지렁이를 물어다 먹이면서 키우다가 20일 남짓 지나면 내보낸다. 새끼를 키우는 후투티의 둥지에서는 아주 고약한 냄새가 난다. 게워 낸 펠릿이나 배설물을 잘 치우지 않는 데다 어미 몸에서 냄새나는 기름이 나오기 때문이다. 땅바닥에서부터 그리 높지 않은 곳에서 새끼를 키우기 때문에 냄새로 적을 물리치고 새끼를 보호하려는 행동으로 보인다. 그 밖에도 후투티는 천적이 다가오면 배설물을 끼얹기도 하고, 뱀처럼 '씨익' 하는 소리를 내기도 한다. 부리로 찌르거나 한쪽 날개로 치기도 하면서 새끼를 보호한다.

우리나라와 중국, 일본에서 새끼를 치고 나면 중국 남부, 인도, 동남아시아로 가서 겨울을 나고 이듬해 3월 초가 되면 다시 찾아온다. 동남아시아, 아프리카에서는 한 해 내내 텃새로 산다.

생김새 암수가 비슷하게 생겼다. 머리와 등, 가슴은 황갈색이고 허리와 날개, 꼬리는 흰색이다. 머리에는 끝이 검은색을 띠는 머리깃이 여러 가닥 나 있다. 날개와 꼬리에도 검은색 줄무늬가 있다. 검은색 부리는 가늘고 길면서 아래로 굽어 있고 다리도 검은색이다.

몸길이 28cm
사는 곳 논밭, 마을, 풀밭
먹이 곤충, 애벌레, 지렁이, 거미
분포 우리나라, 중국, 몽골, 유럽, 동남아시아, 아프리카
구분 여름 철새

후투티 *Upupa epops*

놀랐을 때나 둘레를 살필 때는 머리깃을 부채처럼 활짝 펼친다.

쇠딱따구리

Dendrocopos kizuki / Japanese Pygmy Woodpecker

쇠딱따구리는 이름처럼 우리나라에서 볼 수 있는 딱따구리과 새 가운데 몸집이 가장 작다. 실제로 보면 참새보다 조금 크다고 느낄 정도다. 북녘에서는 작은딱따구리나 작은배알락딱따구리라고 부른다.

숲에서 혼자 또는 암수가 함께 산다. 새끼를 치고 나면 쇠박새, 진박새, 오목눈이, 곤줄박이와 무리를 짓기도 한다. 이른 아침부터 야산 둘레를 날면서 먹이를 찾는다. 단단한 꼬리깃으로 몸을 받치고 나무에 수직으로 매달리거나 나무줄기를 나선형으로 빙빙 돌면서 기어오른다. 부리로 나무줄기를 쪼아 구멍을 뚫고 속에 숨어 있는 애벌레나 개미를 찾아 잡아먹는다. 긴 혀를 구멍에 넣어 애벌레를 잡는 것은 다른 딱따구리들과 같지만, 먹이를 찾거나 날아다니면서 '끄-액' 하고 낮은 소리를 내는 것은 쇠딱따구리만이 지닌 특징이다. 딱정벌레, 나비, 파리, 메뚜기 같은 곤충과 거미를 먹고 나무 열매를 먹기도 한다.

5~6월에 짝짓기를 하고 벚나무나 느티나무 줄기에 부리로 구멍을 파서 둥지를 만든다. 둥지 바닥에는 나무 부스러기를 깐다. 알은 5~7개 낳는데, 흰색이고 둥글거나 달걀처럼 생겼다. 새끼가 태어나면 암컷이 둥지를 지키고 수컷은 새끼한테 먹일 지렁이나 나무 열매를 물어 나른다.

우리나라에서 한 해 내내 사는 텃새로 딱따구리과 가운데 오색딱따구리 다음으로 흔히 볼 수 있다. 중국, 일본, 시베리아 동부에도 널리 퍼져 산다.

생김새 암수 생김새가 거의 비슷하다. 머리꼭대기는 갈색이고 등과 날개는 흑갈색 바탕에 흰색 가로줄 무늬가 있다. 눈썹줄과 뺨선, 목은 흰색이고 가슴과 배는 연한 갈색 바탕에 세로로 갈색 점무늬가 있다. 부리와 다리는 흑갈색이고 발가락은 앞뒤로 2개씩 있다. 수컷은 뒤통수 양쪽에 붉은색 깃이 보일 듯 말 듯 있으나 암컷은 없다.

몸길이 15cm
사는 곳 숲, 공원
먹이 곤충, 애벌레, 나무 열매
분포 우리나라, 중국, 일본, 러시아
구분 텃새

쇠딱따구리 *Dendrocopos kizuki*

오색딱따구리

Dendrocopos major / Great Spotted Woodpecker

오색딱따구리는 딱따구리과 새 가운데 가장 흔한 새다. 이름은 오색딱따구리지만 실제로는 검은색, 붉은색, 흰색이 섞여 있다. 북녘에서는 알락딱따구리 또는 오색더구리라고 부른다.

나무가 우거진 숲에서 혼자 또는 암수가 함께 산다. 새끼를 치고 나면 가족끼리 무리 짓는다. 낮에는 날아다니면서 먹이를 찾고 밤에는 나무 구멍 속에서 잔다. 천적이 다가가면 머리를 좌우로 흔들면서 시끄러운 소리를 낸다. 단단한 꼬리깃을 나무줄기에 댄 채 수직으로 붙어 있기도 하고 줄기를 나선형으로 빙빙 돌면서 오르내리기도 한다. 단단한 부리로 나무줄기를 여기저기 두드려 보고 속이 빈 것으로 보이는 곳을 여러 번 쳐서 구멍을 뚫는다. 길고 끝이 갈고리처럼 생긴 혀를 구멍에 넣어 그 속에 있는 곤충과 애벌레를 꺼내 먹는다. 거미나 나무 열매를 먹을 때도 있다. 날 때는 파도를 그리면서 난다.

5~7월에 수컷이 마치 북을 치듯이 부리로 나무를 세차게 두드리면서 암컷을 불러 짝짓기를 한다. 암수가 시끄러운 소리를 내면서 서로 쫓고 쫓기기도 한다. 둥지는 숲 속에 있는 아까시나무, 벚나무, 참나무의 썩은 나무줄기에 구멍을 내서 만든다. 흔히 구멍 지름은 4~6cm 된다. 흰색 알을 5~7개 낳아 15일쯤 품으면 새끼가 태어나고, 먹이를 잡아다 먹이면서 20일 남짓 키우면 새끼는 둥지를 떠난다. 어린 새는 이마가 붉은색을 띤다.

우리나라에서 한 해 내내 사는 텃새로 전국의 숲과 야산에서 흔히 볼 수 있다. 중국, 일본, 러시아에서도 텃새로 산다.

생김새 머리꼭대기는 검은색이고 이마는 노란색, 뺨과 멱, 배는 흰색이다. 목둘레에 있는 검은색 줄이 가슴까지 이어져 있다. 뒤통수와 아래꼬리덮깃은 붉은색을 띤다. 날개는 검은색 바탕에 흰색 가로줄 무늬가 있는데, 날개를 접고 있을 때 등을 보면 흰색 무늬가 마치 V 자처럼 보인다. 암컷은 생김새가 비슷하지만 뒤통수가 검은색이다.

몸길이 23cm

사는 곳 숲, 야산, 공원, 마을

먹이 곤충, 애벌레, 거미, 풀씨, 나무 열매

분포 우리나라, 중국, 일본, 러시아, 유럽, 아프리카

구분 텃새

오색딱따구리 *Dendrocopos major*

큰오색딱따구리 *Dendrocopos leucotos*

오색딱따구리보다 조금 더 크고 가슴과 옆구리에 검은색 줄무늬가 있다. 어린 새와 수컷은 머리꼭대기가 붉은색이다. 개체 수가 아주 적으며 텃새다.

크낙새

Dryocopus javensis / White-bellied Woodpecker

크낙새는 '클락, 클락' 하고 운다고 붙은 이름인데 골락새라고도 한다. 북녘에서는 클락새라고 부른다. 학명에는 나무를 쪼는 새라는 뜻이 담겨 있다.

전나무, 잣나무, 소나무, 참나무, 밤나무 같은 여러 가지 나무가 섞여 자라는 울창한 숲에서 산다. 흔히 이른 아침과 저녁에 다니지만 흐린 날이나 비 오는 날에는 낮에도 다닌다. 나뭇가지에는 잘 앉지 않고 줄기만 타고 왔다 갔다 한다. 줄기를 나선형으로 빙빙 돌면서 오르내리기도 하고 부리로 줄기를 쪼아 구멍을 낸 다음 속에 있는 소나무좀벌레 같은 곤충과 개미 알, 애벌레를 잡아먹기도 한다. 가끔씩 나무 열매도 먹는다. 아침 일찍부터 부리로 나무를 두드리면서 세력권을 알리는 습성이 있다. 세력권도 다른 딱따구리 무리에 비해 크고 움직임이 재빠른 편이다.

4~6월에 짝짓기를 할 때가 되면 텃세 행동이 더욱 심해진다. 수컷들은 자기 세력권을 알리고 짝짓기 할 암컷을 찾으려고 나무줄기를 두드려 큰 소리를 낸다. 짝짓기를 하고 나면 크고 오래된 나무에 구멍을 뚫어 둥지를 만든다. 흔히 줄기 둘레가 2m가 넘는 전나무나 잣나무, 떡갈나무를 골라서 지름 10cm, 깊이 50cm쯤 되는 구멍을 뚫는다. 바닥에는 흙과 나무 부스러기를 깐다. 알은 4개쯤 낳는데 흰색이다. 14일 동안 암수가 번갈아 가며 알을 품는데, 그동안 천적이 나타나면 알을 물고 다른 곳으로 옮기기도 한다. 새끼가 태어나면 애벌레나 개미, 개미 알을 잡아다 먹이면서 26일쯤 키운 다음 내보낸다.

1970년대까지만 해도 경기도 광릉에서 살면서 울음소리를 내거나 새끼 쳤다는 기록이 있지만 1980년대부터는 관찰 기록이 없어 아마도 멸종한 것으로 짐작한다. 북녘에서는 1980년대에 개성과 평산, 봉천, 인산 지역을 크낙새 서식지로 지정했으나 아직도 남아 있는지는 확인할 길이 없다. 천연기념물 제197호이자 멸종위기 1급이다.

생김새 우리나라 딱따구리과 새 가운데 몸집이 가장 크다. 등이 검은색이고 가슴과 배는 흰색이다. 수컷은 머리꼭대기가 붉은색이고 뺨에도 붉은색 줄이 있다. 암컷은 수컷과 비슷하지만 머리꼭대기와 뺨이 검은색이다. 검은색 부리는 길고 단단하다. 눈은 노란색, 다리는 회색이다.

몸길이 40cm

사는 곳 숲

먹이 곤충, 애벌레, 거미, 나무 열매

분포 우리나라

구분 텃새

크낙새 *Dryocopus javensis*

청딱따구리

Picus canus / Grey-headed Woodpecker

청딱따구리는 딱따구리과 새 가운데 몸이 푸른빛을 띤다고 붙은 이름이다. 북녘에서는 풀색 딱따구리나 청더구리라고 부른다.

산속이나 공원에서 혼자 산다. 나무가 우거지고 그늘진 곳보다는 적당히 햇빛이 들어 곤충이 많이 사는 곳을 찾아다닌다. 꼬리깃을 세우고 몸을 버틴 채 나무줄기에 수직으로 매달려 있거나 나무줄기를 빙빙 돌면서 올라간다. 사람이 다가가면 꼼짝하지 않고 나무에 붙어 있는다. 먹이를 찾을 때는 부리로 나무를 쪼아 구멍을 낸 다음, 가늘고 긴 혀를 쑥 집어넣어 나무 속을 훑는다. 혀끝이 화살촉처럼 뾰족해서 깊은 곳에 숨어 있던 애벌레나 개미가 쉽게 잡혀 나온다. 다른 딱따구리 무리와는 달리 전봇대나 전깃줄, 떨기나무에도 앉고 때로는 땅 위에 내려와 두 발로 통통 뛰어다니면서 먹이를 찾는다. 긴 혀로 풀 속을 쑤시면서 곤충을 잡아먹는다. 딱정벌레, 매미, 나비, 메뚜기를 고루 먹고 겨울철에는 나무 열매를 먹고 산다. 날 때는 파도를 그리며 난다.

우리나라에 한 해 내내 살면서 짝짓기를 하고 새끼를 친다. 해마다 4~6월이면 수컷이 단단하고 속이 빈 나무를 부리로 두드리면서 북을 치듯 큰 소리를 내어 암컷을 부르는데, 소리가 커서 숲 속이 울릴 정도다. 썩은 오동나무나 참나무, 참죽나무 줄기에 지름이 6cm쯤 되는 구멍을 뚫어 둥지로 삼는다. 알은 4~9개 낳는데 흰색을 띤다. 암수가 번갈아 15일쯤 품는데 수컷이 좀 더 오래 품는다.

새끼를 다 치고 난 겨울에는 야산 기슭이나 습지로 옮겨서 산다. 텃새지만 갈수록 수가 줄고 있다. 일본 북부와 중국, 몽골, 러시아에서도 텃새로 산다.

생김새 머리는 회색이고 등과 날개는 진한 연두색을 띤다. 목은 흰색이고 아랫배는 연한 회색이다. 날개 끝은 검으며 흰색 가로줄 무늬가 있다. 수컷은 이마에 붉은 반점이 있고 눈 앞과 뺨에는 검은색 줄이 있다. 암컷은 이마에 붉은 반점이 없다. 부리는 검은색인데 아래쪽 부리 기부가 노란색을 띠고 다리는 녹갈색이다.

몸길이 30cm
사는 곳 산, 공원, 마을
먹이 곤충, 애벌레, 나무 열매
분포 우리나라, 일본, 중국, 러시아, 인도, 유럽
구분 텃새

청딱따구리 *Picus canus*

황조롱이

Falco tinnunculus / Common Kestrel

황조롱이는 이름처럼 몸이 누런색을 띠는 조롱이다. 꼬리깃을 부채꼴로 활짝 펴고 날갯짓을 하면서 제자리에 떠 있는 정지 비행(hovering)을 하는데, 그 모습이 바람개비 같다고 바람개비새나 바람매라고도 부른다. 북녘에서는 조롱이라고 한다.

산, 시골 마을, 도시를 가리지 않고 혼자 또는 암수끼리 함께 산다. 매과 새 가운데서는 사람과 가장 가까이 사는 새다. 높은 나뭇가지는 물론 전봇대나 건물 위에도 자주 앉는다. 먹이를 찾을 때는 하늘에서 낮게 날거나 정지 비행을 하면서 땅 위를 살핀다. 시력이 좋고 색을 구별하는 능력이 뛰어난 데다 자외선까지 볼 수 있어 쥐의 오줌 흔적까지 본다고 한다. 먹잇감이 보이면 날개를 반쯤 접고 재빠르게 내리꽂아 날카로운 발톱으로 먹이를 움켜쥔다. 주로 곤충, 쥐, 두더지, 개구리처럼 작은 동물성 먹이를 먹고 자기보다 몸집이 작은 새도 잡아먹는다. 소화되지 않는 뼈나 털은 펠릿으로 게워 낸다. 날아오를 때는 날갯짓을 빠르게 하면서 직선으로 난다.

우리나라에 한 해 내내 산다. 여름에 우리나라를 비롯한 아시아와 유럽에서 짝짓기를 한다. 스스로 둥지를 틀지 않고 까마귀나 까치가 지어 놓은 둥지를 쓰거나 바위틈, 건물 틈, 땅 위에 알을 낳는다. 알은 한 번에 4~5개를 낳는데 연한 노란색 바탕에 적갈색 무늬가 있다. 30일쯤 알을 품었다가 새끼가 나오면 암수가 함께 다시 30일쯤 키워서 내보낸다. 예로부터 사람들은 황조롱이가 집에 들어와 알을 낳으면 복이 온다고 믿었다.

여름에 산속으로 새끼 치러 들어갔던 황조롱이 무리가 겨울에는 마을 둘레로 내려와 눈에 많이 띈다. 우리나라 말고도 인도, 히말라야, 인도차이나 반도에서 겨울을 난다. 툰드라를 제외한 전 세계에 퍼져 산다. 천연기념물 제323-8호다.

생김새 수컷은 머리가 회색이고 부리 끝은 검은색이다. 등은 황갈색 바탕에 흑갈색 무늬가 있고, 가슴과 배는 연한 황백색 바탕에 흑갈색 세로줄 무늬가 있다. 회색 꼬리에는 검은색 띠가 있다. 눈 둘레와 부리 기부, 발은 노란색이다. 암컷은 머리가 갈색이고 등은 회갈색 바탕에 흑갈색 무늬가 있다. 꼬리는 갈색 바탕에 흑갈색 띠가 있다.

몸길이 수컷 33cm, 암컷 38cm

사는 곳 산, 마을

먹이 쥐, 두더지, 개구리, 곤충, 작은 새

분포 우리나라, 중국, 일본, 인도, 동남아시아, 유럽

구분 텃새

황조롱이 *Falco tinnunculus*

먹이를 찾을 때면 꼬리깃을 부채처럼 활짝 펴고 날갯짓을 하면서 제자리에 떠 있는 정지 비행을 한다.

매

Falco peregrinus / Peregrine Falcon

매는 송골매라고도 부른다. '송골' 이라는 이름은 방랑자라는 뜻을 지닌 몽골어 'Songquor' 에서 왔다고 한다. 혼자 멋지게 하늘을 날아다니는 매를 보고 몽골 사람들은 방랑자라는 이름을 붙여 준 것으로 보인다. 깃이 푸른색을 띤다고 해동청이라고도 한다. 북녘에서는 꿩을 잡는 매라고 꿩매라고 부른다. 참매와 더불어 사냥을 잘해서 예로부터 꿩 사냥하는 데 써 왔다.

야산 둘레나 들판에서 혼자 산다. 오래된 나무 꼭대기나 절벽의 벼랑, 바위 꼭대기처럼 높은 곳에 앉을 때가 많다. 날 때는 날개를 빠르게 치면서 직선으로 난다. 새 가운데 가장 빨라서 한 시간에 100km쯤 날 수 있다. 시력도 아주 뛰어나서 1,500m 높이에서도 땅 위에 있는 물체를 정확하게 알아볼 수 있다고 한다. 새 꽁무니를 쫓아다니며 사냥하는 참매와 달리 매는 먹이를 보면 하늘로 높이 날아올랐다가 빠르게 내리꽂으면서 먹이를 낚아챈다. 하늘에서 최대 시속 300km 이상으로 내려오다가 재빨리 방향을 바꿀 때는 '쇄-악' 하는 소리가 꽤 멀리까지 들린다. 그야말로 눈 깜짝할 사이에 먹이를 잡는다. 때로는 날아오르는 새를 발로 힘껏 걷어차서 비틀거릴 때 날카로운 발톱으로 세게 움켜쥔다. 흔히 오리, 도요새, 꿩을 잡아서 부리로 목뼈를 꺾어 죽인 다음 땅 위에 놓고 뜯어 먹는다. 소화되지 않은 먹이는 펠릿으로 게워 낸다.

5~6월이면 짝짓기를 한다. 수컷이 먹이를 잡아 암컷한테 선물하는 때가 많다. 둥지는 따로 짓지 않고 바닷가 벼랑 위 움푹하게 파인 곳에 알을 낳는다. 4개쯤 낳는데 연한 회색 바탕에 적갈색 무늬가 있다. 암컷이 28일쯤 알을 품으면 새끼가 태어난다. 수컷이 먹이를 잡아오면 암컷은 먹이를 잘게 찢어 새끼한테 먹인다. 어린 새는 가슴에 굵은 세로줄 무늬가 있다.

우리나라와 일본, 중국 남부에서는 한 해 내내 사는데, 겨울이면 북쪽 추운 지방에서 여름을 난 무리가 찾아와 수가 더 늘어난다. 아시아에만 10만 마리쯤 퍼져 산다지만 자연 개발로 살 만한 곳이 계속 줄어들고 있어 천연기념물 제323-7호이자 멸종위기 1급으로 지정해 보호하고 있다.

생김새 머리는 검은색이고 등, 날개, 꼬리는 청회색이다. 눈은 크고 검은색이며 눈 둘레와 부리 기부는 노란색이다. 뺨은 희고 눈 밑에 검은색 무늬가 있어 햇빛에 눈이 부시는 것을 막아 준다. 가슴과 배는 흰색 바탕에 검은색 가로줄 무늬가 있다. 발은 노란색이며 발톱이 길고 날카롭다.

몸길이 수컷 42cm, 암컷 48cm

사는 곳 야산, 마을 둘레

먹이 오리, 도요, 꿩, 비둘기, 어치

분포 우리나라, 일본, 중국, 유럽, 인도, 아프리카

구분 텃새

매 *Falco peregrinus*

날 때는 가슴과 배, 날개와 꼬리 밑면에 줄무늬가 뚜렷하게 보인다.

꾀꼬리

Oriolus chinensis / Black-naped Oriole

꾀꼬리라는 이름은 '꾀꼴, 꾀꼴' 하는 울음소리에서 왔다. 노란색 몸이 눈에 띄어 황조(黃鳥)라고도 부른다. 생김새와 울음소리가 아름다워 예로부터 문학 작품이나 그림에서 많이 다루어 왔다. 학명으로 보아 학자가 중국에서 처음 발견한 것으로 짐작한다.

야산이나 숲 속에서 산다. 혼자 또는 암수가 함께 사는데, 흔히 눈에 띄는 몸 색을 가릴 수 있는 넓은잎나무 가지에 숨어 지낸다. 물 목욕을 좋아해서 나무 위에 있다가도 종종 물속으로 들어가 몸을 씻고 다시 올라가고는 한다. 때로는 개미집 위에 날개를 반쯤 펴고 앉아 기어오르는 개미를 물고 온몸을 문지른다. 개미 몸에서 나오는 폼산이 깃털 속에 있는 기생충을 없애 준다고 한다. 먹이를 찾을 때는 높은 나뭇가지를 여기저기 옮겨 다닌다. 여름에는 애벌레나 딱정벌레, 나비, 거미, 지렁이를 잡아먹고 겨울이면 버찌나 오디, 산딸기를 먹는다. 그 가운데 송충이와 뽕나무 열매인 오디는 꾀꼬리가 즐겨 먹는 먹이다.

5~7월에 짝짓기를 한다. 수컷이 아름다운 소리를 내면서 암컷을 부른다. 둥지는 산속 높은 나뭇가지에다 밑으로 매달아 놓은 것처럼 짓는다. 나무껍질, 나뭇잎, 풀뿌리, 헝겊을 거미줄로 엮어서 밥그릇처럼 둥글고 속이 깊게 만든다. 바닥에는 가는 솔잎이나 깃털을 깐다. 알은 3~5개 낳는데 연한 분홍색 바탕에 갈색 무늬가 있다. 암컷이 15일쯤 알을 품어 새끼가 나오면 다시 15일 동안 먹이를 잡아다 먹이면서 새끼를 키운다. 흔히 새 새끼들이 입을 크게 벌리고 목을 길게 빼면서 먹이를 받아먹으려고 하는 것과 달리 꾀꼬리 새끼들은 입을 벌린 채 몸을 부르르 떨듯이 머리를 좌우로 빠르게 흔든다. 새끼를 키우는 동안 천적이 둥지에 다가가면 어미는 날카로운 소리를 내면서 위에서 내리꽂듯이 날아 쫓아낸다. 사람이 다가가도 사납게 공격을 한다.

우리나라와 중국 북부에서 새끼를 치고 겨울에는 따뜻한 동남아시아로 간다. 동남아시아에는 한 해 내내 사는 텃새가 많다. 이듬해 5월이면 다시 무리를 지어 서해 바다를 건너온다.

생김새 온몸이 밝고 진한 노란색이다. 눈 앞부터 뒤통수까지 검은색 눈줄이 뻗어 있는데, 수컷이 암컷보다 폭이 넓고 진하다. 날개와 꼬리에는 검은색 깃이 섞여 있다. 부리는 진한 분홍색이며 크고 단단하다. 다리는 암회색을 띤다.

몸길이 25cm
사는 곳 야산, 숲, 마을, 공원
먹이 애벌레, 곤충, 거미, 나무 열매
분포 우리나라, 중국, 동남아시아
구분 여름 철새

꾀꼬리 *Oriolus chinensis*

둥지는 천적의 눈에 띄지 않게 우거진 넓은잎나무 가지에다 아래로 매달아 놓은 것처럼 짓는다.

어치

Garrulus glandarius / Eurasian Jay

산에 사는데 까치와 닮았다고 산까치라고 부르기도 한다. 북녘에서는 깨까치라고 한다. 학명에서 glandarius는 도토리를 좋아한다는 뜻으로 어치의 식성이 담겨 있다.

여러 가지 나무가 우거진 숲에서 10마리 안쪽으로 작은 무리를 지어 산다. 특히 도토리를 좋아해서 참나무가 많은 곳에 모인다. 봄부터 여름까지는 새끼를 치려고 깊은 산속에서 살다가 겨울이 다가오면 산기슭으로 옮긴다. 땅 위에서는 참새처럼 두 다리를 모은 채 통통 뛰어다닌다. 참새보다 몸집이 훨씬 큰 어치가 두 다리를 모으고 뛰어다니는 모습은 조금 둔해 보인다.

먹이를 찾을 때는 나무 사이를 파도 꼴을 그리며 날아다니면서 나뭇잎을 이리저리 뒤진다. 봄여름에는 박새처럼 작은 새 둥지에 가서 알이나 새끼를 잡아먹고 곤충도 잡아먹는다. 가을이 오면 위아래 부리를 엇갈리게 비틀어 단단한 솔방울을 벌린 다음 긴 혀를 넣어 속에 있는 씨앗을 꺼내 먹는다. 도토리도 부지런히 모아서 나무 구멍이나 나무 틈에 숨긴다. 숲 속 땅에 구멍을 판 뒤 낙엽이나 이끼로 덮어 두기도 한다. 먹이가 부족한 겨울에 꺼내 먹으려고 모아 두는 것이다. 예전에는 곡식을 쪼아 먹는다고 사람들이 사냥을 하기도 했다. 매나 말똥가리 같은 다른 새들의 울음소리를 흉내 내는 습성이 있는데, 사람이 새끼 때부터 기르면 사람 말을 흉내 내기도 한다고 한다.

4~6월에 짝짓기를 하고 깊은 산속 소나무 숲에서 높은 바늘잎나무 가지를 찾아 둥지를 튼다. 나무뿌리와 나무껍질, 이끼를 다져 밥그릇처럼 만들고 바닥에는 이끼와 나뭇잎을 깐다. 알은 4~8개 낳는데 청록색 바탕에 갈색 무늬가 있다. 암컷이 17일쯤 품어서 새끼가 나오면 다시 20일 동안 키워 내보낸다. 새끼한테는 애벌레, 곤충, 거미 같은 동물성 먹이를 먹인다.

우리나라에서 새끼도 치고 겨울도 나는 텃새다. 일본, 중국, 러시아에서도 한 해 내내 볼 수 있고 유럽까지 널리 퍼져 산다.

생김새 머리와 가슴은 적갈색이고 등은 회갈색이다. 날개는 검은색과 흰색이 섞여 있는데, 파란색 바탕에 검은색 가로줄이 섞인 무늬가 뚜렷하게 빛난다. 검은색 꼬리는 길게 뻗어 있다. 이마에는 검은색 점무늬가 퍼져 있고 뺨에도 검은색 반점이 있다. 눈은 갈색이고 부리는 검은색, 다리는 적갈색을 띤다. 날 때는 날개에 가려 있던 새하얀 허리가 보인다.

몸길이 34cm

사는 곳 숲, 야산

먹이 새, 쥐, 곤충, 씨앗, 도토리, 나무 열매

분포 우리나라, 중국, 일본, 러시아, 유럽

구분 텃새

어치 *Garrulus glandarius*

도토리를 나무 틈에 숨겼다가 먹이가 부족한 겨울에 찾아 먹곤 한다.

까치

Pica pica / Black-billed Magpie

'카치카치' 또는 '카칵카칵' 하는 소리를 내서 까치라고 한다. 예로부터 까치가 울면 반가운 손님이 오거나 좋은 소식이 들려온다고 믿었다. 설 전날을 까치설날이라고 부르는 것이나 감나무의 감을 딸 때 까치밥으로 남겨 두는 것을 보아도 까치가 우리 겨레한테는 오래전부터 친근한 새였음을 짐작할 수 있다. 1964년에 우리나라 국조(國鳥)로 지정되었다.

시골 마을은 물론 도시의 공원에서 혼자 산다. 흔히 낮에 움직이고 밤에는 숲 속으로 가서 잠을 잔다. 쥐나 개구리, 곤충은 물론 낟알이나 나무 열매, 사람이 먹다 버린 음식찌꺼기까지 가리지 않고 먹는다. 늦가을이면 먹이를 돌 틈이나 나무 구멍에 숨겨 놓았다가 겨울에 찾아 먹는다. 때로는 과수원에서 키우는 과일을 쪼아 먹어 주인의 미움을 사기도 한다.

우리나라 새 가운데 일찍 짝짓기를 하는 편이다. 해마다 2~5월이면 수컷이 머리꼭대기의 깃털을 치켜세우거나 꼬리깃을 활짝 펼쳤다 접었다 하면서 암컷 눈길을 끌려고 애쓴다. 짝짓기를 하고 나면 10m에 이르는 높은 나무나 전봇대 위에 둥지를 튼다. 작은 나뭇가지를 촘촘하게 쌓은 다음 풀뿌리를 덮고 진흙을 붙여 공처럼 둥글게 만든다. 구멍은 옆으로 내고 바닥에는 마른 풀과 깃털을 깐다. 흔히 한번 만든 둥지는 해마다 고쳐 쓰기 때문에 갈수록 커진다. 알은 2~7개 낳는데 청백색 바탕에 흑갈색 무늬가 있다. 암컷이 18일쯤 품으면 새끼가 태어나고 다시 25일쯤 기르면 새끼가 둥지를 떠난다. 둥지에 솔개 같은 천적이 다가오면 부리로 쪼거나 소리를 내서 다른 까치들을 불러들인 다음 같이 쫓아낸다. 평소에는 자기 구역을 지키고 다른 까치가 있는 구역에는 침입하지 않지만 위험한 때가 오면 까치끼리 힘을 모아 이겨 낸다.

전국 어디서든 쉽게 볼 수 있는 텃새로 우리나라 안에서 이동하며 산다. 바다를 건너다니지 않기 때문에 제주도에는 없었는데 1980년대 초에 일부러 퍼뜨리기도 했다. 일본에는 임진왜란 때 도요토미 히데요시가 가져가 퍼뜨렸다고 한다. 유럽이나 미국에서도 흔한 새다.

생김새 암수가 비슷하게 생겼다. 어깨와 배, 옆구리는 흰색이고 나머지 부분은 검은색이다. 날개와 길게 뻗은 꼬리는 햇빛을 받으면 푸른빛을 띠면서 반짝인다. 눈은 흑갈색이고 부리와 다리는 검은색을 띤다.

몸길이 45cm

사는 곳 마을, 공원, 야산

먹이 쥐, 개구리, 곤충, 나무 열매, 곡식

분포 우리나라, 중국, 일본, 동남아시아, 유럽, 북아메리카

구분 텃새

까치 *Pica pica*

둥지는 높은 나무나 전봇대 위에 작은 나뭇가지를 촘촘하게 쌓아 둥그스름하게 만든다. 해마다 고쳐 쓰기 때문에 갈수록 커진다.

까마귀

Corvus corone / Carrion Crow

온몸이 까맣다고 까마귀라고 한다. 몸 색과 무덤 둘레에서 음식 찌꺼기를 먹는 습성 때문에 예로부터 사람들이 불길한 새로 여겨 왔다. 네 살짜리 아이와 비슷한 지능을 가진 영리한 새다. 둥지에 들어갈 때는 천적이 따라올까 봐 다른 곳에서 빙빙 돌다가 재빨리 들어가고, 호두처럼 딱딱한 열매는 공중에서 떨어뜨리거나 찻길에 두었다가 껍데기가 깨지면 알맹이만 빼 먹는다.

산이나 마을 둘레에 산다. 여름에는 암수끼리 살다가 겨울이면 여럿이 무리를 짓는다. 숲과 논을 뒤지면서 먹이를 찾기도 하고, 수리들이 먹이를 먹고 있으면 둘레에서 기웃거리다가 남은 것을 먹기도 한다. 곤충이나 작은 새, 새알, 쥐, 개구리, 죽은 동물, 곡식과 나무 열매를 가리지 않고 먹는다. 사람이 키우는 곡식이나 열매를 쪼아 먹기도 해서 미움을 받기도 한다. 오래 두어도 잘 썩지 않는 먹이를 골라 돌 틈 같은 데 숨겼다가 겨울에 찾아 먹고, 공중에서 작은 나뭇가지를 떨어뜨린 다음 재빨리 내려가 바닥에 닿기 전에 부리로 낚아채는 놀이를 하기도 한다.

3~6월에 짝짓기를 한다. 수컷은 암컷한테 잘 보이려고 날개를 늘어뜨리고 꼬리깃은 편 채 머리를 위아래로 흔들면서 운다. 둥지는 깊고 높은 산속에 있는 나무나 벼랑에 짓는다. 나뭇가지를 쌓아 밥그릇처럼 둥글게 만들고 바닥에는 마른 풀과 풀뿌리, 깃털을 깐다. 둥지 지름이 30cm쯤 되는데, 한번 지으면 해마다 고쳐 쓰기 때문에 점점 커진다. 알은 3~5개 낳는데 청백색 바탕에 흑갈색이나 녹갈색 무늬가 있다. 암컷이 20일쯤 알을 품는 동안 수컷은 먹이를 잡아다 준다. 새끼가 태어나면 30일 남짓 키워서 내보낸다. 둥지에 수리나 솔개 같은 천적이 다가오면 여럿이 힘을 모아 몰아내기도 한다.

우리나라에서 한 해 내내 사는 텃새다. 날씨가 추워지면 중부 지방에 살던 까마귀들이 남부 지방으로 옮겨 가기도 한다. 1970년대까지만 해도 전국에 흔했지만 요즘은 보기 드문 새가 되었다. 일본, 러시아, 유럽에서도 한 해 내내 산다.

생김새 몸 전체가 검은색을 띠는데, 햇빛을 받으면 진한 보랏빛으로 반짝거린다. 여름에는 색이 좀 연해져서 갈색을 띤다. 눈은 흑갈색이고 다리는 검은색이다. 암컷 생김새는 수컷과 같으나 몸집이 조금 작다.

몸길이 50cm
사는 곳 산, 마을, 야산, 논밭
먹이 곤충, 새, 쥐, 죽은 동물, 곡식, 나무 열매
분포 우리나라, 중국, 일본, 러시아, 유럽
구분 텃새

까마귀 *Corvus corone*

큰부리까마귀 *Corvus macrorhynchos*

까마귀보다 부리가 더 크고 두툼하며 머리와 부리 사이의 각도가 크다. 텃새다.

홍여새

Bombycilla japonica / Japanese Waxwing

여새 무리 가운데 꼬리 끝과 날개에 있는 붉은색 깃이 돋보여서 홍여새라고 한다. 머리 위에 뾰족하게 머리깃이 서 있고 몸 색이 매우 화려하다. 북녘에서는 붉은꼬리여새라고 부른다.

흔히 야산이나 시골 마을 둘레에서 산다. 나무 열매가 많은 곳에 모이는 편이다. 겨울에는 10마리 안팎으로 무리 지어 다니면서 나뭇가지나 전봇줄에 나란히 앉아 있고는 한다. 황여새 무리와 섞여 다닐 때가 많다. 종종 나무 꼭대기에서 가지를 타고 아래쪽으로 걸어 내려온다. 땅 위에 내려와 뛰어다니다가 물을 먹거나 물 목욕을 할 때도 있다. 무리 가운데 한 마리가 날아오르면 나머지 새들이 뒤따라 난다. 향나무나 팥배나무, 찔레나무, 산사나무, 감나무, 산수유 열매를 즐겨 먹고 파리 같은 곤충도 잡아먹는다.

여름에 러시아 시베리아와 중국 북부 숲 속에서 짝짓기를 한다. 바늘잎나무 위에 나뭇가지, 이끼, 풀로 접시처럼 생긴 둥지를 만들고 바닥에는 깃털을 깐다. 알은 5개쯤 낳는데 옥색 바탕에 검은색 무늬가 있다. 암컷이 15일쯤 품어서 새끼가 태어나면 먹이를 잡아다 주면서 다시 15일쯤 키우고 내보낸다.

가을에 우리나라를 비롯한 중국 남부, 일본, 동남아시아로 내려와 겨울을 난다. 1960년대까지만 해도 흔해서 잡아다 기르는 일이 많았다고 한다. 하지만 갈수록 살 만한 곳이 줄고 먹이도 줄어드는 바람에 요즘에는 같은 여새 무리인 황여새보다 더 희귀해졌다. 해마다 관찰되는 개체 수 차이가 크다.

생김새 몸은 연한 갈색 바탕에 이마와 뺨, 아래꼬리덮깃이 주황색을 띤다. 눈썹줄과 멱은 검은색이고 머리꼭대기에는 긴 머리깃이 있다. 날개에는 푸른색과 검은색, 붉은색 깃이 섞여 있으며 꼬리 끝이 진한 붉은색이다. 암컷은 몸 색이 연하고 꼬리와 날개에 있는 붉은색 깃도 적다.

몸길이 18cm
사는 곳 야산, 마을, 공원, 정원
먹이 나무 열매, 곤충
분포 우리나라, 중국, 일본, 러시아, 동남아시아
구분 겨울 철새

홍여새 *Bombycilla japonica*

황여새 *Bombycilla garrulus*

홍여새보다 몸집이 조금 더 크고 꼬리 끝이 노란색이다. 날개에 흰색 반점이 있다. 겨울 철새다.

진박새

Periparus ater / Coal Tit

진박새는 머리와 가슴 색이 두드러지게 새까만 새다. 그래서 학명과 영명에도 검다는 뜻이 담겨 있다. 북녘에서는 깨새라고 한다. 박새 무리 가운데 몸집이 가장 작다.

흔히 높은 산의 숲 속이나 논밭에서 살다가 겨울에는 마을 둘레로 내려오기도 한다. 짝짓기 무렵에는 암수가 함께 다니다가 새끼를 치고 나면 다른 박새 무리와 섞여 다닐 때가 많다. 흔하지만 몸집이 작아서 눈에 잘 띄지 않는다. 박새 무리가 다 그렇듯이 나무를 잘 타서 어떤 나무든 쉽게 오르내리고 거꾸로 매달리기도 한다. 먹이를 구할 때도 나무줄기와 가지를 샅샅이 훑으면서 속에 숨은 곤충과 알, 애벌레를 잡아먹고 나무 열매나 소나무, 단풍나무의 씨앗도 먹는다. 봄에는 단풍나무에 구멍을 뚫어 수액을 받아 먹고, 가을에 먹이를 따로 숨겨 두었다가 겨울에 찾아 먹기도 한다.

5~7월에 수컷들은 큰키나무 꼭대기에 앉아 하루 종일 지저귀면서 암컷을 부른다. 짝짓기를 하고 나면 딱따구리가 쓰던 빈 둥지나 나무 구멍, 나무줄기 틈에 둥지를 짓는다. 전봇대나 기와지붕, 돌담에 나 있는 구멍을 쓰기도 한다. 이끼를 쌓아 밥그릇처럼 둥글게 짓고 바닥에는 깃털을 깐다. 알은 5~8개 낳는데 흰색 바탕에 연한 자주색 무늬가 있다. 암컷이 15일쯤 품으면 새끼가 태어난다. 갓 태어난 새끼는 깃털 하나 없는 알몸이다. 어미가 15일쯤 먹이를 잡아다 주면서 기르면 새끼는 무럭무럭 자라서 둥지를 떠난다.

우리나라에서 한 해 내내 살면서 새끼를 치는 텃새이며 중국, 일본, 러시아에서도 텃새로 산다. 유럽에도 널리 퍼져 있다.

생김새 머리와 멱, 가슴은 검고 뺨과 뒤통수는 희다. 머리꼭대기에 뾰족 솟은 머리깃이 있다. 등과 날개는 청회색인데, 날개 가운데에는 흰색 가로띠가 있고 날개 끝과 꼬리는 진한 회색을 띤다. 눈과 부리는 검은색, 배는 회백색이다. 암컷은 수컷과 생김새가 비슷한데 머리깃이 조금 짧다.

몸길이 10cm

사는 곳 숲, 논밭

먹이 곤충, 거미, 나무 열매, 씨앗

분포 우리나라, 중국, 일본, 동남아시아, 유럽

구분 텃새

진박새 *Periparus ater*

곤줄박이

Sittiparus varius / Varied Tit

곤줄박이라는 이름이 붙은 것은 머리와 목에 곤색* 줄무늬가 있기 때문이라고도 하고, 고운 줄무늬가 박혀 있기 때문이라고도 한다. 곤줄매기라고도 부른다.

여러 가지 나무가 우거진 숲이나 들에 산다. 봄에는 암수 한 쌍이 같이 살지만 새끼를 치고 나면 10마리 안팎으로 무리를 짓는다. 박새나 오목눈이 무리와 섞이기도 한다. 주로 나무 위에서 지내는데 발가락 힘이 세서 나뭇가지를 잡고 잘 매달린다. 먹이를 구할 때는 딱따구리처럼 나뭇가지나 줄기를 부리로 톡톡톡 쳐서 찾는다. 주로 딱정벌레 같은 곤충과 애벌레, 거미를 잡아먹고 솔씨나 나무 열매도 먹는다. 가을에는 먹이를 나무껍질 틈이나 낙엽 밑에 숨겼다가 먹이가 부족한 겨울에 먹거나 이듬해 새끼가 태어났을 때 찾아 먹인다.

사람을 무서워하지 않고 기름진 먹이를 좋아해서 먹이가 부족한 겨울에 숲에서 땅콩, 잣, 들깨, 호박, 해바라기 씨를 손바닥에 올려놓고 있으면 날아와 먹는다. 씨앗이 크면 나뭇가지 위로 갖고 가 발가락 사이에 끼운 채 잘게 부수어 먹는다. 소 비계나 돼지비계를 처마 밑에 매달아 두어도 잘 먹는다. 호기심이 많고 영리한 편이라 새장 안에 두고 먹이로 훈련한 다음 운세가 적힌 종이 여러 개 가운데 하나를 물어 오게 해서 점을 치기도 한다.

3~4월부터 여름까지 수컷은 자주 울면서 짝을 찾는다. 짝짓기를 하고 나면 숲 속 나무 구멍이나 바위틈에 이끼를 써서 밥그릇처럼 생긴 둥지를 만든다. 바닥에는 깃털을 깐다. 다른 새가 쓰던 빈 둥지를 그대로 쓰기도 하고 사람이 달아 둔 둥지도 잘 쓴다. 알은 5~8개 낳는데 흰색 바탕에 갈색 무늬가 있다. 암컷이 13일쯤 품어서 새끼가 나오면 애벌레나 곤충을 잡아다 먹이며 키운다.

우리나라를 비롯한 일본, 대만에서 한 해 내내 살면서 새끼를 친다. 중국 동북부와 러시아에도 널리 퍼져 산다.

생김새 머리와 멱은 진한 감색이고 부리는 검은색이다. 머리꼭대기에 가는 황백색 세로줄이 있으며 뺨과 가슴도 황백색이다. 목덜미와 배는 적갈색이고 날개와 꼬리는 청회색이다.

* 곤색 : 어두운 남색인 감색(紺色)을 이르는 말. 감색의 '감(紺)' 을 일본식 발음 '곤' 으로 잘못 쓴 말이다.

몸길이 14cm

사는 곳 산, 숲, 들

먹이 곤충, 애벌레, 씨앗, 나무 열매

분포 우리나라, 일본, 중국, 러시아

구분 텃새

곤줄박이 *Sittiparus varius*

발가락을 손처럼 써서 열매를 잡고 부리로 잘게 부수어 먹는다.

쇠박새

Poecile palustris / Marsh Tit

박새보다 몸집이 작아서 쇠박새라는 이름이 붙었다. 그러나 실제로 박새 무리 가운데 가장 몸집이 작은 새는 진박새다.

숲이나 마을 둘레에서 산다. 여름에는 숲 속에서 세력권을 철저히 지키면서 혼자 또는 암수끼리 지내기 때문에 눈에 잘 띄지 않는다. 하지만 새끼를 치고 난 겨울에는 박새, 진박새, 곤줄박이, 동고비 들과 10마리 안팎으로 무리 지어 다니면서 시골 마을이나 도시 둘레로 내려온다. 주로 나무 꼭대기에서 지내면서 딱정벌레, 매미 같은 곤충과 애벌레, 거미를 잡아먹는다. 가을에는 풀씨나 나무 열매 같은 식물성 먹이를 먹는다. 다른 박새 무리처럼 먹이를 구하면 나뭇가지 위에서 두 다리 사이에 먹이를 끼우거나 발가락으로 단단히 잡은 채 쪼아 먹는다. 먹이를 모아 나무 옹이나 뿌리 틈에 숨겼다가 겨울이 오면 찾아 먹기도 한다. 특히 도토리나 풀씨를 많이 모아 둔다. 나무뿌리 틈에 묻어 둔 것을 잊어버리고 그대로 두면 이듬해 봄에 싹이 트기도 한다.

우리나라에 한 해 내내 살면서 4~5월에 짝짓기를 한다. 둥지는 나무 위에 이끼를 써서 밥그릇처럼 만들고 바닥에 동물 털을 깐다. 둥지 구멍은 천적이 못 들어오게 지름이 3cm쯤 되도록 아주 작게 만든다. 딱따구리가 쓰던 둥지를 그대로 쓰거나 사람이 달아 놓은 둥지를 쓰기도 하고, 때로는 나무 구멍을 쓰기도 한다. 알은 6개쯤 낳는데 황백색 바탕에 갈색 점무늬가 있다. 암컷이 13일쯤 품으면 새끼가 태어나고, 다시 15일쯤 먹이를 잡아다 먹이면서 키우면 새끼는 둥지를 떠난다.

우리나라에 흔한 텃새로 중국과 일본에서도 한 해 내내 볼 수 있다. 유럽과 러시아에도 고루 퍼져 사는데 텃새가 많다.

생김새 머리와 멱은 빛나는 검은색이고 등부터 꼬리까지는 회색이다. 날개 끝과 꼬리 끝은 진한 회색을 띤다. 뺨은 흰색이고 가슴과 배, 옆구리는 회색이나 갈색 기운이 살짝 도는 흰색이다. 눈과 부리는 검은색이고 다리는 회색이다. 암수가 거의 비슷하게 생겼지만 암컷 몸집이 조금 작다.

몸길이 12cm

사는 곳 숲, 마을

먹이 곤충, 애벌레, 거미, 나무 열매, 풀씨

분포 우리나라, 중국, 일본, 러시아, 유럽

구분 텃새

쇠박새 *Poecile palustris*

박새

Parus major / Great Tit

산에서 흔히 볼 수 있는 박새는 우리나라에서 참새 다음으로 흔한 새다. 제주도에서는 비죽새라고도 한다. 박새 무리 가운데서는 몸집이 큰 편이다.

흔히 여름에는 마을 둘레나 산속에서 살다가 겨울이 되면 도시 둘레의 공원이나 아파트까지도 내려온다. 여름에는 암수가 함께 다니다가 새끼를 치고 나면 진박새, 오목눈이, 동고비 들과 4~6마리씩 작은 무리를 지어 다닌다. 무언가 이상하거나 위험할 때는 '피피피피피, 피피피피피' 하는 소리를 내서 둘레에 있는 다른 새들을 불러 모은다. 주로 나무 위에서 옮겨 다니지만 때로는 땅 위로 내려와 깡충깡충 뛰면서 먹이를 찾고 물을 마시기도 한다. 여름에는 나무껍질 틈이나 나뭇잎을 뒤져서 애벌레, 곤충, 곤충 알, 거미를 잡아먹고 겨울에는 솔씨나 나무 열매를 찾아 먹는다. 부리가 아주 단단해서 개암나무 열매도 두드려 깰 수 있다. 사람이 만들어 놓은 먹이대에도 잘 찾아와 소 비계나 땅콩, 해바라기씨를 고루 먹는다. 먹이는 두 다리 사이에 끼우거나 발가락으로 단단히 잡고 쪼아 먹는다. 해충을 잡아먹기 때문에 농부한테는 고마운 새다.

4~7월에 짝짓기를 하는데 한 해에 두 번씩 할 때가 많다. 짝짓기를 마친 수컷이 암컷을 데리고 다니면서 둥지 틀 만한 곳을 보여 주면 암컷은 마음에 드는 곳을 골라 둥지를 만든다. 흔히 나무 구멍이나 바위틈에 짓지만 때로는 처마 밑이나 건물 틈에 자리를 잡기도 한다. 마른 풀과 이끼를 쌓아 밥그릇처럼 만들고, 바닥에는 동물 털이나 나무껍질을 깐다. 사람이 달아 놓은 둥지에도 잘 들어간다. 알은 6~14개 낳는데 황백색 바탕에 갈색 무늬가 있다. 암수가 번갈아 가며 13일쯤 품으면 새끼가 태어난다. 어미는 16~20일 동안 둥지에 먹이를 잡아다 나르면서 새끼를 키운다. 새끼는 둥지를 떠난 뒤에도 3개월쯤 어미를 따라다니면서 먹이 잡는 법을 배운다.

텃새로 전국 어디서나 사철 볼 수 있다. 일본이나 중국, 러시아에서도 한 해 내내 볼 수 있다.

생김새 머리는 검은색이고 뺨은 흰색이다. 가슴과 배는 흰색인데, 가운데에 멱에서부터 꼬리까지 이어지는 넓은 검은색 줄이 있다. 암컷은 줄이 가늘다. 등은 녹회색이고 날개, 허리, 꼬리는 청회색이다. 날개 가운데에는 흰색 띠가 있다. 짝짓기 무렵에는 수컷 목덜미가 노란색을 띤다.

몸길이 14cm

사는 곳 마을, 야산, 공원

먹이 곤충, 곤충 알, 애벌레, 거미, 나무 열매, 솔씨

분포 우리나라, 중국, 일본, 유럽, 러시아, 아프리카

구분 텃새

수컷

암컷

박새 *Parus major*

종다리

Alauda arvensis / Eurasian Skylark

이른 봄 하늘에서 빠르게 날갯짓을 하며 종알종알 지저귄다고 종다리라는 이름이 붙었다. 종달새나 노고지리라고도 한다. 봄을 알리는 시나 노래에 자주 나오는 새다.

흔히 넓게 트인 풀밭이나 보리밭에 산다. 봄부터 여름까지는 암수가 함께 살지만 짝짓기가 끝난 겨울에는 수십 마리씩 무리 짓는다. 뿔종다리와는 달리 나무에는 앉지 않고 하늘을 날거나 땅 위에서 양다리를 번갈아 움직이며 걸어 다닌다. 배를 땅에 붙이고 쉬거나 모래 목욕을 하기도 하며 잠도 땅 위에서 잔다. 풀밭과 보리밭 위를 날거나 걸어 다니면서 먹이를 구하고 딱정벌레, 벌, 매미, 메뚜기 같은 곤충과 애벌레를 먹는다. 겨울에는 풀씨를 주워 먹는다.

흔히 4월부터 짝짓기를 시작한다. 수컷은 암컷한테 잘 보이려고 땅에서 50~100m 위 하늘을 향해 수직으로 날아오른다. 하늘 높이 올라가 한자리에서 날갯짓을 빠르게 하면서 아름다운 소리를 낸다. 때로는 다른 새 울음소리를 흉내 내기도 한다. 짝짓기를 하고 나면 강가 풀밭이나 보리밭, 밀밭에서 흙을 오목하게 판 다음 마른 풀과 풀뿌리를 쌓아 둥지를 만든다. 알은 3~6개 낳는데 회색 바탕에 연한 갈색 무늬가 있다. 10일 남짓 알을 품어야 새끼가 나온다. 어미는 비가 많이 와 둥지에 물이 차도 끝까지 알을 품을 만큼 모성애가 강하다. 새끼가 태어나 키우는 동안에도 먹이를 구해 올 때면 둥지로 곧바로 오지 않고 멀리 떨어진 땅에 내려앉은 다음 둘레를 살피며 천천히 걷는다. 혹시나 천적이 따라와 둥지에 있는 새끼를 해칠까 걱정하는 것이다. 새끼는 어미의 사랑을 받으며 10일쯤 지내다가 둥지를 떠난다.

우리나라에 한 해 내내 사는 텃새다. 겨울이면 몽골을 비롯한 북쪽 나라에서 새끼를 친 무리가 내려와 수가 더 늘어난다.

생김새 몸 위쪽은 연한 황갈색 바탕에 흑갈색 얼룩무늬가 있다. 몸 아래쪽은 흰색이며 가슴에는 흑갈색 세로 줄무늬가 있다. 눈은 흑갈색이고 부리는 황갈색이다. 흰색 눈썹줄이 있고 머리꼭대기에는 짧고 둥그스름한 머리깃이 있다. 다리는 살구색이고 뒷발가락 발톱이 아주 길다.

몸길이 18cm

사는 곳 풀밭, 보리밭, 밀밭, 모래밭

먹이 곤충, 애벌레, 거미, 풀씨

분포 우리나라, 중국, 일본, 몽골, 유럽, 아프리카

구분 텃새

종다리 *Alauda arvensis*

뿔종다리

Galerida cristata / Crested Lark

뿔종다리는 이름처럼 머리 위에 뿔처럼 뾰족하게 솟은 깃이 있는 종다리다. 종다리도 머리에 깃이 있지만 뿔종다리 머리깃이 더 길게 솟아 있다.

2~4마리씩 작은 무리를 지어 풀밭이나 낮은 언덕을 날아다닌다. 특히 자갈이 많고 메마른 땅에 많이 사는데 쉴 때는 나무 위에 올라가기도 한다. 여름에는 여러 가지 곤충과 애벌레, 거미를 잡아먹으면서 짝짓기를 준비하고, 겨울에는 논밭에서 풀씨나 낟알을 주워 먹는다.

3~4월에 짝짓기를 시작해 7월 중순까지 두 번쯤 새끼를 친다. 수컷이 하늘 높이 날아오르면서 울음소리를 내어 암컷을 부른다. 종다리보다는 소리 높이가 조금 낮은 편이다. 야산의 판판한 땅이나 언덕에서 하는데 짝짓기 때 둘레에 사람이 다가가면 수컷이 경계하면서 날카로운 소리를 낸다. 둥지는 해마다 같은 곳에 짓는다. 풀이나 바위에 가려 잘 보이지 않고 자갈이 있는 오목한 땅에 마른 풀 줄기와 뿌리를 쌓아 밥그릇처럼 만든다. 바닥에는 마른 풀을 깐 다음 알을 5개쯤 낳는다. 흰색이나 황백색 바탕에 검은색 무늬가 있는 알을 암수가 번갈아 가며 14일쯤 품으면 새끼가 태어난다. 다시 10일쯤 애벌레를 잡아 먹이면서 키우고 나면 새끼는 둥지를 떠나 나는 연습을 시작한다. 암컷이 알을 품고 새끼를 키우는 동안 수컷은 둥지 둘레에서 경계하는 울음소리를 내면서 천적이 다가오지 않도록 지킨다.

예전에는 전국의 들판과 풀밭에서 새끼를 치고 살았고, 2000년 이후에도 충남 서산 천수만 A지구에서 새끼를 치고 사는 모습이 관찰되기도 했다. 하지만 간척지 개발과 농약 사용으로 살 만한 곳이 줄어들면서 개체 수가 많이 줄어 보기 힘든 새가 되었다. 멸종위기 2급이다.

생김새 암수가 거의 비슷하게 생겼지만 짝짓기 무렵에는 수컷 머리깃이 좀 더 길다. 몸 위쪽은 연한 황갈색을 띠고 아래쪽은 흰색 바탕에 가슴에 갈색 세로줄 무늬가 있다. 부리는 연한 황갈색으로 길고 아래로 약간 굽었다. 다리와 발은 살구색인데 뒷발가락 발톱이 아주 길다.

몸길이 17cm

사는 곳 풀밭, 언덕, 논밭, 마을

먹이 곤충, 애벌레, 거미, 곡식, 풀씨

분포 우리나라, 중국, 인도, 유럽, 아프리카

구분 텃새

뿔종다리 *Galerida cristata*

직박구리

Hypsipetes amaurotis / Brown-eared Bulbul

직박구리는 '찌빠, 찌빠' 하는 소리를 낸다고 붙은 이름이다. 북녘에서는 찍박구리라고 부른다. 학명은 높이 날고 귀 부분이 어둡다는 뜻이다.

시골 마을이나 숲에서 많이 살고 도시 공원에서도 산다. 여름에는 암수가 함께 다니고 새끼를 치고 난 겨울에는 가족끼리 무리 지어 다닌다. 사는 곳을 이동할 때는 수십 마리에서 수백 마리씩 무리 짓기도 한다. 흔히 나무 위에서 지내고 땅 위로 내려오는 일은 거의 없다. 나무 사이를 날아다니면서 날카롭고 요란한 소리를 자주 내는데, 한 마리가 울면 그 소리를 듣고 다른 직박구리들이 모여들어 같이 울곤 한다. 여름에는 하늘을 날면서 날고 있는 곤충을 입으로 낚아채거나 거미를 잡아먹는다. 겨울에는 굴피나무, 노각나무, 쥐똥나무 열매나 동백꽃의 꿀을 먹고 감나무에 남겨 둔 까치밥을 쪼아 먹기도 한다. 산수유나무, 산딸나무, 감나무, 벚나무 들의 열매나 꿀을 먹으려고 도시의 아파트에도 많이 찾아온다. 과일을 즐겨 먹다 보니 과수원에 피해를 주기도 한다. 날 때는 날갯짓을 해서 날아오른 뒤 날개를 몸에 붙이고 파도를 그리면서 난다.

5~6월에 짝짓기를 한다. 잎이 우거진 나뭇가지에 나무껍질, 나뭇잎, 풀잎을 쌓아 밥그릇처럼 생긴 둥지를 짓는다. 알은 5개를 낳는데 황백색 바탕에 분홍색 무늬가 있다. 암컷이 13일쯤 알을 품어서 새끼가 태어나면 다시 10일쯤 먹이를 잡아다 먹이며 키운다. 알을 품고 새끼를 키우는 동안에는 울음소리도 내지 않고 둘레에 천적의 울음소리만 들려도 날아가 사납게 공격을 한다. 하지만 새끼를 키워 내보내고 나면 다시 요란하게 운다.

우리나라에 한 해 내내 사는 흔한 텃새로 겨울에는 남해안과 제주도 동백나무 숲에서 많이 볼 수 있는데, 북녘에는 흔하지 않은 것으로 알려져 있다. 일본과 동남아시아에서도 텃새로 산다. 일본이나 동남아시아에서도 텃새로 산다.

생김새 암수가 비슷하게 생겼다. 머리꼭대기, 등, 꼬리가 청회색이고 날개는 회갈색이다. 날개는 짧고 둥근 편이다. 가슴과 배에 있는 청회색 깃털은 끝이 흰색이라 마치 청회색 바탕에 흰색 점이 퍼진 것처럼 보인다. 뺨에는 갈색 반점이 있고 아랫배도 연한 갈색을 띤다. 눈은 갈색, 부리는 검은색, 다리는 적갈색이며 꼬리깃이 길게 뻗어 있다.

몸길이 27cm
사는 곳 마을, 숲
먹이 곤충, 거미, 나무 열매, 꽃꿀
분포 우리나라, 일본, 동남아시아
구분 텃새

직박구리 *Hypsipetes amaurotis*

검은이마직박구리 *Pycnonotus sinensis*

직박구리보다 몸집이 훨씬 작고 몸 색도 다르다.

이마에 있는 검은색 무늬가 뚜렷하다.

제비

Hirundo rustica / Barn Swallow

제비는 사람과 가장 가까운 새 가운데 하나다. 둥지도 사람 사는 집 처마에 자주 트는데 조상들은 자기 집 처마에 둥지를 튼 제비가 새끼를 많이 치면 풍년이 든다고 믿고 좋아했다. 옛이야기에도 자주 나온다. 흥부 놀부 이야기에서는 다리를 다친 제비가 강남에 갔다가 이듬해에 박씨를 물어 온다. 우리나라에서 새끼를 치고 가을에 동남아시아로 날아가 겨울을 난 다음 봄에 다시 돌아오는 제비의 습성이 고스란히 담겨 있다.

흔히 시골 마을 둘레에 사는데, 도시에서도 밝은 등을 켜 놓은 곳에 잘 나타난다. 자주 먹는 먹이인 나방이 많이 모여들기 때문이다. 짝짓기 무렵에는 혼자 또는 암수가 함께 살다가 새끼 치기가 끝나면 가족과 함께 수십 마리씩 무리 짓는다. 다리가 짧아 땅에서 잘 걷지 못한다. 그래서 둥지 지을 때 쓰는 볏짚이나 진흙을 찾을 때만 땅에 내려오고 평소에는 하늘을 날아다니거나 전봇줄, 빨랫줄, 나뭇가지 위에 앉아 지낸다. 나는 속도가 아주 빠른 데다 움직임도 재빨라서 제멋대로 방향을 바꾸면서 난다. 먹이를 구할 때는 입을 벌린 채 하늘을 날아다니면서 나방이나 파리, 딱정벌레, 매미, 벌, 잠자리 같은 곤충을 잡아먹는다. 곡식 낟알은 먹지 않는다.

한 해에 2번 짝짓기를 한다. 4~7월에 새끼를 치고 키워 내보내면 둥지를 고쳐서 8월에 다시 짝짓기를 한다. 둥지는 건물 틈이나 한옥 처마 밑, 다리 밑 빗물이 들이치지 않는 곳에 짓는다. 볏짚과 진흙에 침을 섞어 밥그릇처럼 만들고 바닥에는 마른 풀이나 다른 새의 깃털을 물어다 깐다. 알은 4~6개 낳는데 흰색 바탕에 적갈색 무늬가 있다. 암수가 번갈아 가며 15일쯤 알을 품으면 새끼가 태어난다. 다시 20일 남짓 먹이를 물어다 주며 키우면 새끼는 어미만큼 자라 둥지를 떠난다.

우리나라를 비롯한 중국, 일본, 러시아, 미국, 유럽에서 새끼를 치고 동남아시아나 오스트레일리아에서 겨울을 난다. 대만에서는 텃새로 지내기도 한다. 예전에는 흔했지만 농사에 농약을 쓰는 바람에 곤충이 줄어들면서 곤충을 먹고 사는 제비 또한 줄어 갈수록 보기 힘들어지고 있다.

생김새 머리와 등, 날개는 빛을 받으면 푸른빛이 도는 검은색이며, 이마와 멱은 적갈색이다. 가슴과 배는 흰색 또는 붉은빛이 도는 흰색을 띤다. 날개는 끝이 뾰족하고, 긴 꼬리는 가운데가 파인 채 두 갈래로 갈라져 있다. 암컷은 수컷보다 꼬리가 짧다.

몸길이 18cm
사는 곳 마을
먹이 곤충
분포 우리나라, 중국, 일본, 동남아시아, 오스트레일리아
구분 여름 철새

제비 *Hirundo rustica*

참새목
제비과

귀제비

Cecropis daurica / Red-rumped Swallow

귀제비는 '맥, 매액' 하는 소리를 내서 맥맥이, 맥매구리라고도 불린다. 북녘에서는 귀제비가 하늘을 날 때 보이는 허리 색을 본떠 붉은허리제비라고 한다.

흔히 시골 마을 둘레에 사는데, 봄여름에는 혼자 또는 암수끼리 다니다가 짝짓기가 끝나면 가족끼리 다닌다. 제비와 마찬가지로 다리가 짧아 잘 걷지 못하기 때문에 둥지 만들 재료를 찾을 때 말고는 땅 위로 내려오지 않는다. 높은 전봇줄이나 나무에 앉아 쉬고, 하늘을 날아다니면서 딱정벌레나 매미, 파리 같은 곤충을 잡아먹는 습성도 비슷하다. 날 때는 날갯짓을 자주 하지 않고 미끄러지듯이 날며 갈라진 꼬리깃을 하나로 모을 때가 많다. 방향을 자주 바꾸는 제비와는 달리 빠르면서도 부드럽게 나는 편이다.

5~7월에 짝짓기를 한다. 해마다 같은 곳을 찾아가 2번씩 새끼를 친다. 비가 들이치지 않는 건물 틈이나 다리 밑에 병을 뉘어 놓은 듯 구멍이 작고 옆으로 길게 생긴 둥지를 짓는다.* 진흙과 짚을 짓이겨 만들고 바닥에는 마른 풀과 깃털을 깐다. 해마다 같은 둥지를 쓰기도 하고 바로 옆에 새로 짓기도 한다. 알은 5개쯤 낳는데 무늬 없이 깨끗한 흰색을 띤다. 암수가 번갈아 가며 20일쯤 품으면 새끼가 태어난다.

우리나라를 비롯한 중국 동부, 일본, 몽골에서 새끼를 치고 중국 남부와 동남아시아에서 겨울을 난다. 대만과 중국 남부 일부 지역에서는 한 해 내내 산다. 1980년대까지만 해도 도시 둘레에서도 흔히 볼 수 있는 새였지만 요즘에는 수가 크게 줄어 보기 힘들다.

생김새 머리와 등, 날개는 제비처럼 푸른빛이 도는 검은색이고 햇빛을 받으면 반짝인다. 눈 둘레와 뺨, 허리는 적갈색을 띤다. 가슴과 배는 연한 적갈색 바탕에 검은색 세로줄 무늬가 있다. 꼬리는 제비처럼 가운데가 파인 포크처럼 생겼지만 길이가 좀 더 길다.

* 예전에는 귀제비가 처마에 찾아와 둥지를 틀면 사람들이 장대로 뜯어 없애는 일이 많았다. 둥지가 무덤과 비슷하게 생겨서 재수가 없다고도 하고, 둥지 구멍이 작고 좁아서 사람 사는 집에 틀면 하는 일이 잘 안 풀린다고 여겼기 때문이다. 그래서 귀제비는 사람이 사는 집 둘레에는 얼씬도 못하고 떨어져 있는 건물이나 다리로 가서 둥지를 틀게 되었다.

몸길이 19cm
사는 곳 마을 둘레
먹이 곤충
분포 우리나라, 중국, 일본, 인도, 러시아
구분 여름 철새

귀제비 *Cecropis daurica*

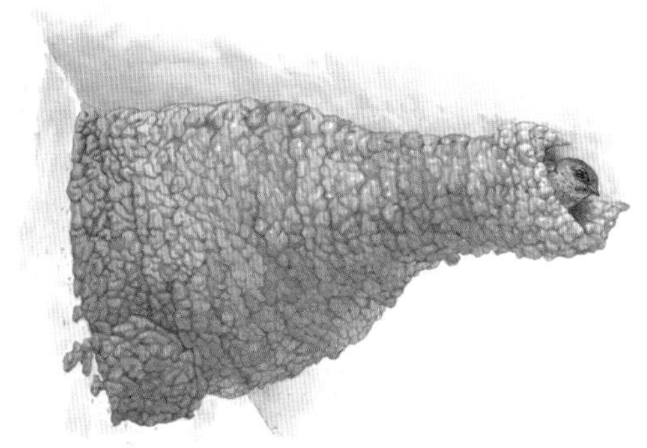

둥지는 병을 뉘어 놓은 것처럼 구멍이 작고 옆으로 길다.

휘파람새

Horornis diphone / Japanese Bush Warbler

휘파람새는 이름처럼 휘파람과 비슷한 소리를 낸다. 낮은 소리를 낼 때는 피죽도 못 먹은 것 같다고 피죽새라고도 하고, 남부 지방에서는 '고비용, 고비용' 하고 우는 것 같다고 고비용새라고 부르기도 한다. 학명은 두 가지 소리를 내는 새라는 뜻인데 휘파람새가 여러 가지 소리를 내기 때문인 것으로 보인다. '호로로로로록' 하고 휘파람과 비슷한 소리를 내기도 하고 '찌찌찌찌쫏 찟쫏 찟쫏' 하는 소리를 내기도 한다.

논밭이나 떨기나무가 많은 숲 속에서 산다. 겨울에도 무리를 짓지 않고 혼자 또는 암수가 함께 산다. 겁이 많아 땅으로는 잘 내려오지 않고 떨기나무나 키가 큰 풀숲에 들어가 몸을 숨기고 지낸다. 딱정벌레, 나비, 벌, 매미 같은 곤충과 애벌레, 거미를 먹고 겨울에는 식물 씨앗을 먹는다. 몸집이 작은 다른 새들과 달리 높이 날지도 않고 먼 거리를 날아다니지도 않는다. 나무 위에서 몸을 수평으로 유지하면서 보는 방향만 자꾸 바꾸거나 몸을 좌우로 활발하게 흔드는 습성이 있다.

봄에 우리나라에 도착하자마자 큰 울음소리를 내면서 자기 세력권을 알린다. 세력권 크기는 작은 편이라 좁은 땅 안에 여러 마리가 산다. 5~8월이 되면 수컷이 논밭 둘레에 있는 덩굴 식물 꼭대기에 앉아 울면서 암컷을 부른다. 짝짓기를 하고 나면 떨기나무 숲이나 대나무 숲 속으로 날아가 둥지를 튼다. 나뭇가지나 줄기 사이에 풀잎과 풀 줄기로 밥그릇처럼 만들고 바닥에는 동물의 털이나 깃털을 깐다. 적갈색이나 녹색 알을 4~6개 낳는다. 암컷이 14일쯤 알을 품으면 새끼가 태어난다. 갓 나온 새끼는 알몸에 눈 위와 뒤통수에만 갈색 털이 나 있으며 입안이 노란색을 띤다.

새끼를 치고 나면 중국이나 일본 남부, 동남아시아로 날아가 겨울을 나고 이듬해 4월에 다시 찾아온다. 몇몇은 제주도와 남해안에 남아 겨울을 나기도 한다. 경기도와 내륙 지방에는 높은 소리와 낮은 소리를 두루 내는 휘파람새가 많지만, 남부 지방과 서해안, 제주도에는 단순히 높은 소리만 내는 섬휘파람새가 많이 산다.

생김새 암수가 거의 비슷하게 생겼다. 머리꼭대기와 등, 날개, 꼬리는 회갈색이고 턱과 가슴, 배는 회백색이다. 눈 위에는 회백색 눈썹줄이 있다. 부리는 황갈색이고 다리는 살구색을 띤다. 입을 벌리고 울 때는 주황색 입안이 환히 보인다.

몸길이 수컷 16cm, 암컷 13cm
사는 곳 논밭, 숲, 산기슭
먹이 곤충, 애벌레, 거미, 씨앗
분포 우리나라, 중국, 러시아
구분 여름 철새

휘파람새 *Horornis diphone*

오목눈이

Aegithalos caudatus / Long-tailed Tit

오목눈이는 작고 동그란 눈이 오목하게 들어가 있는 것처럼 보이는 새다. 북녘에서는 오목눈 또는 긴꼬리오목눈이라고 부른다. 학명에도 긴 꼬리를 지닌 새라는 뜻이 담겨 있다.

마을 둘레의 야산이나 여러 가지 나무가 무성한 숲에서 산다. 여름에는 암수가 함께 다니다가 새끼를 치고 난 겨울에는 다른 새들과 10~20마리씩 무리를 짓는다. 박새 무리와 같이 다닐 때가 많다. 주로 나뭇가지에 앉아 지내고 나무 위쪽으로만 옮겨 다닌다. 여름에는 곤충이나 곤충 알, 거미를 잡아먹고, 겨울이 오면 나무 열매와 씨앗을 먹는다. 날 때는 날개를 힘차게 젓는데 나는 방향이 불규칙한 편이다. '찌, 찌, 찌' 또는 '찌리, 찌리' 하고 쥐와 비슷한 소리를 낸다.

4~6월에 짝짓기를 하고 둥지는 향나무나 측백나무 같은 큰키나무나 개나리 같은 떨기나무 가지 사이에 튼다. 이끼와 작은 나뭇가지, 깃털을 모아 거미줄로 엮은 다음, 구멍을 옆으로 내어서 긴 병을 눕혀 놓은 것처럼 만든다. 구멍은 어미 혼자 겨우 드나들 만큼 작게 내고 겉에는 나무껍질을 덮어서 천적 눈에 잘 띄지 않도록 한다. 이끼로 만든 둥지는 꽤 푹신하면서도 탄력 있어서, 새끼 몸집이 커질수록 둥지도 틈이 조금씩 벌어지면서 점점 커진다. 바닥에 깃털을 깔고 흰색 알을 7~10개 낳아 15일쯤 품는다. 태어난 새끼는 다시 15일 동안 둥지에서 부모의 보살핌을 받고 자란다. 어미는 새끼한테 주로 거미를 잡아다 먹인다. 가끔 오목눈이 두 쌍이 한 둥지에서 새끼를 치는 때도 있다.

한 해 내내 우리나라에 살면서 짝짓기를 하고 새끼를 치는 새다. 일본, 중국 동부, 러시아에서도 텃새로 산다.

생김새 몸통은 둥그스름하니 조그맣고, 꼬리가 아주 길어서 8cm쯤 된다. 머리, 턱, 가슴, 배는 흰색이고 눈썹줄과 목덜미, 등, 날개, 꼬리는 검은색이다. 어깨와 옆구리는 살짝 붉은빛이 돈다. 부리는 작고 짧지만 단단하다. 눈과 다리는 암갈색을 띤다.

몸길이 14cm

사는 곳 야산, 숲, 마을, 공원, 과수원

먹이 곤충, 곤충 알, 거미, 나무 열매, 씨앗

분포 우리나라, 중국, 일본, 몽골, 러시아, 유럽

구분 텃새

오목눈이 *Aegithalos caudatus*

흰머리오목눈이 *Aegithalos caudatus caudatus*

눈썹줄이 없어 머리 전체가 흰색을 띤다. 오목눈이보다 개체 수가 적다. 겨울 철새다.

산솔새

Phylloscopus coronatus / Eastern Crowned Warbler

산에 사는 솔새 무리 가운데 가장 흔한 새다.

높은 산에 사는 새로 해발 600m쯤 되는 산 중턱의 숲에 많이 산다. 혼자 또는 암수가 함께 사는데, 짝짓기를 하고 나서도 여럿이 무리를 짓지 않는 것이 특징이다. 기울어진 나뭇가지에 앉아 있을 때도 제 몸은 수평을 유지하는 습성이 있다. 땅 위로 내려오는 일은 거의 없고, 나무 위에서 나뭇잎을 뒤지거나 나무와 나무 사이를 활발하게 날아다니면서 먹이를 찾는다. 흔히 딱정벌레, 나비, 벌, 파리 같은 곤충과 애벌레, 거미를 잡아먹는다. 날갯짓이 아주 재빠르지만 높이 날거나 한 번에 오랫동안 나는 일은 드물다.

짝짓기 무렵인 4~6월이 되면 하루 종일 높은 소리로 울면서 자기 세력권을 알리고 짝을 찾는다. 둥지는 넓은잎나무숲이나 떨기나무숲 속 땅바닥이나 벼랑의 움푹 파인 곳에 튼다. 이끼와 풀줄기, 나무껍질, 나뭇잎을 쌓아 밥그릇처럼 둥그스름하게 만들고 구멍은 옆으로 낸다. 바닥에는 동물 털이나 깃털을 깐다. 알은 5개쯤 낳는데 흰색을 띤다. 암컷이 알을 품은 지 13일쯤 되면 새끼가 태어난다. 갓 나온 새끼는 알몸인데 눈 위와 뒤통수, 날개 위쪽에만 회색 털이 나 있다. 먹이를 잡아다 먹이면서 14일쯤 키우면 새끼는 둥지를 떠난다.

새끼를 치고 나면 동남아시아로 가서 겨울을 나고 이듬해 봄에 다시 찾아온다. 중국 북부, 일본, 러시아에서도 새끼를 친다. 산솔새와 생김새가 비슷한 노랑눈썹솔새는 봄가을에 우리나라를 지나는 나그네새인데, 드물게 북녘에 머물면서 새끼를 치기도 한다.

생김새 암수가 비슷하게 생겼다. 머리꼭대기와 등, 날개, 꼬리는 황록색이고 멱부터 가슴과 배는 흰색이다. 이마에서 머리꼭대기까지 연한 녹색 줄이 있고, 눈 위에는 흰색 눈썹줄이 굵고 뚜렷하게 뻗어 있다. 위쪽 부리는 흑갈색이지만 아래쪽 부리는 노란색을 띤다. 다리는 황갈색이다.

몸길이 13cm

사는 곳 야산, 숲, 공원, 정원

먹이 곤충, 애벌레, 거미

분포 우리나라, 중국, 일본, 동남아시아, 러시아

구분 여름 철새

산솔새 *Phylloscopus coronatus*

노랑눈썹솔새 *Phylloscopus inornatus*

산솔새보다 몸집이 작고 눈썹줄이 노란색이다. 날개에 흰색 띠가 두 줄 있다. 봄가을에 우리나라를 지나는 나그네새다.

개개비

Acrocephalus orientalis / Oriental Reed Warbler

짝짓기 무렵이면 수컷이 '개개비비, 개개비비' 하고 시끄러운 소리를 내서 개개비라는 이름이 붙었다. 북녘에서는 갈대밭에 사는 새라고 갈새라 부른다. 학명에는 갈대밭에 사는 머리가 뾰족한 새라는 뜻이 담겨 있다.

갈대밭이나 강가 덤불 속에서 숨어 산다. 땅 위에 내려오는 일 없이 덤불 사이를 옮겨 다닌다. 숲이나 논밭과 수풀을 돌아다니면서 먹이를 구한다. 흔히 딱정벌레, 나비, 메뚜기, 벌, 잠자리 같은 곤충이나 거미, 고둥, 우렁이, 개구리를 먹는다. 풀씨를 찾아 먹기도 한다. 날 때는 날개를 부드럽게 저으면서 갈대 위를 스치듯 날아다닌다. 그보다 높이 나는 일은 흔치 않기 때문에 쉽게 보기 힘들다.

5월에 우리나라에 오자마자 강이나 호수의 갈대밭에서 시끄럽게 울면서 자기 세력권을 알리고 짝짓기 할 암컷을 찾는다. 세력권이 작은 편이라 좁은 땅 안에 여러 마리가 산다. 짝짓기가 끝나고 나면 거의 울지 않기 때문에 찾기가 어렵다. 물 위로 길게 자란 갈대나 줄풀과 같은 수중 식물의 줄기 사이에 풀 줄기를 엮어 밥그릇처럼 생긴 둥지를 만든다. 장마에 둥지가 떠내려가지 않도록 수면에서 1~1.5m 되는 높이에 짓는다. 우거진 갈대밭 줄기 사이에 둥지를 지으면 둥지가 잘 안 보여서 천적의 눈을 피할 수 있다. 둥지 바닥에는 풀 줄기나 뿌리를 깐다. 알은 4~6개 낳는데 청백색 바탕에 갈색이나 녹색 무늬가 있다. 암컷이 15일쯤 품으면 새끼가 태어난다. 새끼는 먹이를 받아먹으며 자란 지 10일 안에 날개깃이 나오고 12일쯤 되면 둥지를 떠난다.

10월 중순쯤 되면 개개비는 동남아시아에 가서 겨울을 나고 이듬해 5월에 다시 찾아온다. 일본과 중국에서도 새끼를 치며 동남아시아 곳곳에서는 한 해 내내 텃새로 지낸다.

생김새 암수가 비슷하게 생겼다. 머리꼭대기부터 몸 위쪽은 가을철 갈대와 비슷한 황갈색이나 회갈색이고 날개 끝과 꼬리는 더 진하다. 가슴과 배는 황백색을 띠는데, 가슴에 갈색 세로줄 무늬가 있는 새도 있다. 눈 위에는 흰색 눈썹줄이 뻗어 있고 위쪽 부리는 갈색, 아래쪽 부리는 노란색이다. 다리는 적회색을 띤다.

몸길이 18cm
사는 곳 갈대밭, 강
먹이 곤충, 거미, 개구리, 풀씨
분포 우리나라, 중국, 일본, 몽골, 동남아시아
구분 여름 철새

개개비 *Acrocephalus orientalis*

둥지는 우거진 갈대밭 줄기 사이에 짓는데 장마에 떠내려가지 않게 수면 위 1~1.5m 높이에 짓는다.

붉은머리오목눈이

Sinosuthora webbiana / Vinous-throated Parrotbill

붉은머리오목눈이는 오목눈이 무리 가운데 머리 색이 붉은빛을 띠는 새다. 뱁새* 라고도 한다. "뱁새가 황새 따라가다 가랑이 찢어진다."는 속담에 나오는 뱁새가 바로 붉은머리오목눈이다. 사실 참새보다 흔한 새지만 크기가 작아서 눈에 잘 띄지 않는다. 북녘에서는 부비새라고 부른다. 학명에는 예상 밖의 새, 곧 특이한 새라는 뜻이 담겨 있다.

야산 기슭이나 물가 갈대밭에서 산다. 짝짓기 때는 암수가 같이 살다가 새끼를 치고 나면 수십 마리씩 무리 지어 다니면서 요란하게 지저귄다. 천적 눈에 잘 띄지 않도록 갈대나 덤불 속에 숨은 채로 질서 있게 한 마리씩 움직인다. 움직임이 재빠르고 움직일 때 긴 꼬리를 쓸듯이 좌우로 흔드는 습성이 있다. 여름에는 주로 매미나 메뚜기 같은 곤충을 잡아먹고 겨울에는 야산에서 갈대씨 같은 풀씨를 찾아 먹는다.

5~6월에 우리나라에서 짝짓기를 한다. 둥지는 1m가 넘지 않는 떨기나무 가지나 덤불에 튼다. 마른 풀과 풀뿌리를 거미줄로 엮어 밥그릇처럼 만들고 바닥에는 물어 온 천 조각과 풀을 깐다. 흔히 푸른색 알을 3~6개 낳는데, 때때로 흰색 알을 낳는 새도 있다. 암수가 번갈아 가면서 10일 남짓 알을 품으면 새끼가 태어난다. 어미는 영양 많은 애벌레나 거미를 잡아다 먹이면서 새끼를 돌본다. 가끔 뻐꾸기가 둥지에 찾아와 몰래 알을 낳아 놓고 가면 그 알까지 같이 품고 기른다. 뻐꾸기 새끼는 태어나자마자 둥지에 있는 붉은머리오목눈이 알과 새끼를 밖으로 밀어 낸 다음 가짜 어미한테 먹이를 받아먹고 자란다.

전국에 퍼져 한 해 내내 사는 텃새다. 하지만 몸집이 작고 날개 길이도 짧아 오래 날지 못하기 때문에 뭍에서 떨어진 섬에서는 못 살고 내륙에서만 볼 수 있다. 중국 동남부에서도 텃새로 산다.

생김새 암수가 비슷하게 생겼다. 머리, 등, 날개는 적갈색이고 배는 황갈색이다. 부리는 짧고 굵으며 꼬리는 거의 몸통만큼이나 길다. 부리는 짧고 굵으며 흑갈색을 띤다. 다리도 흑갈색이다.

* 흔히 작고 가늘게 째진 눈을 일러 뱁새눈이라고 하는데 실제로 뱁새인 붉은머리오목눈이 눈은 둥글고 오목하게 들어가 있다. 왜 뱁새눈이란 말이 나왔는지 모를 일이다.

몸길이 13cm

사는 곳 야산, 갈대밭, 숲

먹이 곤충, 애벌레, 거미, 씨앗

분포 우리나라, 중국, 러시아, 동남아시아

구분 텃새

붉은머리오목눈이 *Sinosuthora webbiana*

붉은머리오목눈이는 뻐꾸기 새끼 몸집이 자기보다 훨씬 커져도 자기 새끼인 줄 알고 열심히 먹이를 잡아다 먹인다.

동박새

Zosterops japonicus / Japanese White-eye

동백꽃이 필 때면 동백꽃의 꿀을 빨아 먹고 살아서 동박새라는 이름이 붙었다. 북녘에서는 남동박새라고도 한다. 학명은 눈에 테두리가 있는 새라는 뜻이다.

흔히 동백나무가 많은 숲에서 산다. 동백꽃의 꿀을 좋아하는 데다 몸이 황록색을 띠어서 사철 푸른 동백나무 숲에 있으면 천적들 눈을 피하기도 좋기 때문이다. 짝짓기 무렵에는 혼자 또는 암수가 함께 다니다가 새끼를 치고 나면 여럿이 무리 지어 다닌다. 같은 동박새를 비롯해 참새, 박새, 뱁새, 숲새, 촉새처럼 몸집이 작은 새들끼리 모이는데, 천적이 다가오면 한꺼번에 시끄러운 소리를 내면서 경계한다. 주로 나무 위에서 지내고 땅 위에는 잘 내려앉지 않는다. 혀는 끝이 두 가닥으로 길게 갈라져 있어 과일즙이나 꽃꿀을 빨기에 알맞다. 꽃꿀을 먹을 때는 혀를 꽃 속으로 쭉 뻗어서 빨아 먹고, 과일즙을 먹을 때는 부리로 열매에 구멍을 낸 다음 구멍 속에 혀를 넣어 빨아 먹는다. 동백꽃 꿀과 꽃가루를 즐겨 먹고 머루, 다래, 버찌, 산딸기처럼 단맛이 나는 열매도 잘 먹는다. 파리나 모기 같은 곤충과 진드기, 거미를 잡아먹기도 한다. 봄이면 동백나무 숲뿐 아니라 대나무 숲, 나무 울타리 같은 곳에서 요란하게 울면서 봄이 왔음을 알린다. 예로부터 어부들은 동박새 울음소리가 들리면 겨우내 창고에 넣어 둔 그물을 꺼내 손질하고 바다에 고기 잡으러 갈 준비를 했다고 한다.

5~6월에 짝짓기를 하고 이끼, 깃털, 나무껍질을 거미줄로 엮어서 밥그릇처럼 생긴 둥지를 만든다. 특히 먹이를 구하기 쉬운 동백나무에 많이 짓는다. 바닥에는 동물 털과 풀뿌리를 깐다. 알은 4개를 낳는데 흰색이나 청백색이다. 암수가 번갈아 가며 12일쯤 품으면 새끼가 태어난다. 먹이를 잡아다 먹이며 12일쯤 키우고 나면 새끼는 어미만큼 자라서 둥지를 떠난다.

우리나라 서해안, 남해안, 제주도, 울릉도에서 짝짓기 하면서 한 해 내내 산다. 특히 동백꽃이 필 때면 동백나무 숲에 많이 모여든다. 일본과 중국 남부, 동남아시아에서도 텃새로 산다.

생김새 암수가 비슷하게 생겼다. 머리와 등은 황록색이고 날개와 꼬리는 녹갈색이다. 가슴과 배, 옆구리는 연한 갈색을 띤다. 검고 동그란 눈 둘레에는 흰색 테가 뚜렷하게 있다. 부리는 암회색인데 가늘면서 뾰족하고 다리도 암회색을 띤다.

몸길이 12cm

사는 곳 숲

먹이 꽃꿀, 꽃가루, 나무 열매, 곤충, 거미

분포 우리나라, 일본, 중국, 동남아시아

구분 텃새

동박새 *Zosterops japonicus*

동백나무가 많은 숲에 살면서 동백꽃 꿀이나 꽃가루를 즐겨 먹는다.

상모솔새

Regulus regulus / Goldcrest

상모솔새는 머리꼭대기에 있는 노란색 깃털이 풍물놀이 할 때 쓰는 벙거지 꼭지에 다는 털상모 같다고 붙은 이름이다. 북녘에서는 상모박새라고 한다. 우리나라에 사는 새 가운데 몸집이 가장 작은 새 가운데 하나다.

여름에는 높은 산의 향나무나 소나무가 많은 숲에서 살다가 겨울이 되면 산기슭이나 야산으로 내려온다. 봄가을에 이동할 때는 정원이나 공원에서도 보이고 겨울에는 먹이를 찾아 마을 둘레까지 오기도 한다. 흔히 혼자 또는 암수끼리 다니지만 박새나 오목눈이와 섞여 지낼 때도 있다. 여름에는 나뭇잎과 가지 사이를 바쁘게 날아다니면서 딱정벌레, 벌, 파리, 매미 같은 곤충과 곤충 알, 거미를 잡아먹는다. 겨울에는 풀씨와 솔씨를 먹고 산다. 겨울밤에는 낙엽 밑이나 덤불 속에서 잠을 잔다. 봄여름에 '찌리리, 찌이, 찌이' 하고 쇳소리와 비슷한 소리를 낸다는데 우리나라에서는 겨울을 나기 때문에 듣기 힘들다.

4~7월에 러시아에서 짝짓기를 하고 바늘잎나무가 많은 숲의 나뭇가지에 둥지를 튼다. 나무가 크다 보니 둥지도 땅에서 2~7m 위에 자리 잡는다. 암수가 함께 풀 줄기와 깃털, 이끼로 밥그릇처럼 생긴 둥지를 만든 다음 나뭇가지 끝에 거미줄로 엮어 매단다. 바닥에는 동물 털이나 깃털을 깔고 둥지 위쪽은 나뭇가지와 잎으로 덮어서 안이 보이지 않도록 한다. 알은 5~8개 낳는데 황회색 바탕에 갈색 무늬가 있다. 암컷이 16일쯤 품으면 새끼가 나오고, 다시 20일 동안 키우면 새끼는 다 자라서 둥지를 떠난다.

늦가을에 우리나라와 중국 남동부, 일본을 찾아 겨울을 난다. 수는 많지 않지만 해마다 찾아오는 새로 우리나라에서는 겨울에 전나무나 소나무 같은 바늘잎나무가 있는 숲 또는 야산에서 볼 수 있다. 히말라야 산맥과 시베리아에도 퍼져 산다.

생김새 머리는 회색, 등은 황록색이고 가슴과 배는 황백색이다. 검은색 날개에는 흰색 띠가 있다. 머리꼭대기에는 노란색 깃털이 있고 양옆으로는 검은색 깃털이 나 있다. 수컷은 노란색 깃털 가운데에 붉은색 깃털이 있어서 그것으로 암수를 구별한다. 부리는 흑갈색, 다리는 갈색을 띤다.

몸길이 10cm
사는 곳 숲, 야산
먹이 곤충, 곤충 알, 거미, 씨앗
분포 우리나라, 중국, 일본, 러시아, 유럽
구분 겨울 철새

상모솔새 *Regulus regulus*

머리꼭대기는 노란색이고 양옆으로 검은색 세로줄 무늬가 있다.

굴뚝새

Troglodytes troglodytes / Winter Wren

굴뚝새는 겨울이면 사람이 사는 집 굴뚝 속을 들락날락해서 이런 이름이 붙었다. 사람들은 굴뚝새가 그 속에서 둥지를 틀고 사는가 보다고 생각하지만, 사실은 따뜻한 굴뚝 속에서 겨울을 나는 곤충을 잡아먹으려고 그러는 것이다. 북녘에서는 쥐새라고 부른다. 학명에는 동굴에 사는 새라는 뜻이 담겨 있다. 동굴처럼 어둡고 그늘진 곳을 잘 찾아다니기 때문이다.

마을 돌담 둘레나 개울가, 계곡 둘레에서 산다. 계곡 둘레에 나무뿌리가 드러난 곳이나 자른 나무를 쌓아 놓은 곳에 자주 모인다. 짧은 꼬리를 위로 바짝 치켜세우는 습성이 있는데, 울음소리를 낼 때는 아예 꼬리가 등과 맞닿도록 한껏 몸을 젖히곤 한다. '쨱쨱' 하고 두 음절로 우는데 작은 몸집과는 달리 소리가 꽤 큰 편이다. 나뭇가지를 이리저리 재빠르게 옮겨 다니면서 주로 딱정벌레 같은 곤충이나 곤충 알, 애벌레를 찾아 잡아먹는다. 때로는 물속에 들어가 돌을 뒤집어 가며 강도래나 날도래 같은 곤충을 찾아 먹기도 한다.

5~6월에 짝짓기를 한다. 수컷은 깊은 산으로 들어가 자기 세력권을 정한 다음 이른 아침부터 맑고 아름다운 소리로 울면서 암컷을 부른다. 둥지는 나무뿌리 사이나 바위틈에 이끼와 풀뿌리를 쌓아 공처럼 둥글게 만든다. 천적이 쉽게 찾지 못하도록 가짜 둥지를 여러 개 만들기도 한다. 구멍은 위쪽으로 내고 바닥에는 부드러운 깃털을 깐다. 알은 4~6개 낳는데 흰색이거나 흰색 바탕에 흐린 적갈색 무늬가 있다. 15일쯤 알을 품으면 새끼가 태어나고 암컷 혼자 17일쯤 키우면 새끼는 둥지를 떠난다. 그동안 수컷은 둥지와 좀 떨어진 곳에서 지낸다. 둥지를 새로 만든 다음 다른 암컷을 불러 새끼를 치기도 하는데, 한 해에 서너 마리와 짝짓기를 하는 개체도 많다.

한 해 내내 우리나라에 사는 텃새다. 여름에는 높은 산속 개울가에서 지내다가 겨울이 다가오면 산기슭이나 마을로 내려온다. 일본과 중국 북부에서도 한 해 내내 산다.

생김새 참새보다도 몸집이 작다. 몸이 둥그스름하게 생겼고 어두운 적갈색을 띠는데 가슴과 배는 색이 조금 연하다. 온몸에 검은색 가로줄 무늬가 퍼져 있다. 날개는 짧고 둥글며 꼬리는 짧고 자주 쫑긋하게 세운다. 눈은 흑갈색이고 부리와 다리는 황갈색이다.

몸길이 10cm
사는 곳 마을, 개울가, 계곡
먹이 곤충, 곤충 알, 애벌레, 거미
분포 우리나라, 아시아, 유럽
구분 텃새

굴뚝새 *Troglodytes troglodytes*

동고비

Sitta europaea / Eurasian Nuthatch

동고비는 깊은 산속이나 공원에 사는 새다. 특히 썩은 나무에서 많이 산다. 여름에는 혼자 또는 암수가 함께 살다가 새끼를 치고 나면 박새나 쇠박새, 딱따구리 무리와 섞여 다닌다. 주로 나무 위에서 지내고 땅 위로는 내려오지 않는다. 발가락 힘이 세서 딱따구리처럼 꼬리로 지탱하지 않고도 나무줄기에서 마음대로 매달리고 오르내린다. 나무줄기를 잡고 머리를 땅 쪽으로 향한 채 내려오기도 하고, 아예 나뭇가지 아래쪽에 거꾸로 매달리기도 한다. 큰 이동 없이 돌아다니는 시간과 장소가 일정한 편이다.

여름에는 날카로운 부리를 써서 나무껍질을 쪼아 속에 있는 애벌레를 먹거나 곤충, 거미를 잡아먹는다. 겨울에는 곤충 알이나 솔씨나 나무 열매를 찾아 먹는다. 먹이가 많을 때는 나뭇가지 틈에 숨겨 두었다가 나중에 먹기도 한다. 잣이나 쌀을 비에 젖지 않게 뿌려 두면 날아와 먹는 것을 볼 수 있다. 등산로 둘레에서 사람들이 흘린 음식 부스러기를 주워 먹기도 한다.

3~7월에 짝짓기를 한다. 수컷은 높은 나뭇가지에 앉아 '삐잇, 삐잇' 또는 '삐삐삐삐' 하고 울면서 암컷을 부른다. 짝짓기가 끝나면 깊은 산속 딱따구리가 쓰던 둥지나 나무구멍에 둥지를 튼다. 몸집에 비해 구멍이 크면 진흙을 덧붙여 몸만 간신히 드나들 수 있는 크기로 줄인다. 바닥에는 나뭇잎과 풀뿌리를 깔아 푹신하게 만든다. 알은 7개쯤 낳는데 흰색 바탕에 갈색 무늬가 있다. 암수가 번갈아 가며 15일쯤 품으면 새끼가 태어나고, 먹이를 물어다 먹이면서 25일쯤 키우면 새끼는 둥지를 떠난다.

우리나라에서 새끼를 치면서 한 해 내내 사는 텃새지만 자연 개발과 환경 오염으로 갈수록 수가 줄어들고 있다. 일본, 중국, 러시아에서도 텃새로 살고 유럽이나 북아프리카에도 퍼져 산다.

생김새 몸집은 참새만 한데 더 통통한 편이다. 수컷은 머리와 등이 회청색이다. 뺨과 목은 흰색이고 검은색 눈줄이 목덜미까지 뻗어 있다. 배와 옆구리는 황갈색이며 부리는 흑갈색, 다리는 연한 갈색을 띤다. 발가락이 길고 꼬리는 짧은 편이다. 암컷은 수컷과 거의 비슷한데, 회청색 부분이 더 진하고 황갈색 부분은 연하다.

몸길이 13cm
사는 곳 산, 공원
먹이 곤충, 거미, 솔씨, 나무 열매, 곡식
분포 우리나라, 중국, 일본, 러시아, 유럽, 아프리카
구분 텃새

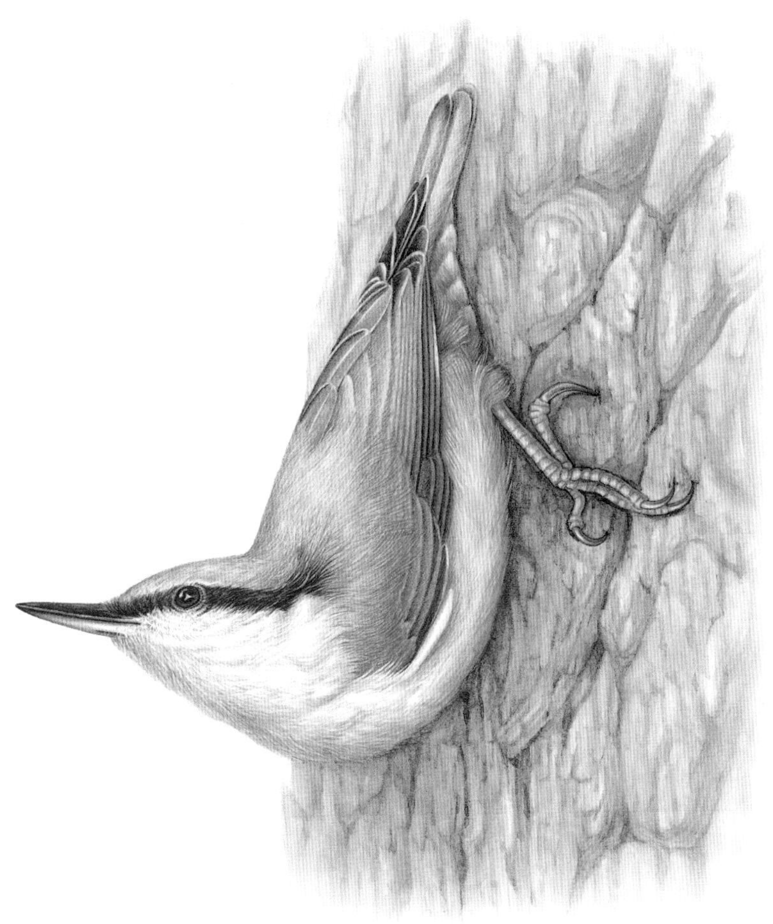

동고비 *Sitta europaea*

몸집에 비해 둥지 구멍이 크면 진흙을 덧붙여 작게 줄인다.

찌르레기

Spodiopsar cineraceus / White-cheeked Starling

'찌르, 찌르, 찌르릇' 하고 소리 낸다고 찌르레기라고 한다. 찌르레기 무리 가운데 가장 흔하다. 학명은 몸이 회색을 띠는 찌르레기라는 뜻이고, 영명은 뺨이 흰 찌르레기라는 뜻이다.

논밭이나 산기슭에 산다. 여름에는 암수끼리 살고 겨울에는 무리 지어 산다. 큰 나무 위나 대나무 숲에서 잠을 자고, 이른 아침과 저녁 무렵이면 요란한 소리를 내면서 먹이를 찾아 나선다. 나무와 나무 사이를 날면서 옮겨 다니거나 땅 위를 재빠르게 걸어 다니면서 먹이를 찾는다. 걸을 때는 머리를 앞뒤로 움직이면서 어깨를 높이 들고 다닌다. 가끔씩 부리로 개미를 물고 자기 몸을 구석구석 문질러서 몸에 있는 이나 진드기를 없애는 개미 목욕을 한다.

지렁이, 달팽이, 개구리, 쥐 같은 작은 동물을 고루 잡아먹고, 해충을 많이 잡아먹어서 농사에 도움을 준다. 밀, 보리 같은 곡식과 나무 열매도 먹는다. 특히 버찌는 찌르레기가 즐겨 먹는 열매다. 날 때는 날갯짓을 빠르게 하면서 직선으로 날고, 땅에 내려앉을 때는 몇 번씩 원을 그리며 맴돌다가 미끄러지듯이 앉는다. 여럿이 날 때는 질서 없이 제멋대로 나는 편이다.

이른 봄에 우리나라를 찾아와 4~5월에 짝짓기를 한다. 둥지는 고목 구멍이나 바위틈에 짓는다. 딱따구리가 쓰던 둥지나 사람이 달아 놓은 둥지를 그대로 쓰기도 하고, 나무 구멍이 클 때는 여러 쌍이 함께 새끼를 치기도 한다. 마른 풀과 나무껍질, 깃털을 써서 밥그릇처럼 오목하게 만든 다음 청백색 알을 4~9개 낳는다. 암수가 번갈아 가며 12일쯤 품으면 새끼가 태어난다. 어린 새는 어른 새보다 몸 색이 흐리고 갈색 기운이 돈다.

우리나라를 비롯한 중국 동북부와 몽골, 시베리아에서 새끼를 치고 중국 남부와 일본, 동남아시아에서 겨울을 난다. 10~11월이면 새끼를 치고 남쪽 나라로 이동하는 찌르레기 무리가 전봇줄에 나란히 앉아 쉬는 모습을 볼 수 있다. 우리나라 남부 지방에 남아 겨울을 나는 무리도 있다.

생김새 몸이 전체적으로 회색을 띠는데 머리, 멱, 가슴은 흑회색이고 눈 둘레와 뺨은 흰색이다. 등과 날개는 진한 회색이고 배는 회백색이다. 주황색 부리는 길고 뾰족하며 끝이 검은색을 띤다. 다리도 주황색이다.

몸길이 24cm

사는 곳 논밭, 산기슭, 공원, 언덕, 마을

먹이 곤충, 지렁이, 달팽이, 뱀, 개구리, 쥐, 곡식, 나무 열매

분포 우리나라, 중국, 일본, 몽골, 러시아, 동남아시아

구분 여름 철새

찌르레기 *Spodiopsar cineraceus*

흰점찌르레기 *Sturnus vulgaris*

찌르레기보다 조금 작다. 전체적으로 검은색을 띤 녹색이고 온몸에 흰색 반점이 있다. 부리는 검은색이다. 짝짓기 하는 여름철에는 몸이 청자주색을 띠며 부리가 노란색으로 바뀐다.

호랑지빠귀

Zoothera aurea / White's Thrush

호랑지빠귀는 호랑이처럼 황갈색 바탕에 검은색 무늬가 얼룩덜룩하게 있어서 붙은 이름이며 호랑티티라고도 부른다. 짝짓기 무렵이면 깊은 산속에서 낮이나 밤이나 '휘-이, 휘-이' 하고 귀신이 우는 듯 스산한 소리를 내서 귀신새나 혼새라고 부르기도 한다. 학명은 몸이 금색을 띠고 곤충을 잡아먹는 새라는 뜻이다. 지빠귀 무리 가운데 몸집이 가장 크다.

깊은 숲 속이나 시골 마을의 나무가 많은 곳에 산다. 땅바닥을 걸어 다니면서 부리로 바닥에 쌓인 나뭇잎을 뒤져 가며 먹이를 찾는다. 주로 딱정벌레나 나비, 매미, 벌, 지네 같은 곤충을 잡아먹고 거미나 달팽이, 지렁이도 먹는다. 겨울에는 곡식과 나무 열매를 먹고 산다. 땅 위에서는 조용히 먹이를 찾다가 날아오를 때는 '끼끼끼' 하고 낮은 소리를 낸다. 날 때는 날개 밑면에 검은색과 흰색 가로띠가 보인다.

5~7월에 짝짓기를 한다. 수컷이 나무 위에 앉아 '휘-이, 휘-이' 하는 소리를 내면서 암컷을 부른다. 짝짓기를 마치면 야산이나 우거진 숲 속에서 땅으로부터 1.5~6m 높이에 있는 나뭇가지에 둥지를 튼다. 작은 나뭇가지와 이끼, 나뭇잎을 쌓아 밥그릇처럼 만들고 바닥에는 솔잎을 깐다. 알은 3~5개 낳는데 청백색 바탕에 적갈색 무늬가 있다. 알을 품어서 새끼가 태어나면 암수가 번갈아 지렁이를 잡아다 먹이면서 15일쯤 키운다. 새끼한테 줄 지렁이를 몇 마리씩 입에 물고 다니는 모습이 종종 보인다.

예전에는 우리나라에서 새끼를 치고 나면 중국 남부 지방과 동남아시아로 가서 겨울을 보내는 여름 철새였다. 하지만 요즘에는 겨울 날씨가 따뜻해지면서 남부 지방에서는 한 해 내내 볼 수 있게 되었다. 일본, 중국, 대만에서도 텃새로 사는 무리가 있다.

생김새 암수가 비슷하게 생겼다. 머리꼭대기, 등, 날개는 황갈색이고 배는 황백색을 띤다. 검은색 비늘무늬가 온몸을 덮고 있으며 부리는 흑갈색, 다리는 살구색이다. 숲 속에 있으면 몸에 있는 무늬가 보호색 역할을 해서 눈에 잘 띄지 않는다.

몸길이 30cm
사는 곳 숲, 마을
먹이 곤충, 거미, 달팽이, 지렁이, 곡식, 나무 열매
분포 우리나라, 중국, 일본, 러시아
구분 텃새

호랑지빠귀 *Zoothera aurea*

어미는 지렁이를 잔뜩 잡아 와 새끼들한테 고루 나누어 먹인다.

흰배지빠귀

Turdus pallidus / Pale Thrush

흰배지빠귀는 지빠귀 무리 가운데 배가 흰 편인 새로, 흰배티티라고도 부른다. 지빠귀 무리 가운데 가장 흔하기도 해서 전국 어디서나 볼 수 있다.

울창한 숲 속에서 산다. 짝짓기 하는 여름에는 암수가 함께 깊은 숲 속에 살다가 겨울이 오면 혼자 야산 기슭으로 내려가 지낼 때가 많다. 이동할 때는 여럿이 무리 지어 다닌다. 나뭇가지를 옮겨 다니면서 딱정벌레나 거미를 잡아먹고, 땅 위로 내려가 사람처럼 양쪽 다리를 번갈아 걷거나 뛰어다니면서 지렁이나 지네를 먹기도 한다. 장미과나 포도과 나무의 열매와 식물 씨앗도 잘 먹는다. 경계심이 강해서 인기척이 조금만 느껴지면 멀리 날아가 버린다. 날 때는 날개를 빠르게 퍼덕이면서 직선으로 난다. 꼬리깃을 펼치면 양쪽 끝에 있는 흰색 반점이 잘 보인다.

5~6월에 짝짓기를 한다. 수컷이 나무에 앉아 '꾜로로롱' 또는 '삐리리링' 하고 끝소리를 굴리면서 암컷을 부르는 울음소리를 낸다. 짝짓기가 끝나면 높이가 3m쯤 되는 넓은잎나무 가지를 찾아 둥지를 튼다. 나무뿌리와 마른 풀, 이끼를 쌓아 밥그릇처럼 오목하게 만들고 바닥에는 솔잎이나 풀 줄기를 깐다. 알은 4~5개 낳는데 연한 청록색 바탕에 적갈색과 연보라색 무늬가 있다.

거의 여름에 우리나라에서 새끼를 치고 동남아시아로 가서 겨울을 나는 여름 철새지만, 남해안과 제주도, 울릉도에서 겨울을 나는 무리도 있다. 이른 봄부터 여름까지 우리나라 산골짜기 곳곳에서 짝을 찾는 울음소리를 들을 수 있다. 특히 무주 구천동과 지리산에 많이 산다.

생김새 수컷은 머리와 멱, 날개 끝이 진한 회색이고 등과 날개는 녹갈색이다. 배는 흰색 바탕에 연한 회색 무늬가 있고 아래꼬리덮깃은 흰색이다. 위쪽 부리는 검은색이고 아래쪽 부리는 노란색을 띤다. 눈 둘레에는 노란색 테가 있으며 다리는 노란색이다. 암컷은 머리, 등, 꼬리가 연한 갈색이고 목과 배는 흰색이다. 옆구리에 갈색 무늬가 있고 부리는 갈색이다.

몸길이 23cm

사는 곳 숲, 야산, 공원

먹이 나무 열매, 씨앗, 곤충, 지렁이, 거미

분포 우리나라, 중국, 일본, 몽골, 동남아시아, 러시아

구분 여름 철새

흰배지빠귀 *Turdus pallidus*

노랑지빠귀

Turdus naumanni / Naumann's Thrush

지빠귀 무리 가운데 몸에 노란색이 많은 새라고 노랑지빠귀라고 한다.

바늘잎나무와 넓은잎나무가 고루 우거진 숲과 풀밭에서 10~20마리씩 무리 지어 산다. 우리나라에 머무는 겨울에는 찔레나무, 산수유나무, 사과나무, 붉나무, 팥배나무 열매를 자주 먹고 식물 씨앗도 먹는다. 짝짓기를 하는 여름에는 곤충과 지렁이를 잡아먹으면서 몸에 양분을 저장한다.

5~6월에 러시아의 시베리아와 중국 만주에서 짝짓기를 한다. 떨기나무의 낮은 가지나 땅 위에 마른 풀을 쌓아 밥그릇처럼 생긴 둥지를 만들고 바닥에는 가는 풀 줄기를 깐다. 알은 5개쯤 낳는데 진한 녹색 바탕에 적갈색이나 연보라색 무늬가 있다.

해마다 10~11월이면 우리나라를 비롯한 중국, 일본, 동남아시아를 찾아 겨울을 나는 새다. 시골에 있는 미루나무나 버즘나무 꼭대기에서 다른 노랑지빠귀들을 불러 모아 무리를 지으려고 요란하게 우는 모습을 볼 수 있다. 예전에는 사람들이 사냥하는 대표적인 새 가운데 하나여서 공기총을 쏘아 잡아먹었다고 한다.

생김새 수컷은 머리와 등, 날개가 회갈색이고 눈썹줄은 연한 적갈색이다. 가슴은 흰색 바탕에 적갈색 점무늬가 있고 꼬리도 진한 적갈색을 띤다. 겨울이 되면 전체적으로 노란색 기운이 짙어진다. 암컷은 등과 어깨가 갈색이고 가슴은 흑갈색이다.

노랑지빠귀의 분류 노랑지빠귀는 몸에 노란색이 많고 개똥지빠귀는 몸에 갈색이 많은 차이가 있을 뿐 전체적인 생김새는 아주 비슷하며 두 종의 중간 형태를 띠는 새들도 있다. 그래서 현재 조류학계에서는 노랑지빠귀와 개똥지빠귀를 같은 종으로 보고 아종으로 나누는 학자도 있고, 처음부터 서로 다른 종으로 보는 학자도 있다. 한국조류목록(2009)에서도 서로 다른 종으로 기록하고 있다. 이 책에서는 Gill, F & D Donsker (2014. IOC World Bird List)의 기준을 따라 서로 다른 종으로 다루었다.

몸길이 24cm
사는 곳 숲, 야산, 논밭, 정원
먹이 나무 열매, 씨앗, 곤충, 지렁이
분포 우리나라, 일본, 중국, 러시아
구분 겨울 철새

노랑지빠귀 *Turdus naumanni*

개똥지빠귀

Turdus eunomus / Dusky Thrush

개똥처럼 몸에 갈색과 검은색이 뒤섞여 있다고 개똥지빠귀라고 한다. '티티-' 하고 운다고 티티새라고도 하고 북녘에서는 개티티 또는 검은색티티라고 한다.

시골 마을이나 논밭, 과수원 둘레에서 10마리 안팎으로 무리 지어 산다. 봄가을에 이동할 때는 수십 마리씩 큰 무리를 짓는다. 먹이를 구할 때도 무리 지어 나뭇가지 사이를 날아다니거나 땅 위를 걸어 다닌다. 땅 위에서는 양쪽 다리를 번갈아 움직이면서 걷는데, 네다섯 걸음 걷다가 멈추고 다시 걷기를 되풀이한다. 주로 씨앗이나 나무 열매를 먹는데 특히 앵두나 배 같은 과일을 즐겨 먹는다. 여름에는 딱정벌레나 파리, 나비, 벌 같은 곤충을 먹고, 낙엽 쌓인 땅 속을 뒤져 지렁이를 잡아먹기도 한다.

5~6월에 러시아의 시베리아에서 짝짓기를 한다. 둥지는 숲 속 떨기나무 가지 위나 땅 위에 마른 풀을 쌓아서 밥그릇처럼 만들고 바닥에도 마른 풀을 깐다. 알은 5개쯤 낳는데 청백색 바탕에 적갈색이나 연보라색 무늬가 있다.

새끼를 치고 나면 10월쯤 우리나라를 비롯한 중국 동부, 일본, 인도를 찾아 겨울을 난다. 지빠귀 무리 가운데 노랑지빠귀 다음으로 많이 찾아오는 새다. 남부 지방의 야산이나 논밭 둘레에서 볼 수 있다. 흔히 개똥지빠귀는 우리나라보다 일본에 많이 살고 노랑지빠귀는 우리나라에 더 많이 산다고 한다.

생김새 머리꼭대기, 등, 꼬리는 흑갈색이고 날개는 적갈색이다. 눈썹줄과 멱은 황백색을 띠고 가슴과 배는 황백색 바탕에 검은색 점무늬가 많다. 아래꼬리덮깃은 흰색이다. 부리는 밝은 노란색인데 끝이 갈색이며 다리는 황갈색이나 적갈색을 띤다. 암컷은 수컷에 비해 머리꼭대기와 등이 갈색을 띠고 옆구리는 적갈색을 띤다.

몸길이 24cm

사는 곳 마을, 논밭, 숲, 야산, 과수원

먹이 나무 열매, 곤충, 지렁이, 씨앗

분포 우리나라, 중국, 일본, 러시아

구분 겨울 철새

개똥지빠귀 *Turdus eunomus*

큰유리새

Cyanoptila cyanomelana / Blue-and-White Flycatcher

큰유리새는 유리처럼 맑고 푸른색을 띠는 유리새 무리 가운데 몸집이 가장 크다고 붙은 이름이다. 북녘에서는 큰류리새라고 부른다. 학명은 검은빛이 도는 파란색 깃을 지닌 새라는 뜻이다.

나무가 우거진 숲이나 계곡 둘레에서 암수가 함께 산다. 새끼를 치고 나면 가족끼리 무리 지어 다닌다. 주로 나무 위에서 지내고 땅 위에는 내려오지 않는다. 나뭇가지에 한번 자리 잡으면 잘 움직이지 않는 편이다. 먹이를 잡을 때도 날고 있는 곤충이 보이면 날아가 낚아챈 다음 다시 나뭇가지로 돌아와서 먹는다. 흔히 딱정벌레나 나비, 메뚜기 같은 곤충과 거미, 지네를 잡아먹고 나무 열매도 먹는다. 부리 기부가 넓고 둘레에 빳빳한 털이 있어 곤충을 잘 잡을 수 있다. 날 때는 날갯짓이 꽤 빠르다.

해마다 4~8월에 수컷이 산속 나무 위에서 멱에 난 깃털을 세운 채 지저귄다. 자기 세력권을 알리면서 짝짓기 할 암컷을 찾으려는 것이다. 때로는 흰눈썹황금새나 멧새 울음소리를 듣고 따라 하기도 한다. 둥지는 계곡 둘레 바위틈이나 벼랑의 구멍에 이끼와 낙엽을 쌓아 짓는다. 밥그릇처럼 둥글고 오목하게 만들고 바닥에는 가는 나무뿌리를 깐다. 알은 5개쯤 낳는데 흰색 또는 회백색 바탕에 연한 갈색 무늬가 있다. 암컷이 15일쯤 알을 품으면 새끼가 태어난다. 가끔 매사촌이 찾아와 뻐꾸기처럼 알을 낳아 놓고 가기도 한다.

우리나라 말고도 중국, 일본, 러시아에서 새끼를 치고 가을에는 인도네시아, 말레이시아를 비롯한 동남아시아로 가서 겨울을 난다. 이듬해 봄이면 서해를 건너 다시 찾아오는데, 주로 섬에 있는 숲 속을 돌아다니면서 먹이를 찾기 때문에 눈에 잘 띄지 않는다.

생김새 수컷은 머리, 등, 꼬리는 진한 파란색이고 뺨과 멱, 가슴, 허리는 검은색이며 배는 흰색이다. 부리는 검은색, 다리는 암갈색이다. 암컷은 수컷보다 몸집이 조금 작으면서 보호색을 띤다. 머리부터 등까지는 녹갈색이고 목, 가슴은 연한 갈색을 띠며 배는 흰색이다.

몸길이 17cm

사는 곳 숲, 계곡, 야산, 공원

먹이 곤충, 거미, 지네, 나무 열매

분포 우리나라, 중국, 일본, 몽골, 동남아시아

구분 여름 철새

수컷

암컷

큰유리새 *Cyanoptila cyanomelana*

울새

Larvivora sibilans / Rufous-tailed Robin

집에 둘러놓은 울타리 틈새를 자주 들락거려서 울새라고 부른다. 키가 작은 떨기나무 덤불 속에도 자주 들락거린다. 북녘에서는 울타리새라고 한다. 학명에는 피리를 불듯이 운다는 뜻이 담겨 있다. 실제로도 '삐삐삐삐' 또는 '또로로로로로' 하고 피리를 불듯 소리를 길게 늘이면서 운다.

깊은 숲 속이나 시골 마을 둘레에서 혼자 또는 암수가 함께 산다. 이른 아침에는 숲이나 마을 둘레를 날아다니다가 낮이 되면 나무가 우거진 숲 속으로 들어간다. 흔히 땅 위에 쓰러져 있는 나무 위나 덤불 사이를 걷거나 뛰어다니면서 먹이를 찾는다. 땅에 사는 지렁이를 잡아먹고 딱정벌레나 나비, 벌 같은 곤충과 애벌레도 먹는다. 날 때는 높게 날고 땅 위에서는 재빠르게 움직인다.

6~7월에 중국 북부와 러시아의 바늘잎나무 숲에서 짝짓기를 한다. 수컷이 나뭇가지에 앉아 꼬리를 까딱까딱하면서 큰 소리로 울면 암컷이 찾아온다. 둥지는 숲 속 계곡 둘레나 썩은 나무 구멍 속에 마른 나뭇잎과 나뭇가지, 이끼를 쌓아 밥그릇처럼 만든다. 알은 4개쯤 낳는데 연한 청록색 바탕에 갈색 무늬가 있다. 12일쯤 품으면 새끼가 태어난다. 새끼를 치고 나면 울음소리를 거의 내지 않는다.

10월에 중국 남부와 동남아시아로 날아가서 겨울을 난다. 우리나라에는 흔히 새끼 치러 오가는 때인 5월과 10월에 잠시 들러 쉬어 가는데, 개체 수가 많지 않은 데다가 주로 숲 속 땅 위에서 지내기 때문에 사람 눈에는 잘 띄지 않는다. 5월에 서해안 섬의 숲 속에서는 울새가 5~6마리씩 모여 서로 다투듯이 여러 가지 소리로 우는 것을 들을 수 있다. 먼 거리를 이동하느라 지쳐서인지 사람을 많이 경계하지는 않는다.

생김새 머리꼭대기, 등, 날개는 연한 갈색이고 꼬리는 적갈색이다. 멱부터 배까지는 흰색 바탕에 갈색 비늘무늬가 있다. 부리는 흑갈색이고 다리는 분홍색이나 적갈색을 띤다. 암컷은 수컷과 비슷하지만 몸 색이 연하고 몸집이 조금 작다.

몸길이 14cm

사는 곳 숲, 마을

먹이 곤충, 애벌레, 지렁이, 거미

분포 우리나라, 중국, 일본, 러시아, 동남아시아

구분 나그네새

울새 *Larvivora sibilans*

꼬까울새 *Erithacus rubecula*

울새와 몸집이 비슷하며 얼굴과 가슴이 뚜렷한 주황색이다. 유럽에서 매우 흔한 새인데 우리나라에서는 2006년에 홍도에서 처음 관찰된 뒤로 가끔씩 보인다.

유리딱새

Tarsiger cyanurus / Orange-flanked Bush Robin

유리처럼 맑고 푸른빛을 띠는 딱새다. 북녘에서는 류리딱새라고 부른다. 학명에는 꼬리가 파란 새라는 뜻이 담겨 있다.

바늘잎나무가 많은 숲 속이나 공원에서 혼자 또는 암수가 함께 산다. 겨울이 되면 평지나 수풀이 많은 곳으로 가서 작은 무리를 짓기도 한다. 땅 위를 뛰어다니거나 덤불 속을 뒤지면서 먹이를 찾는다. 여름에는 딱정벌레, 나비, 벌, 파리 같은 곤충과 거미를 먹고 곤충이 드문 겨울에는 나무 열매나 풀씨를 먹는다. 다른 딱새 무리보다 경계심이 적어 사람이 가까이 가도 도망가지 않는다. 날 때는 쉼 없이 날갯짓을 하면서 직선으로 난다. 나뭇가지나 흙더미에 앉아 꼬리를 위아래로 흔들면서 '따륵, 따륵' 하는 소리를 내기도 한다.

4~6월에 북녘의 북부 지방이나 러시아의 시베리아에서 짝짓기를 한다. 수컷이 아침부터 저녁까지 끊임없이 지저귀면서 암컷을 부른다. 둥지는 숲 속 바위틈이나 흙벽의 구멍, 수풀 속에 밥그릇처럼 오목하게 짓는다. 바닥에는 이끼, 마른 나뭇잎, 깃털을 깐다. 알은 3~8개 낳는데 흰색 바탕에 적갈색이나 회색 무늬가 있다. 암컷 혼자 알을 품어 새끼가 태어나면 곤충과 애벌레를 잡아다 먹이면서 기른다. 새끼는 태어난 지 15일쯤 지나면 둥지를 떠난다. 어린 새 수컷은 암컷과 비슷하게 생겼지만 어깨에 파란색 반점이 있고 옆구리의 주황색이 훨씬 진하다.

새끼를 치고 겨울이 되면 동남아시아로 날아가 겨울을 난다. 우리나라에는 새끼 치러 이동하는 봄가을에 들러 쉬어 간다. 특히 4월에 중국 쪽에서 날아온 유리딱새 무리가 서해안 섬에 있는 숲으로 많이 찾아온다. 오랜 시간 날다 보니 지쳐서 눈도 제대로 못 뜨고 수풀 속에 들어가 쉬는 모습을 볼 수 있다. 가끔 가을에 찾아온 유리딱새 몇 마리가 남부 지방에 남아 겨울을 나기도 한다.

생김새 수컷은 머리꼭대기에서 꼬리까지는 파란색이고 목부터 배까지는 흰색이다. 옆구리는 밝은 주황색을 띤다. 눈과 부리, 다리는 검은색이며 눈 위에는 흰색 눈썹줄이 있다. 암컷은 머리꼭대기에서 등까지 연한 녹갈색이고 목부터 배까지는 황백색이다. 옆구리 색은 수컷과 같다.

몸길이 14cm
사는 곳 숲, 공원
먹이 곤충, 나무 열매, 풀씨
분포 우리나라, 중국, 일본, 몽골
구분 나그네새

수컷

암컷

유리딱새 *Tarsiger cyanurus*

흰눈썹황금새

Ficedula zanthopygia / Yellow-rumped Flycatcher

흰눈썹황금새는 눈 위에 있는 눈썹줄이 흰색이고 가슴과 배가 황금처럼 밝은 노란색을 띠는 새다. 북녘에서는 흰눈섭황금새라고 한다. 생김새가 비슷한 황금새는 눈썹줄이 노란색이다.

야산이나 숲처럼 나무가 많은 곳에서 산다. 나뭇가지에 앉아 있다가 날아다니는 곤충을 보면 다가가 입으로 낚아챈 다음 다시 나무 위로 돌아가 먹는다. 딱정벌레나 나비, 벌, 파리 같은 곤충과 거미를 잡아먹고 애벌레도 먹는다. 부리 둘레에 빳빳한 털이 나 있어 곤충이 잘 걸려든다. 나뭇가지에 앉아 꼬리를 위아래로 흔들면서 '따륵 따륵' 하고 우는 습성이 있다.

5~7월에 짝짓기를 한다. 수컷은 아침 일찍부터 '삐요비, 삐요비' 하고 소리를 내면서 암컷을 부른다. 둥지는 큰키나무 구멍이나 가지 위, 지붕의 기와 밑에 튼다. 이끼와 풀 줄기, 거미줄을 엮어 밥그릇처럼 만들고 바닥에는 풀뿌리나 솔잎, 동물의 털을 깐다. 사람이 만들어 달아 놓은 둥지를 쓰기도 한다. 알은 5개쯤 낳는데 흰색 바탕에 적갈색이나 연보라색 무늬가 있다. 암컷이 10일쯤 품으면 새끼가 태어나고, 다시 15일 동안 곤충과 애벌레를 물어다 먹이면서 보살피면 새끼는 둥지를 떠난다.

우리나라를 비롯한 중국, 몽골, 러시아에서 새끼를 친다. 가을에는 따뜻한 동남아시아로 옮겨가서 겨울을 나고 이듬해 4월 말에서 5월 초에 다시 찾아온다. 자연 개발로 숲이 줄어들면서 개체 수가 꾸준히 줄고 있다.

생김새 수컷은 몸 위쪽이 거의 다 검은색이고 눈썹줄과 날개에 있는 무늬만 흰색이다. 턱부터 가슴, 배까지는 진한 노란색을 띤다. 부리와 꼬리는 검은색이고 다리는 진한 갈색이다. 암컷은 머리와 날개가 황갈색이고 등은 황록색이다. 허리는 노란색이며 가슴과 배는 황백색을 띤다. 수컷과는 달리 눈썹줄이 희미해서 거의 보이지 않는다.

몸길이 13cm

사는 곳 야산, 숲, 마을, 공원, 정원

먹이 곤충, 거미, 애벌레

분포 우리나라, 중국, 몽골, 러시아, 동남아시아

구분 여름 철새

수컷

암컷

흰눈썹황금새 *Ficedula zanthopygia*

참새목
솔딱새과

딱새

Phoenicurus auroreus / Daurian Redstart

딱새는 누군가를 경계할 때 울타리나 나뭇가지에 앉아 머리와 꼬리를 들썩이면서 입으로 '딱, 따닥, 딱' 하는 소리를 낸다. 귀신이 나온다고들 하는 대나무 숲에서 자주 보이는 데다 몸 색이 울긋불긋해서 무당새라 부르기도 한다.

숲 속이나 마을 둘레 대나무 숲에서 산다. 무리를 짓지 않고 혼자 또는 암수가 함께 다닌다. 높은 나무에는 앉지 않고 주로 키가 작은 떨기나무 위에서 지낸다. 꼬리를 파르르 떠는 습성이 있고 천적이 다가가면 위아래 부리를 부딪치면서 '딱딱딱딱' 소리를 낸다. 사람이 다가가도 쉽게 달아나지 않는 편이다. 떨기나무나 덤불 위에 앉아 있다가 먹이를 발견하면 땅 위로 내려온다. 땅에서는 오래 머무르지 않고 곧 날아올라 있던 곳으로 돌아간다. 여름에는 딱정벌레나 파리 같은 곤충과 거미를 잡아먹고 겨울에는 나무 열매나 풀씨를 먹는다.

4월이면 수컷은 하루 종일 나뭇가지에 앉아 꼬리를 흔들면서 암컷을 부르는 소리를 낸다. 짝짓기를 하고 나면 마을 둘레의 눈에 잘 띄지 않는 바위나 건물 틈을 찾아 둥지를 짓는다. 때로는 사람이 달아 놓은 둥지를 쓰거나 시골집의 부엌 구석에 틀기도 한다. 이끼와 풀뿌리, 나뭇잎을 쌓아 접시처럼 넓게 만들고 바닥에는 깃털을 깐다. 알은 하루에 하나씩 모두 5~7개 낳는다. 청백색 바탕에 붉은색 무늬가 있는 알을 암컷 혼자 품고 기른다.

새끼를 치고 나면 마을이나 도시 공원에서도 볼 수 있다. 우리나라에서 한 해 내내 사는 텃새지만 봄가을에는 수가 더 늘어난다. 몽골이나 러시아에서 새끼를 치고 동남아시아에서 겨울을 나는 무리가 이동하다가 쉬어 가기 때문이다.

생김새 수컷은 머리꼭대기에서 목덜미까지는 회색이고 얼굴과 날개는 검은색이다. 날개에는 흰색 반점이 있으며 가슴과 배, 꼬리는 밝은 적갈색을 띤다. 암컷은 머리꼭대기와 등, 가슴이 연한 갈색이고 날개에 수컷처럼 흰색 반점이 있다.

몸길이 14cm
사는 곳 숲, 논밭, 마을, 공원
먹이 곤충, 거미, 나무 열매, 씨앗
분포 우리나라, 중국, 일본, 몽골, 러시아
구분 텃새

딱새 *Phoenicurus auroreus*

바다직박구리

Monticola solitarius / Blue Rock Thrush

바다직박구리는 이름처럼 바닷가에 많이 사는 새다. 수컷 어린 새와 암컷 몸에 희끗희끗한 무늬가 있는 모습이 직박구리와 닮아서 이런 이름이 붙은 것으로 보인다.

주로 바닷가 벼랑에서 살고 뭍으로는 잘 가지 않는다. 혼자 또는 암수가 함께 살고 세력권을 만들어 지킨다. 바닷가 바위를 돌아다니면서 지네, 게, 새우를 잡아먹고 딱정벌레, 벌, 파리, 나비, 메뚜기 같은 곤충과 도마뱀도 먹는다. 겨울에는 나무 열매를 먹고 산다.

해마다 4~6월이면 수컷이 앞이 훤히 트인 바위 위나 높은 나뭇가지에 앉아 소리를 내면서 짝을 찾는다. 쉴 새 없이 지저귀면서 수직으로 날아올라 암컷 눈길을 끈다. 사람이 사는 집의 지붕 위에 앉아 울기도 하고, 암컷이 수컷과 비슷한 소리를 낼 때도 있다. 짝짓기를 마치면 사람이 드문 바닷가 벼랑이나 바위틈, 건물 틈에 가는 나무뿌리나 마른 풀을 쌓아 밥그릇처럼 생긴 둥지를 만든다. 바닥에는 가는 풀뿌리를 깐다. 알은 5개쯤 낳는데 청백색을 띤다. 새끼는 자라면서 몸색 변화가 큰 편이다. 어릴 때는 온몸에 흰색 무늬가 있지만 다 자라면 없어진다.

우리나라를 비롯한 일본, 대만, 터키, 인도네시아, 필리핀에서 한 해 내내 살면서 새끼를 치지만, 아주 적은 수는 우리나라에서 대만이나 동남아시아까지 이동하기도 한다. 주로 동해안과 남해안의 섬에서 볼 수 있고 설악산처럼 높고 바위가 많은 산에서도 보인다. 1960년대까지만 해도 바닷가 사람들이 어렵지 않게 잡아다 길렀다지만 요즘에는 수가 많이 줄었다.

생김새 암수가 다르게 생겼다. 수컷은 머리, 등, 목, 가슴이 파란색이고 배와 아래꼬리덮깃은 적갈색이다. 날개와 꼬리, 부리와 다리는 검은색을 띤다. 눈은 갈색이다. 암컷은 머리와 등이 암갈색이고, 가슴과 배는 연한 갈색 바탕에 가로로 황갈색과 흑갈색 비늘무늬가 있다. 부리도 몸과 비슷한 갈색을 띤다. 보호색 때문에 사람이나 천적 눈에 잘 띄지 않는다.

몸길이 25cm

사는 곳 바다, 벼랑, 마을, 산

먹이 곤충, 도마뱀, 새우, 게, 갯지렁이, 나무 열매

분포 우리나라, 중국, 일본, 동남아시아

구분 텃새

수컷

암컷

바다직박구리 *Monticola solitarius*

물까마귀

Cinclus pallasii / Brown Dipper

물가에 사는 거무스름한 새라고 물까마귀라고 한다. 북녘에서는 물쥐새라고 부르는데, 이것 또한 몸 색을 보고 빗대어 붙인 이름인 듯하다.

개울가나 산속의 바위가 많은 계곡에서 혼자 또는 암수가 함께 산다. 낮에는 물가의 나뭇가지나 바위를 옮겨 다니면서 쉰다. 앉아 있을 때는 짧은 꼬리를 위아래로 까딱거릴 때가 많다. 주로 저녁에 물속에 들어가 날개를 파닥거리며 헤엄치거나 걸어 다니면서 먹이를 찾는다. 머리를 물속에 넣고 찾을 때는 몸이 물살에 떠밀리지 않도록 부리로 돌을 물기도 한다. 물고기와 물에 사는 곤충, 애벌레를 자주 먹는데 한번 잠수를 하면 15초쯤 견딘다.* 잠수할 때는 깃털에 있는 공기층이 반사되어 몸이 은색으로 빛난다. 가재나 개구리를 잡아먹기도 한다. 얕은 물에서 목욕을 자주 하고, 흐르는 물을 따라 둥둥 떠다니기도 한다. 날 때는 낮고 빠르게 날고 땅이나 바위 위에서는 두 다리를 모은 채 통통 뛰어다닌다. 물가 바위에 흰색 똥을 싸서 세력권을 표시하는 습성이 있다.

3~4월에 짝짓기를 한다. 둥지는 폭포 뒤나 물가 벼랑의 바위틈, 다리 밑처럼 으슥하고 그늘진 곳에 이끼를 써서 둥글게 만든다. 물과 가까운 곳에 지어도 이끼를 두껍게 다져 만들어서 쉽게 무너지지 않는다. 바닥에는 낙엽과 풀뿌리를 깔고 흰색 알을 5개쯤 낳는다. 암컷이 15일쯤 품어서 새끼가 태어나면 애벌레를 잡아다 먹이면서 키운다. 20일 남짓 지나면 새끼들은 둥지를 떠난다.

한 해 내내 우리나라에서 사는 텃새로 중국이나 일본, 동남아시아에서도 새끼를 치고 산다. 우리나라에서는 산기슭의 계곡이나 개울에 많이 사는데, 겨울이 되면 물이 얼지 않은 곳을 찾아 하류로 옮겨 다닌다.

생김새 암수가 비슷하게 생겼다. 몸이 전체적으로 적갈색을 띠는데, 날개와 꼬리는 흑갈색이고 부리와 다리는 밝은 회색이다. 날개는 짧고 둥글어서 물속에서 헤엄칠 때 마찰이 적다. 꼬리는 짧고 위로 살짝 올라가 있다.

* 물까마귀는 오리 무리처럼 깃털에 기름기가 많아 깃털이 물에 젖지 않는 것은 물론 체온을 일정하게 유지할 수 있다. 게다가 눈에는 눈을 보호하는 얇은 막이 있고 콧구멍도 여닫을 수 있기 때문에 헤엄을 잘 치고 잠수도 잘한다.

몸길이 22cm
사는 곳 개울, 계곡, 강, 호수
먹이 물고기, 곤충, 애벌레, 가재, 개구리
분포 우리나라, 중국, 일본, 러시아, 유럽, 아프리카
구분 텃새

물까마귀 *Cinclus pallasii*

참새

Passer montanus / Eurasian Tree Sparrow

참새는 옛날부터 사람 사는 둘레에서 흔히 볼 수 있어서 새 가운데 참된 새라는 뜻으로 붙인 이름이다. 사람들이 가깝게 여겨 온 만큼 속담에도 자주 나온다.

시골 마을과 논밭, 숲은 물론 도시 공원에서도 산다. 암수가 함께 살다가 새끼를 치고 난 7~8월부터는 수십 마리씩 무리를 짓는다. 잠은 대나무 숲이나 돌담 구멍, 지붕 아래에서 자고 먹이를 찾을 때는 나무 사이를 날거나 두 다리를 모은 채 땅 위를 통통 뛰어다닌다. 봄여름에는 주로 딱정벌레나 메뚜기, 나비, 풍뎅이, 파리 같은 곤충을 잡아먹고, 가을부터는 낟알이나 나무 열매, 풀씨를 많이 먹는다. 농촌에서는 모판이나 논밭의 낟알을 축내서 농부들의 원성을 사기도 한다. 논에 세우는 허수아비도 주로 이 참새를 쫓으려고 세우는 것이다. 텃새지만 가을에 농작물을 거둘 무렵이면 꽤 멀리까지 날아다니면서 먹이를 찾는다. 날 때는 파도 꼴을 그리면서 난다.

3~8월에 수컷은 짝짓기 할 암컷을 찾으려고 털을 한껏 부풀리고 부리를 하늘로 치켜든다. 꼬리 깃은 부채처럼 활짝 펼친 채 '쯔쯧 쯔즈즈즛' 하고 울면서 짝을 부른다. 한 해에도 2~3번씩 새끼를 친다. 둥지는 나무 구멍이나 처마 밑, 돌담 틈에 마른 풀과 짚, 종이로 둥글게 짓는다. 구멍은 옆으로 내고 바닥에는 동물 털이나 깃털을 깐다. 사람이 매달아 놓은 둥지를 쓰기도 한다. 알은 4~8개 낳는데 청백색 바탕에 회색이나 갈색 무늬가 있다. 암컷이 품은 지 12~14일이면 새끼가 나오고 다시 14일쯤 키우면 둥지에서 떠난다. 어린 새는 부리 기부가 노란색을 띤다.

우리나라를 비롯한 중국, 일본에서도 한 해 내내 텃새로 산다. 유럽에도 널리 퍼져 있다. 전국 어디서나 흔히 볼 수 있는 새지만 예전보다 수가 줄고 있는 것은 마찬가지다.

생김새 암수 생김새가 거의 같다. 머리꼭대기는 진한 갈색이고 등과 어깨, 날개는 갈색 바탕에 검은색 줄무늬가 있다. 눈 앞과 뺨, 턱에는 검은색 무늬가 있고 목에는 검은색 가로줄이 있다. 부리는 검은색이며 가슴과 배는 황백색, 다리는 연한 갈색을 띤다.

몸길이 14cm

사는 곳 마을, 논밭, 야산, 숲, 공원

먹이 곤충, 곡식, 씨앗, 나무 열매

분포 우리나라, 중국, 일본, 러시아, 동남아시아, 유럽

구분 텃새

참새 *Passer montanus*

참새는 모래땅을 뒹굴거나 모래에 깃털을 비비면서 목욕을 한다.
햇볕에 잘 마른 모래는 깃털이나 피부에 있는 기름을 빨아들여 기생충이
생기는 것을 막아 준다.

노랑할미새

Motacilla cinerea / Grey Wagtail

할미새 무리 가운데 대표종으로, 가슴과 배가 밝은 노란색을 띤다고 노랑할미새라는 이름이 붙었다. 할미새 무리는 앉아 있거나 걸어 다니면서 긴 꼬리를 계속 위아래로 까딱까딱 흔드는 습성이 있어, 옛말에 '할미새 꽁지 방정'이라는 말이 있다. 노랑할미새도 마찬가지다. 영명은 우리 이름과 달리 머리와 등이 회색을 띠는 것에 초점을 맞추어 지은 것으로 보인다.

개울이나 냇가, 계곡 둘레에 많이 산다. 암수가 함께 다니는데, 도로 위나 전봇줄에도 잘 앉는다. 먹이는 주로 물가 바위 둘레를 빠르게 걷거나 날아다니면서 찾는다. 딱정벌레나 파리, 나방, 메뚜기, 벌 같은 날아다니는 곤충을 잡아먹기도 하고, 거미도 잡아먹는다. 물속에 들어가서 물에 사는 곤충이나 애벌레를 잡아먹기도 한다. 주로 사람한테 해를 주는 곤충을 많이 먹는다. 날갯짓을 빠르게 하면서 날아오른 다음 날개를 몸에 붙인 채 파도 꼴을 그리며 난다.

5~6월에 짝짓기를 한다. 둥지는 비가 들이치지 않는 개울가 바위틈이나 돌담, 나무 구멍에 마른 풀과 깃털로 밥그릇처럼 짓는다. 바닥에는 깃털, 이끼, 풀뿌리를 물어다 깐다. 알은 4~6개 낳는데 청백색 바탕에 연한 갈색 무늬가 있다. 암컷이 알을 15일쯤 품는데, 이때는 사람이 다가가도 도망치지 않고 끝까지 알을 지킨다. 새끼가 나오면 어미는 곤충을 여러 마리 물고 와서 나누어 먹인다. 또한 새끼들이 먹이를 먹고 틈틈이 내 놓는 흰색 막으로 싸인 배설물을 부리로 물어서 둥지 밖으로 버린다. 둥지를 깨끗하게 하고 냄새를 없애 천적이 찾지 못하게 하려는 것이다. 그동안 수컷은 둥지 둘레에 천적이 오는지 살피면서 천적이나 사람이 다가오면 큰 소리를 내며 경계한다.

우리나라 말고도 중국 북부와 일본, 러시아에서 새끼를 치고 날씨가 추워지면 중국 남부와 동남아시아로 갔다가 이듬해 봄에 다시 온다. 몇몇은 우리나라 남부 지방에 남아 겨울을 나기도 한다. 대만이나 일본에서는 한 해 내내 사는 무리도 있다.

생김새 수컷은 머리꼭대기와 등이 회색이고 부리와 멱, 날개는 검은색이다. 눈 위에는 흰색 눈썹줄이 있고 가슴과 허리, 위꼬리덮깃은 노란색을 띤다. 검은색 꼬리는 길게 뻗어 있다. 다리는 적갈색이다. 암컷은 전체 모습이 수컷과 비슷하지만 멱은 흰색을 띤다.

몸길이 20cm

사는 곳 개울, 냇가, 계곡, 호숫가

먹이 곤충, 애벌레, 거미

분포 우리나라, 중국, 일본, 러시아, 유럽, 아프리카

구분 여름 철새

노랑할미새 *Motacilla cinerea*

참새목
할미새과

알락할미새

Motacilla alba / White Wagtail

몸에 흰색과 검은색이 뒤섞여 알락달락하다고 알락할미새라 한다. 꼬리를 위아래로 흔들면서 빠르게 뛰어다닌다고 깝죽새나 까불이새라고도 부른다.

논밭이나 마을 둘레에서 산다. 짝짓기 때는 암수가 함께 다니다가 새끼를 치고 나면 가족끼리 다닌다. 낮은 높이에서 파도 꼴을 그리며 날고 미루나무나 소나무, 배나무 가지 위에 모여 잠을 잔다. 먹이는 개울이나 호숫가를 걷거나 짧게 날아다니면서 찾는다. 흔히 곤충과 애벌레, 거미를 잡아먹는다.

우리나라를 찾는 여름 철새 가운데 가장 먼저 오는 새다. 3월 초부터 중부 지방에 하나둘 모습을 보이고, 4~6월이면 짝짓기를 한다. 돌담이나 건물 틈, 나무 구멍에 풀 줄기와 나뭇잎, 이끼로 밥그릇처럼 생긴 둥지를 만들고 바닥에는 풀뿌리와 털을 깐다. 알은 하루에 1개씩 모두 5개쯤 낳는데 청백색 바탕에 갈색과 회색 무늬가 있다. 암수가 번갈아 가며 알을 품은 지 13일쯤 되면 새끼가 태어난다. 깃털도 없이 알몸으로 태어난 새끼한테 먹이를 잡아다 주면서 15일 동안 키우면, 새끼는 깃털이 다 자라서 머리와 날개가 회색을 띠고 날 수 있게 된다. 어미는 새끼를 데리고 먹이가 많은 곳을 찾아 둥지를 떠난다.

새끼를 치고 난 가을이면 중국 남부나 동남아시아로 날아가 겨울을 나고 이듬해 봄에 다시 찾아온다. 몇몇은 남부 지방에 남아 겨울을 나기도 한다. 1970년대까지만 해도 흔히 볼 수 있었지만, 요즘에는 그 수가 많이 줄어 시골의 논이나 물가, 산속의 절에서 가끔씩 볼 수 있게 되었다. 중국 서남부와 대만, 일본에서는 한 해 내내 산다.

생김새 암수가 비슷하게 생겼는데 암컷 몸 색이 전체적으로 연하다. 머리꼭대기와 등, 날개, 가슴은 검은색이고 얼굴과 목, 배는 흰색이다. 겨울이 되면 온몸의 색이 연해지고 가슴에 있던 검은색 무늬도 크기가 작아진다. 부리, 다리, 꼬리도 검은색을 띤다.

몸길이 20cm

사는 곳 논밭, 마을, 숲, 냇가, 언덕

먹이 곤충, 애벌레, 거미, 씨앗

분포 우리나라, 중국, 일본, 몽골, 동남아시아, 아프리카

구분 여름 철새

알락할미새 *Motacilla alba*

되새

Fringilla montifringilla / Brambling

대나무 숲에서 잠을 자서 '대새' 라고 하던 것이 바뀌었다는 말도 있고, 떼 지어 살아서 '떼새' 라고 하던 것이 바뀌어 굳어졌다는 말도 있지만 짐작일 뿐 정확한 어원은 알려지지 않았다. 몸 색이 꽃처럼 울긋불긋한 데다 참새와 닮았다고 북녘에서는 꽃참새라고 한다.

야산의 떨기나무가 많은 숲이나 계곡 둘레에서 산다. 짝짓기 때는 암수가 같이 다니다가 겨울이 되면 수십 마리씩 무리를 짓는다. 무리 지어 나뭇가지에 앉아 있다가 먹이를 찾을 때도 한꺼번에 논밭에 내려와 걸어 다닌다. 여름에는 곤충을 잡아먹고 겨울에는 새싹이나 땅에 떨어진 풀씨, 낟알을 먹는다. 특히 쌀, 밀, 보리 낟알과 솔씨를 잘 먹고, 나무 열매에서 과육은 쪼아 버리고 속에 있는 씨를 먹기도 한다. 날 때는 '큇, 큇, 큇' 하는 소리를 내면서 파도 꼴로 난다. 해 질 무렵에는 대나무 숲으로 날아 들어가 잠을 잔다.

5~6월에 러시아에서 짝짓기를 한다. 자작나무나 전나무, 소나무가 많은 큰키나무 숲으로 가서 1~3m 되는 나뭇가지 위에 둥지를 짓는다. 마른 풀과 줄기, 이끼로 둥그런 밥그릇처럼 만들고 바닥에는 주워 온 동물 털과 자기 깃털을 깐다. 알은 6~7개 낳는데 푸른색이나 갈색 바탕에 진한 갈색 무늬가 있다. 암컷 혼자 15일쯤 품으면 새끼가 태어난다. 다시 15일 동안 암수가 함께 먹이를 잡아다 먹이면서 키우고 나면 새끼는 둥지를 떠난다.

가을이 되면 겨울을 나러 우리나라로 찾아온다. 해마다 겨울이면 논밭, 언덕, 숲에서 수십 마리씩 무리 지어 다니는 되새를 볼 수 있지만 먹이 양에 따라 개체 수 차이가 많이 난다. 쌍계사 밑 대나무 숲에서 무리 지어 사는 것이 발견되기도 했다.

생김새 머리와 등은 연한 흑갈색이고 멱과 가슴, 어깨는 주황색이다. 배와 허리는 흰색이다. 날개는 검은색과 갈색이 섞여 있고 날개에는 흰색 띠가 두 줄 있다. 부리는 노란색인데 끝이 검은색을 띠고 다리는 갈색이다. 암컷은 수컷과 비슷하나 몸 색이 전체적으로 수컷보다 연하다. 수컷은 여름에 머리부터 등까지 검은색을 띤다.

몸길이 16cm

사는 곳 야산, 계곡, 논밭

먹이 곤충, 새싹, 씨앗, 곡식

분포 우리나라, 중국, 일본, 러시아, 유럽

구분 겨울 철새

되새 *Fringilla montifringilla*

짝짓기 하는 여름이 되면 수컷은 머리부터 등까지 검은색을 띤다.

콩새

Coccothraustes coccothraustes / Hawfinch

콩을 잘 먹는 새라서 콩새라고 한다. 옛날에 농부들이 콩을 마당에 널어 놓거나 키질을 할 때면 어느새 찾아와서 두툼하고 단단한 부리로 콩을 잘게 부수어 먹곤 했다고 한다. 학명에도 낟알을 부수어 먹는 새라는 뜻이 담겨 있다.

시골 마을 둘레에 많이 살고 야산이나 숲에도 산다. 겨울에는 혼자 또는 2~3마리씩 다니고 이동할 때는 10마리 안팎으로 무리 짓는다. 밀화부리 무리와 섞여 다니기도 한다. 주로 나무 위에서 쉬다가 먹이를 찾을 때는 하늘을 날거나 땅 위를 걸으면서 찾는다. 나무 열매나 풀씨, 낟알은 물론 딱정벌레, 무당벌레, 장수풍뎅이 같은 곤충을 고루 잡아먹고 산다. 특히 단풍나무 열매를 좋아해서 단풍나무가 많은 금강산에는 콩새가 유난히 많다고 한다. 기가 센 편이라 먹이를 찾다가 직박구리나 자기보다 몸집이 큰 지빠귀 무리와 만나도 움츠러들지 않는다. 오히려 부리를 반쯤 벌린 채 위협해서 다른 새들을 쫓아내고 먹이를 차지한다.

해마다 5~6월에 중국 북부와 몽골, 러시아에서 짝짓기를 하고 새끼를 친다. 둥지는 넓은잎나무가 많은 숲 가장자리에 많이 짓는다. 높이가 2~3m 되는 나뭇가지에 마른 풀과 풀 줄기를 쌓아 밥그릇처럼 만들고 바닥에는 풀뿌리와 헝겊을 물어다 깐다. 알은 3~6개 낳는데 연한 녹청색 바탕에 회색 무늬가 있다. 암컷이 알을 품는 12일 동안 수컷은 먹이를 잡아다 암컷한테 준다. 새끼가 태어나면 암수가 함께 먹이를 잡아다 먹이면서 키우다가 12일쯤 지나면 둥지에서 내보낸다. 한 해에 2번씩 새끼를 치는 개체도 있다.

늦가을이면 우리나라를 찾아와 겨울을 난다. 중부 지방보다는 남부 지방에 더 흔한데, 특히 제주도 비자나무 숲에서는 겨울이면 콩새가 무리 지어 다니는 모습을 종종 볼 수 있다. 중국 남부와 일본에서도 겨울을 난다.

생김새 유난히 목이 굵고 부리가 투박하게 생겼다. 수컷은 머리가 황갈색이고 등과 어깨는 갈색이다. 눈 앞과 멱, 날개는 검은색이며 목덜미는 회색이다. 가슴과 배는 연한 황갈색이다. 부리는 겨울에는 분홍색이지만 여름에는 회갈색으로 바뀌며 다리는 분홍색을 띤다. 암컷은 머리나 부리 색이 훨씬 연하다.

몸길이 18cm

사는 곳 마을, 야산, 숲, 공원

먹이 나무 열매, 풀씨, 곡식, 곤충

분포 우리나라, 중국, 일본, 몽골, 러시아, 유럽, 아프리카

구분 겨울 철새

콩새 *Coccothraustes coccothraustes*

밀화부리 *Eophona migratoria*

부리가 노란색이고 끝이 검다. 수컷은 머리와 날개, 꼬리가 검은색을 띤다. 여름 철새다.

멋쟁이

Pyrrhula pyrrhula / Eurasian Bullfinch

멋있게 생긴 새라고 멋쟁이라고 부른다. 예로부터 생김새는 물론이고, '휘익, 휘익' 하는 울음소리가 휘파람을 부는 듯 아름다운 새로 알려져 사람들이 많이 잡아다가 길렀다. 새장 안에서도 잘 산다. 북녘에서는 머리와 날개, 꼬리가 검은색을 띠는 것이 까치를 닮았다고 산까치라고 한다. 학명은 몸 색이 연한 새라는 뜻인데, 실제로도 머리와 날개 끝, 꼬리의 검은색 부분을 빼면 본디 색이 빠진 듯 연한 색을 띤다.

깊은 산속 계곡 둘레나 숲에 산다. 여름에는 암수가 함께 다니지만 겨울이면 10마리 안팎으로 무리를 지어 다닌다. 산꼭대기에서부터 기슭으로 날아 내려오면서 먹이를 찾는다. 여름에는 산속에서 딱정벌레나 나비 같은 곤충을 잡아먹고, 겨울이면 마을 둘레로 내려와 씨앗과 나무 열매를 먹는다. 특히 매화나무나 벚나무 새싹을 자주 먹고, 쌓여 있는 눈을 먹기도 한다. 다른 새들에 비해 겁이 없어 사람이 다가가도 잘 도망가지 않는다.

5~7월에 몽골이나 러시아에서 짝짓기를 하고 바늘잎나무 숲이나 여러 가지 나무가 섞여 자라는 숲에 둥지를 튼다. 2m쯤 되는 나뭇가지 위에 잔가지와 이끼, 풀 줄기를 쌓아 밥그릇처럼 만들고 바닥에는 풀뿌리와 깃털을 깐다. 알은 4~6개 낳는데 녹청색 바탕에 자갈색 무늬가 있다. 암컷 혼자 13일쯤 알을 품는 동안 수컷은 부지런히 먹이를 잡아다 암컷한테 먹인다. 새끼가 태어나면 암수가 함께 15일쯤 키워서 내보낸다.

새끼를 치고 난 가을이면 우리나라에 찾아와 겨울을 난다. 북쪽 나라에 눈이 많이 내리고 추운 해에는 많이 보이고 덜 추운 해에는 적게 보인다. 중국과 일본, 유럽에서도 겨울을 난다.

생김새 수컷은 머리, 이마, 턱이 검은색이고 뺨과 멱, 가슴은 연한 붉은색이다. 등과 어깨는 회색, 날개와 꼬리는 검은색을 띤다. 부리는 검은색, 다리는 암갈색이다. 암컷도 수컷처럼 머리와 날개, 꼬리는 검은색이고 등과 어깨는 회색이지만 뺨, 가슴, 배는 연한 회갈색을 띤다.

몸길이 15cm

사는 곳 산, 계곡, 숲, 공원

먹이 새싹, 곤충, 씨앗, 나무 열매, 꽃

분포 우리나라, 일본, 중국, 몽골, 러시아, 유럽

구분 겨울 철새

멋쟁이 *Pyrrhula pyrrhula*

양진이

Carpodacus roseus / Pallas's Rosefinch

양진이는 몸이 붉은색을 띠는 것으로 보아 이름이 붉은색 양귀비에서 온 것이 아닐까 하는 추측이 있지만 정확히 어디서 왔는지는 알려지지 않았다. 몸이 둥글고 통통한 데다 고운 붉은색을 띠고 있어 눈에 띄는 새다. 북녘에서는 양지니라고 한다.

깊은 산이나 큰키나무가 많은 숲에서 산다. 여름에는 암수끼리 지내다가 겨울이 되면 10~20마리씩 무리 지어 다닌다. 산속 높은 나무 위에 자주 앉고 날 때는 파도 꼴을 그리며 난다. '찟, 찟, 찟' 하고 날카로운 소리를 내면서 날 때가 많다. 높은 나뭇가지 사이를 이리저리 날아다니면서 먹이를 찾기도 하고, 풀 속이나 떨기나무 덤불, 땅 위로 내려와 걸어 다니면서 찾기도 한다. 흔히 여름에는 곤충을 잡아먹고 겨울에는 낟알, 씨앗, 나무 열매를 먹는다. 그 가운데 쑥씨는 양진이가 즐겨 먹는 먹이다.

여름에 우리나라보다 서늘한 러시아의 시베리아 동부에서 짝짓기를 하고 푸른색 바탕에 검은색 무늬가 있는 알을 낳는다. 자라는 어린 새는 황갈색 바탕에 흑갈색 세로줄 무늬가 있어 어미와 아주 비슷하다.

새끼 치기를 마치면 11월쯤 겨울을 나러 우리나라로 온다. 흔한 새지만 해마다 찾아오는 개체 수 차이가 많은 데다 거의 나무가 우거진 산속에 살아서 쉽게 보기는 힘들다. 하지만 절이나 공원 둘레 나무 위를 눈여겨보다 보면 무리 지어 날아다니는 양진이를 만날 수도 있다. 남한산성 둘레에도 이따금 나타난다고 한다. 일본이나 중국 동북부에서도 겨울을 난다.

생김새 수컷은 온몸이 붉은색을 띠고 이마와 멱에 흰색 깃이 점처럼 퍼져 있다. 등에는 검은색 세로줄 무늬가 있고 날개와 꼬리는 흑갈색이다. 날개에는 흰색 띠가 있다. 아랫배는 흰색이며 부리와 다리는 암갈색이다. 암컷은 온몸이 황갈색을 띤다. 가슴과 배는 황백색 바탕에 흑갈색 세로줄 무늬가 있다. 이마와 멱, 가슴, 허리에는 적갈색 기운이 돈다.

몸길이 17cm

사는 곳 산, 숲, 공원, 밭

먹이 곤충, 곡식, 씨앗, 나무 열매

분포 우리나라, 일본, 중국, 몽골, 러시아

구분 겨울 철새

양진이 *Carpodacus roseus*

긴꼬리홍양진이 *Carpodacus sibiricus*

양진이와 생김새가 비슷하나 몸집이 작고 꼬리가 훨씬 길다. 날개와 꼬리가 검은색이고 꼬리 가장자리는 흰색이다. 겨울 철새다.

방울새

Chloris sinica / Grey-capped Greenfinch

'또르르릉, 또르르릉' 하는 맑고 고운 울음소리가 방울 구르는 소리 같다고 방울새라는 이름이 붙었다.

야산이나 논밭 둘레의 나무가 많은 곳에 산다. 여름에는 혼자 또는 암수가 함께 다니다가 새끼를 치고 나면 수십 마리에서 수백 마리씩 몰려다니는 모습을 볼 수 있다. 나뭇가지나 전봇줄에 떼 지어 앉아 있기도 한다. 세력권은 반경 30m쯤 되는데 다른 새들에 비하면 작은 편이다. 두툼하고 단단한 부리로 솔씨나 해바라기씨, 유채씨, 들깨를 까먹고 낟알을 먹기도 한다. 새끼를 낳아 기르는 여름에는 곤충과 애벌레를 잡아먹는다.

4~6월에 짝짓기를 하고 큰키나무 숲으로 간다. 3~6m 되는 높은 나뭇가지 위에 나뭇잎, 풀뿌리, 이끼를 모아 밥그릇처럼 생긴 둥지를 튼다. 바닥에는 깃털이나 동물 털을 깔아 푹신하게 만든다. 알은 3~5개 낳는데 청회색이나 청백색 바탕에 회색이나 흑갈색 무늬가 있다. 암컷 혼자 12일쯤 품으면 새끼가 태어난다. 새끼한테는 애벌레를 잡아다 먹이는데 부리로 애벌레를 물고 오지 않고 입안에 가득 넣어 와서 먹인다. 어린 새는 온몸에 검은색 줄무늬가 있다.

우리나라에서 새끼를 치면서 한 해 내내 살지만 갈수록 수가 줄어들고 있다. 논밭에 농약을 많이 쓰고 밭농사도 줄어서 먹이를 구할 곳이 적기 때문이다. 그나마 산속의 넓게 트인 바위 위에 좁쌀이나 들깨를 뿌려 두면 방울새가 찾아와 먹는 모습을 볼 수 있다. 일본과 중국, 몽골에서도 텃새로 산다.

생김새 수컷은 머리와 목이 회색빛이 도는 황갈색이다. 가슴과 배는 연한 황갈색이고 등과 어깨는 더 진한 황갈색이다. 날개와 꼬리는 검은색과 회색 깃이 섞여 있는데 날개에는 뚜렷한 노란색 띠가 있다. 아래꼬리덮깃도 노란색이다. 부리와 다리는 연한 분홍색이나 살구색을 띤다. 눈과 부리 기부 둘레에는 검은빛이 돈다. 암컷은 수컷과 비슷하지만 머리 색이 연하다.

몸길이 14cm

사는 곳 야산, 논밭, 마을, 언덕, 공원

먹이 씨앗, 곤충, 애벌레, 거미, 곡식, 나무 열매

분포 우리나라, 일본, 중국, 러시아

구분 텃새

방울새 *Chloris sinica*

검은머리방울새 *Spinus spinus*

방울새보다 몸집이 작고 전체적으로 노란색을 띤다. 머리와 턱, 날개는 검은색이고 몸 위쪽과 옆구리에 검은색 줄무늬가 있다. 겨울 철새다.

솔잣새

Loxia curvirostra / Red Crossbill

지구에 사는 수천 마리 새 가운데 유일하게 위아래 부리가 어긋나 있는 새다. 어긋난 부리로 소나무나 잣나무 씨앗을 잘 까먹어서 솔잣새라고 한다. 북녘에서는 잣새라고 부른다. 영명에도 부리의 특징이 담겨 있다.

소나무나 잣나무가 많은 숲에서 사는데 주로 나무 위에서 지낸다. 10마리에서 많게는 100마리씩 무리 짓고 파도 꼴을 그리며 난다. 나무 사이를 날아다니면서 먹이를 찾는다. 솔씨와 잣을 많이 먹고 나무에 돋은 새싹이나 딱정벌레, 파리, 애벌레를 먹기도 한다. 나무에 거꾸로 매달려서도 먹이를 잘 찾아 먹는다. 솔씨를 먹을 때는 먼저 나무에 있는 솔방울을 부리로 건드려 떨어뜨린 다음 땅에 내려가 떨어진 솔방울을 물고 나뭇가지 위로 올라온다. 두 다리 사이에 솔방울을 끼운 채 비늘을 비틀어 가며 비늘 틈에 있는 씨앗을 쏙쏙 빼 먹는다. 소나무 밑에 솔방울이 수북이 쌓여 있다면 가까이에 솔잣새가 살고 있을 가능성이 높다.

흔히 3~4월에 중국 북부와 몽골, 러시아 동부에서 짝짓기를 한다. 한 해에 두 번 새끼를 치는 새는 1~2월과 6~7월에 짝짓기를 한다. 소나무 숲 가장자리에 둥지를 튼다. 큰키나무 가지 위에 잔가지와 풀 줄기, 깃털로 밥그릇처럼 만들고 바닥에는 동물 털과 마른 풀을 깐다. 알은 3~5개 낳는데 청백색 바탕에 자주색과 검은색 무늬가 있다. 암컷이 13일쯤 알을 품는 동안 수컷은 먹이를 잡아다 나른다. 새끼가 태어나면 다시 15일쯤 키워서 내보낸다. 어린 새는 어미와 비슷하게 생겼지만 몸에 검은색 줄무늬가 있다.

새끼를 치고 나면 겨울에 우리나라로 찾아온다. 1970년대에는 경기도 광릉 소나무밭에서 흔히 볼 수 있었다지만 요즘은 수가 많이 줄어서 쉽게 보기 힘들다. 겨울 날씨에 따라 찾아오는 개체 수 차이도 큰 편이다.

생김새 수컷은 머리, 등, 가슴, 배가 진한 붉은색이다. 옆구리와 아랫배는 회색이고 날개와 꼬리는 흑갈색이다. 눈과 부리, 다리는 모두 암갈색을 띤다. 짧고 두꺼운 부리는 끝이 뾰족하게 굽어 있으면서 서로 엇갈려 맞물린다. 암컷은 날개만 회갈색이고 나머지 부분은 황록색을 띤다.

몸길이 16cm

사는 곳 숲

먹이 씨앗, 새싹, 곤충, 애벌레

분포 우리나라, 중국, 일본, 몽골, 러시아

구분 겨울 철새

수컷

암컷

솔잣새 *Loxia curvirostra*

멧새

Emberiza cioides / Meadow Bunting

옛날에는 산을 메라고 했다. 멧새는 곧 산에 사는 새라는 뜻이다.

생김새가 참새와 비슷하나 몸집이 조금 더 크고 꼬리가 길다. 참새가 마을이나 논밭처럼 사람 사는 곳 가까이 사는 것과 달리 멧새는 야산이나 떨기나무가 많은 숲이나 밭 둘레에서 산다. 짝짓기 무렵에는 암수가 함께 살다가 새끼를 치고 나면 10마리 안쪽으로 작은 무리를 지어 다닌다. 날 때는 날개를 심하게 퍼덕거리며 날고, 쉴 때는 높은 나무 꼭대기나 전봇대 꼭대기에 앉아서 '치짓, 치지짓' 하고 날카로운 소리를 낸다. 짝짓기 때가 아니어도 자주 울면서 자기 세력권을 열심히 알린다. 세력권 안에서 한 곳을 정해 놓고 꼭 그 자리에서 운다. 여름에는 나비 같은 곤충과 애벌레, 거미를 먹고 겨울에는 땅 위에서 풀씨나 나무 열매를 먹는다.

5~7월에 우리나라에서 짝짓기를 한다. 둥지는 밭 둘레나 숲 속의 덤불, 바위틈에 풀 줄기와 나뭇잎으로 밥그릇처럼 만든다. 바닥에는 잔뿌리와 나뭇잎, 동물 털을 깐다. 알은 4~6개 낳는데 청백색이나 연한 갈색 바탕에 적갈색 무늬가 있다. 암컷이 10일 남짓 품으면 새끼가 태어난다. 수컷이 먹이를 구해 와 암컷한테 주면 암컷이 새끼 입안에 넣어 준다. 먹이가 너무 클 때는 부리로 씹어서 작게 만들어 주기도 한다. 태어난 지 10일쯤 지나면 새끼는 둥지를 떠난다.

계절이 바뀌어도 우리나라 안에서 옮겨 다니는 텃새다. 울음소리가 아름다워 예전에는 많은 사람들이 잡아다 집에 두고 길렀지만 요즘은 수가 많이 줄어서 보기 힘들어졌다. 중국 북동부와 일본, 몽골, 러시아에서도 한 해 내내 산다.

생김새 여름에는 머리와 뺨은 갈색, 멱은 흰색이다. 눈 위에는 흰색 눈썹줄이 있고 눈 앞과 턱에는 검은색 줄이 있다. 등과 날개, 꼬리는 황갈색과 갈색이 섞여 있고 가슴은 황갈색, 아랫배는 황백색이다. 부리는 암회색이고 다리는 갈색이다. 겨울에는 온몸이 황갈색을 띤다. 암컷은 수컷과 비슷하지만 머리의 갈색이 더 연하다.

몸길이 17cm
사는 곳 야산, 숲, 밭, 풀밭
먹이 곤충, 애벌레, 거미, 풀씨, 나무 열매
분포 우리나라, 중국, 일본, 몽골, 러시아
구분 텃새

멧새 *Emberiza cioides*

노랑턱멧새

Emberiza elegans / Yellow-throated Bunting

턱 부분이 노란색을 띠는 산새라서 노랑턱멧새라고 한다. 학명 속 elegans는 우아하고 품위 있다는 뜻으로 노랑턱멧새의 생김새를 표현한 것이다.

야산이나 떨기나무가 많은 숲에 산다. 여름에는 암수가 같이 다니다가 새끼를 치고 나면 10~20마리씩 무리를 짓는다. 가끔 쑥새나 촉새와 섞여 다니기도 한다. 쉴 때는 주로 나뭇가지에 앉아 있는데 머리꼭대기 깃털을 자주 치켜세워서 뾰족하게 만든다. 날 때는 날갯짓을 재빠르게 하면서 낮은 파도 꼴을 그린다. 떨기나무 덤불 사이를 헤집거나 논밭을 걸어 다니면서 먹이를 찾는다. 여름에는 곤충과 애벌레를 잡아먹고 겨울에는 풀씨와 나무 열매를 먹는다. 겨울이면 햇빛이 잘 드는 떨기나무나 덤불을 자주 찾는다.

5~6월에 짝짓기를 한다. 짝짓기 철이 다가올수록 수컷은 더 아름다운 소리로 '치짓, 치짓' 또는 '츄이, 츄이' 하고 운다. 짝을 찾아 짝짓기를 마치면 떨기나무나 풀밭, 덤불 사이의 땅바닥에 둥지를 짓는다. 풀과 나뭇잎을 쌓아 밥그릇처럼 오목하게 만들고 바닥에는 풀뿌리와 동물 털을 깐다. 알은 4~6개 낳는데 흰색 바탕에 갈색이나 회색 무늬가 있다. 암수가 번갈아 가면서 18일쯤 품으면 새끼가 태어난다. 가끔 땅 위에 낳아 놓은 알을 뱀이 와서 삼키기도 한다. 그런 위험 속에서도 새끼가 무사히 태어나면 주로 나비나 애벌레를 잡아 먹이면서 키운다.

우리나라 멧새 무리 가운데 가장 흔한 텃새다. 1980년대만 해도 전국 논밭에서 쉽게 볼 수 있어서 사람들이 잡아다 집에서 기르기도 했다고 한다. 겨울에는 북녘과 러시아에서 새끼를 친 무리가 내려와서 수가 늘어난다. 특히 중부 지방에서 많이 볼 수 있는데 겨울이 오면 덜 추운 남부 지방으로 많이 옮긴다.

생김새 머리 위에 검은색 깃이 있는데 종종 뾰족하게 세운다. 수컷은 눈 둘레와 뺨이 검은색이고 눈썹줄과 멱은 노란색이다. 가슴에는 검은색을 띠는 세모꼴 무늬가 있다. 등, 날개, 꼬리에는 황갈색과 검은색 줄무늬가 섞여 있고 배는 흰색이다. 암컷은 머리깃이 갈색이고 목과 가슴은 노란색이다. 몸이 전체적으로 수컷보다 연한 황갈색을 띤다.

몸길이 16cm
사는 곳 야산, 숲, 풀밭, 논밭, 마을
먹이 곤충, 애벌레, 풀씨, 나무 열매
분포 우리나라, 일본, 중국, 러시아
구분 텃새

노랑턱멧새 *Emberiza elegans*

노랑눈썹멧새 *Emberiza chrysophrys*

노랑턱멧새보다 몸집이 작고 머리깃이 짧다. 몸 위쪽은 적갈색이고 아래쪽은 흰색이다. 멱, 가슴, 옆구리에 검은색 세로줄 무늬가 있다. 나그네새다.

3. 더 알아보기

산새와 물새

탐조

철새가 찾는 곳

천연기념물과 멸종위기종

새 분류

이름 찾아보기

산새

산새

새는 사는 곳에 따라 산새와 물새로 나눌 수 있다. 흔히 새들이 먹이 사냥을 하는 곳이나 둥지를 틀고 지내는 곳이 어디인지에 따라 나누지만, 새들은 환경 조건에 따라 자유롭게 옮겨 다니기에 때로는 산새가 물가에서 먹이를 구하기도 하고 물새가 뭍의 벼랑이나 나무 구멍 속에 둥지를 틀기도 한다.

산새는 주로 산에서 살고, 산에서 자주 보이는 새를 말한다. 독수리, 물수리, 솔개, 참매, 꿩, 수리부엉이처럼 몸집이 큰 새들도 있고, 멧비둘기, 뻐꾸기, 물총새, 오색딱따구리, 솔잣새, 참새, 딱새, 동고비, 노랑턱멧새, 개똥지빠귀, 박새, 까치, 오목눈이처럼 작은 새들도 있다.

산새는 먹이도 산에서 구할 수 있는 것을 먹는다. 식물성 먹이로는 나무와 꽃, 풀에서 나오는 꿀, 꽃가루, 풀씨, 나무 열매 들을 먹고, 동물성 먹이로는 땅 위와 나무에서 사는 딱정벌레, 나비, 벌, 파리, 매미 같은 여러 가지 곤충을 비롯해 곤충 알, 애벌레, 거미 들을 먹는다. 산속 계곡 둘레에 사는 물총새와 호반새는 먹이도 계곡에서 찾는다. 물속에 사는 작은 물고기나 가재, 게 들을 찾아 큼직한 부리로 멋지게 사냥한다. 수리부엉이나 올빼미처럼 몸집이 큰 새들은 곤충도 먹지만 뱀, 쥐, 두더지, 새, 토끼, 박쥐처럼 큼직한 동물을 고루 잡아먹는다. 독수리는 몸집이 너무 커서 굼뜬 탓에 살아 있는 동물을 잡아먹기보다는 죽어 있는 오리나 기러기, 고라니 같은 동물을 찾아 먹는다.

둥지도 자연히 산에 흔한 재료를 써서 짓는다. 튼튼한 나뭇가지 위에 작은 나뭇가지와 마른풀, 나뭇잎, 이끼 들을 물어 와 차곡차곡 쌓거나 엮거나 다져서 만든다. 솔부엉이나 올빼미, 울새, 진박새 들은 자연스레 생긴 나무 구멍 속을 둥지로 삼는다. 깊숙한 나무 구멍 바닥에 마른 풀이나 깃털 따위를 깔면 포근한 둥지가 된다. 딱따구리 무리는 제가 지닌 뾰족하고 단단한 부리로 나무에 구멍을 파서 둥지를 만든다. 딱따구리가 쓰다 버린 둥지는 다른 새들이 쓰기도 한다. 쏙독새나 알락할미새, 멧새, 유리딱새는 천적 눈을 피해서 바위틈이나 수풀 속에 둥지를 짓는다. 물총새나 호반새는 깊은 산속 흙 벼랑에 구멍을 옆으로 길게 파서 둥지로 쓴다.

산새는 물에 사는 물새와는 생김새가 많이 다르다. 둘레 환경과 주로 먹는 먹이, 사는 방식이 다르기 때문이다. 산새는 물새에 견주어 부리 길이가 대체로 짧고 날카로운 편이다. 콩새나 멋쟁이처럼 곡식이나 나무 열매를 까서 먹는 산새는 부리가 보다 크면서 두툼하고, 쏙독새나 노랑할미새처럼 작은 곤충을 잡아먹는 산새는 부리가 가늘면서 길다. 후투티 부리는 곡괭이처럼 길게 굽어 있어서 땅을 파고 속에 있는 곤충을 잡아먹기 좋다. 물총새는 큼직한 부리에 알맞게 곤충보다는 작은 물고기를 즐겨 먹고 참매나 황조롱이 같은 새들은 갈고리 같은 부리로 작은 짐승을 잘게 찢어 먹는다. 다리나 발가락도 물새보다는 길이가 짧다. 땅 위를 걷기보다는 숲 속을 날아다니면서 먹이를 찾는 일이 많기 때문에 몸무게를 줄이는 쪽으로 발달한 것이다. 대신 발톱은 물새보다 길고 날카로워서 먹이를 움켜쥐거나 나뭇가지를 잡고 매달려 있기에 알맞다.

부리

솔잣새 위아래 부리가 서로 어긋나게 맞물려 있다. 단단한 솔방울이나 잣 껍데기를 벌리고 비틀어 씨앗을 까먹는다.

오색딱따구리 부리가 아주 단단하면서도 끝이 날카롭다. 나무줄기에 구멍을 뚫어 속에 있는 곤충을 잡아먹는다.

후투티 곡괭이처럼 길면서 굽어 있다. 곡괭이질 하듯이 땅을 파서 속에 있는 곤충을 잡아먹는다.

참매 위쪽 부리가 송곳니처럼 아주 날카롭고 아래로 구부러져 있다. 짐승을 잡아 잘게 찢어 먹기 좋다.

콩새 부리가 큼직하고 튼튼하다. 딱딱한 나무 열매 껍질을 까서 속살을 먹는다.

발

오색딱따구리 발가락이 앞뒤로 2개씩 있고 발톱은 갈고리처럼 굽어 있어 나무줄기를 잡고 매달려 있기 좋다.

물수리 발이 크고 두툼하다. 발톱도 길고 끝이 날카로워서 큼직한 먹이를 움켜쥐기 좋다.

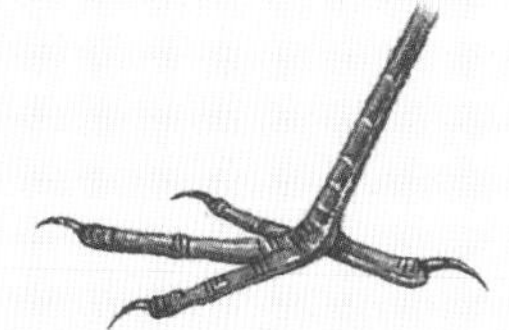

딱새 흔히 날거나 나무 위에 앉아 있기 때문에 발이 작고 발가락도 가늘다. 땅에서는 균형 잡기가 힘들어 통통 뛰어다닌다.

물새

물새

물새는 주로 물에 살고, 물가에서 자주 보이는 새를 가리킨다. 청둥오리, 원앙, 흰뺨검둥오리, 가창오리, 쇠기러기, 큰고니, 비오리, 개리 같은 오리과 새를 비롯해 황새, 노랑부리저어새, 왜가리, 논병아리, 두루미, 물닭, 괭이갈매기, 댕기물떼새, 도요 무리 들이 모두 우리나라에서 볼 수 있는 물새들이다.

물새는 흔히 물가에서 먹이를 찾는다. 개울, 호수 같은 민물과 바다, 갯벌에 사는 수서 곤충, 물고기, 우렁이, 개구리, 새우, 조개, 게, 갯지렁이 같은 동물들은 물새들한테 좋은 먹이가 된다. 물가와 가까운 땅에 사는 달팽이, 뱀, 쥐 같은 동물을 잡아먹기도 하고, 물속이나 물가에서 여러 가지 물풀을 뜯어 먹기도 한다. 기러기 무리는 물가에서 쉬다가도 멀리 떨어진 논까지 날아가서 벼, 보리, 밀의 낟알이나 풀씨를 주워 먹는다.

둥지도 물가에서 짓는 새가 많다. 물닭이나 논병아리는 갈대나 부들이 많은 물가에 물풀과 이끼를 쌓아 물위에 뜨는 둥지를 만들고, 혹고니나 가창오리는 물가의 축축한 땅이나 풀밭 위에 마른 풀과 나뭇잎을 쌓아 둥지를 만든다. 바다에 사는 괭이갈매기나 바다직박구리는 바닷가 벼랑 틈에 풀을 깔고 둥지로 쓴다. 물새지만 물가를 떠나 둥지를 짓는 새도 있다. 해오라기나 백로 무리는 산속 높은 나뭇가지 위에 나뭇가지를 쌓아 둥지를 만들고, 원앙이나 흰뺨오리는 나무 구멍 속에 마른 풀을 깔아 둥지로 쓴다. 둥지는 산속에 지어도 먹이는 주로 물가에 가서 물고기, 개구리, 달팽이 들을 잡아먹는다.

물새는 산새에 견주어 부리가 크고 길거나 옆으로 넓적한 새들이 많다. 물속이나 갯벌에 사는 먹이를 잡아먹기 좋게 발달했기 때문이다. 저어새나 노랑부리저어새는 끝이 둥글고 넓적한 부리를 노처럼 쓴다. 노를 젓듯이 부리로 물을 휘저으면서 물고기를 잡아먹는 것이다. 괭이갈매기 부리는 길이는 짧지만 위쪽 부리 끝이 매부리처럼 날카롭게 굽어 있다. 그래서 한번 잡은 물고기는 놓치는 일이 없다. 오리나 기러기 무리는 부리가 넓적해서 수면에 떠다니는 플랑크톤을 먹거나 갯벌에서 개흙을 헤치고 속에 있는 조개와 물고기를 찾아 먹는다. 물풀을 뜯거나 논바닥에서 낟알을 주워 먹기에도 알맞다. 마도요나 꺅도요 같은 도요 무리는 흔히 부리가 가늘고 길다. 갯벌 바닥을 쿡쿡 찔러 가면서 깊은 곳에 숨은 조개나 게를 잡아먹기에 좋다. 검은머리물떼새는 너비가 좁은 부리로 조개껍데기를 벌리고 살을 꺼내 먹는다.

다리나 발가락도 산새와는 다르게 생겼다. 산새와 달리 흔히 발가락 사이에 물갈퀴가 있고 발톱이 작다. 왜가리, 황새, 저어새 무리처럼 덤불 사이나 물가를 걸어 다니며 먹이를 찾는 새는 다리와 발가락이 길고 가늘며 물갈퀴가 작다. 오리 무리나 갈매기처럼 주로 물에 떠서 지내거나, 가마우지나 물닭처럼 물속에서 먹이를 찾는 새는 넓은 물갈퀴나 판족이 붙어 있어 헤엄도 잘 치고 잠수도 잘한다. 넓은 물갈퀴는 물을 차고 날아오르는 데도 필요하지만, 바닥에 닿는 표면적을 넓혀서 무게를 분산할 수 있기에 물새가 갯벌이나 진흙 속에 빠지지 않게 돕는다. 물갈퀴 덕에 물속에서나 바깥에서나 두루 잘 다닐 수 있다.

부리

마도요 부리가 가늘고 긴 데다 아래로 굽어 있다. 갯벌 속에 깊이 숨은 먹이를 잡아먹기 편하다.

저어새 부리가 길고 끝이 주걱처럼 둥글납작하다. 물속에 넣고 노 젓듯이 좌우로 저으면서 먹이를 찾아 먹는다.

괭이갈매기 위쪽 부리가 날카롭게 굽어 있다. 잡은 물고기를 놓치지 않고 옮길 수 있다.

검은머리물떼새 부리 너비가 좁으면서 길다. 입을 벌린 굴이나 조개가 있으면 부리를 꽂은 다음 살을 꺼내 먹는다.

혹부리오리 넓적하고 판판하다. 물속에 있는 먹이는 물론이고 갯벌에 숨은 먹이도 잘 찾아 먹는다.

발

왜가리 발가락이 길고 가늘어 물가를 빠르게 걷거나 덤불 사이를 헤집고 잘 다닌다.

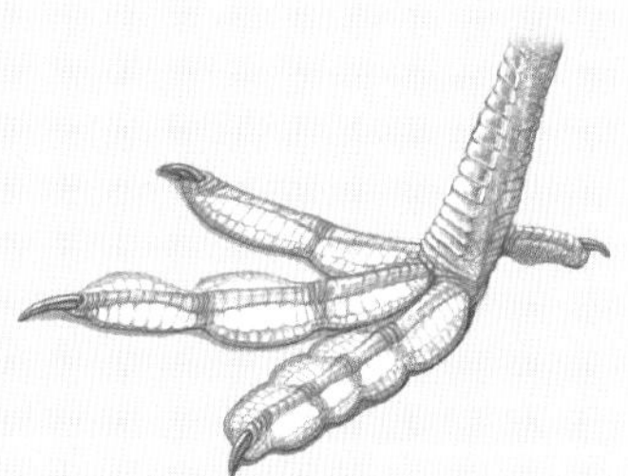

물닭 발가락 마디마디에 접었다 폈다 할 수 있는 판족이 있어서 헤엄도 잘 치고 땅에서 걷기도 잘한다.

청둥오리 앞발가락 사이에 물갈퀴가 있어서 헤엄치거나 잠수하기 좋다. 물을 차고 날아오르거나 내려앉기도 쉽다.

탐조

탐조(探鳥, birdwatching)는 새가 사는 곳을 찾아가서 관찰하는 것을 말한다. 새가 자연 속에서 먹이를 찾고, 쉬고, 둥지를 짓고, 짝짓기를 하고, 새끼를 치고, 천적을 경계하고, 이동하면서 사는 모든 모습과 갖가지 울음소리까지 보고 들으면서 연구하고 즐기는 것이다. 탐조는 17~18세기에 유럽에서 하던 철새 사냥에서 비롯한 것으로 알려져 있다. 요즘도 유럽이나 미국에서는 많은 사람들이 탐조를 취미로 삼고 있고, 일본에서도 1930년대에 탐조회가 처음 생긴 뒤로 꾸준히 늘어나 지금은 탐조회 활동을 하는 사람이 100만 명에 이른다고 한다. 우리나라는 아직 탐조회가 많지는 않지만 새를 연구하거나 생태 사진을 찍는 사람들을 중심으로 점점 늘어나고 있다.

탐조 준비

탐조를 가기에 앞서 꼭 해야 할 것은 탐조 가는 곳에 대한 정보를 수집하는 일이다. 둘레 환경이 어떻고 주로 어떤 새가 보이는지 알아본 다음, 그에 맞게 모든 준비를 하고 새에 대한 공부를 해 가면 더 편안하고 알찬 탐조를 할 수 있기 때문이다. 요즘은 인터넷이 발달해서 웬만한 정보는 인터넷 검색을 통해 알 수 있다. 탐조 동호회나 환경 단체, 생태 교육 단체 들이 주최하는 탐사에 참여하는 것도 도움이 된다. 동호인과 전문가를 만나서 경험을 듣고 생생한 정보를 주고받을 수 있다. 새는 예민한 동물인 데다 시력이 아주 좋아서 인기척을 느끼면 먼저 알아차리고 경계하거나 도망을 가기 때문에 가까이 다가가 관찰하는 것은 아주 힘들다. 그래서 새를 제대로 보려면 쌍안경이나 망원경 같은 장비가 필요하다.

쌍안경은 가장 기본적인 탐조 장비다. 들고 다니기 좋아서 재빨리 움직일 수 있기 때문에 넓은 곳에서 새가 있는 곳을 찾거나 비교적 가까이 있는 새를 볼 때 쓴다. 쌍안경에는 '8×40' 같은 숫자가 쓰여 있는데, 앞에 있는 숫자는 배율, 뒤에 있는 숫자는 대물렌즈 지름을 나타낸다. 배율이 너무 높으면 시야가 좁아지고 작은 떨림에도 심하게 흔들려서 어지럽기 때문에 6~10배율 정도가 알맞다. 대물렌즈 지름은 30~40mm인 것을 많이 쓴다. 같은 배율이면 지름이 큰 렌즈가 시원하게 보이지만 그만큼 무게가 많이 나가기 때문에 들고 다닐 것을 생각해서 적당한 무게로 골라야 한다. 바다, 호수에 떠다니거나 꽤 멀리 떨어져 있는 새를 관찰할 때는 배율이 높은 탐조용 지상 망원경(field scope)을 써야 한다. 배율이 높은 만큼 크고 무거워서 삼각대 위에 올려놓고 쓴다. 갖고 다니기는 불편하지만 화면이 밝고 흔들림이 적어서 오랜 시간 관찰하기에 알맞다. 배율은 20~25배율이 밝고 쓰기 편하다. 목이 굽은 앵글형과 쭉 뻗은 직선형이 있는데, 하늘에 있는 새를 오래 볼 때는 앵글형이 좋고, 초보자가 새를 빨리 찾을 때는 직선형이 편하다. 흔히 탐조를 처음 시작할 때는 가볍고 값도 저렴한 쌍안경을 쓰다가, 얼마쯤 익숙해지면 무겁고 배율이 높아서 경험이 필요한 망원경을 쓴다. 쌍안경이나 망원경으로 새를 보기만 하고 지나쳐 버리면 곧 잊어버리고 만다. 그래서 탐조를 할 때는 도감을 갖고 가서 보이는 새가 정확히 무슨 새인지 확인하면서 보는 것이 좋다. 이렇게 어떤 생물을 두고 소속과 이름을 밝히는 것을 '동정(同定, identification)'이라고 한다. 도감 말고도 수첩과 필기구를 준비해서 그날 본 새의 종명과 개체 수, 생김새, 행동, 날씨, 새를 본 장소, 둘레 환경, 그 밖의 특징 들을 자세히 기록하면 좋다. 새 생김새나 새가 있는 풍경을 간단히 그릴 수도 있다. 휴대용 녹음기가 있으면 일일이 기록하는 대신 관찰 내용을 말로 녹음할 수 있고 새 울음소리를 녹음할 수도 있다.

복장은 계절과 탐조 장소에 알맞게 갖추어야 한다. 가장 중요한 것은 복장 색깔인데, 시각이 발달한 새들을 자극하지 않도록 눈에 잘 띄는 색은 피하고 새들이 사는 둘레 환경과 비슷한 색을 띠는 옷을 입어야 한다. 흔히 나무 색깔에 맞추어 여름에는 녹색, 겨울에는 갈색 계열이 좋다. 여름에 모기를 피하려면 긴팔 옷과 바지로 피부를 가리는 것이 좋고, 겨울에 밖에서 몇 시간씩 버티려면 얇은 옷을 여러 벌 겹쳐 입은 다음 귀를 덮는 모자와 장갑을 갖추어야 한다. 밖에서 오랜 시간 있을 때는 갑자기 비나 눈이 오더라도 발을 보호할 수 있는 두꺼운 양말과 방수 신발을 신는 것이 좋다.

탐조 시기

흔히 해 뜨기 앞뒤로 2시간 동안이 새를 보기에 가장 좋은 때다. 물새는 겨울에 많이 볼 수 있고 물떼새나 도요과 새는 봄가을에 하구나 갯벌에 가면 볼 수 있다. 때와 장소에 따라 볼 수 있는 새가 다르기 때문에 어떤 종을 정해 놓고 보려면 때와 장소를 잘 맞추어야 한다. 새 울음소리는 짝짓기 할 짝을 찾느라 바쁜 초여름에 가장 쉽게 들을 수 있다.

관찰하기

처음부터 어느 한 곳을 집중적으로 보기보다는 두루 넓게 보면서 눈에 띄는 새가 있는지 살피고 새 울음소리나 날갯짓 소리로 정확한 위치를 알아내야 한다. 나뭇잎이 무성해지는 여름철에는 잎에 가려서 새가 잘 보이지 않기 때문에 소리를 잘 듣는 데 집중해야 한다. 새가 좋아하는 먹이가 많은 곳을 중심으로 찾아보는 것도 좋다. 열매가 많이 달려 있는 나무나 열매가 떨어져 있는 땅 위에 새가 찾아올 수 있다. 거름이 많은 곳에는 곤충이 많기 때문에 곤충을 즐겨 먹는 새들이 모이고, 바닷가 마을 어장 둘레에는 물고기를 먹는 갈매기 무리가 잘 모인다. 조개나 작은 물고기가 많은 갯벌에는 도요나 물떼새 무리가 자주 찾고, 냇가나 연못, 계곡 둘레에도 민물고기를 먹는 새들이 산다. 새는 흔히 어느 한곳을 정해 놓고 물을 먹거나 목욕을 하기 때문에 물이 고여 있는 웅덩이나 냇가, 샘 들을 주의 깊게 살펴보면 깃털이나 발자국 같은 것을 볼 수도 있다. 전깃줄이나 전신주, 지붕 위처럼 높은 곳에서는 망을 보면서 쉬는 새들이 많다. 바다 암초 위에는 가마우지나 갈매기류가 앉아 쉬는 일이 많고, 저수지나 연못에는 오리 무리가 많다. 논에서는 두루미나 쇠기러기 같은 새들이 먹이를 찾느라 바쁘다.

주의할 점

새는 시각도 뛰어나지만 소리나 냄새에도 민감하고, 작은 자극에도 스트레스를 많이 받는 동물이다. 따라서 새를 좀 더 가까이서 보겠다고 새한테 지나치게 다가가기보다는 30m 이상 떨어져서 관찰해야 한다. 특히 알을 품거나 새끼를 키우고 있는 새는 아주 예민한 상태이기 때문에 사람이 다가가면 사납게 공격할 수도 있고, 알이나 새끼를 포기한 채 도망가거나 밀어 떨어뜨려 죽일 수도 있다. 움직일 때는 되도록 눈에 띄지 않게 천천히 움직이고, 여럿이 몰려다니기보다는 혼자 다니는 것이 눈에 덜 띄고 새한테 피해를 덜 줄 수 있다. 새가 있는 곳을 알리거나 멀리 있는 사람을 부를 때는 가벼운 손짓이나 휘파람 소리로 대신하는 것이 좋다. 새를 가까이 오게 하려고 새소리를 내는 도구를 쓰거나 녹음한 새소리를 틀기도 하는데 이런 것도 지나치게 쓰면 안 된다. 특히 짝짓기 철에는 번식을 방해할 수 있으므로 조심해야 한다. 무엇보다 탐조를 할 때는 새들이 사는 곳을 더럽히거나 상하게 하는 일이 없어야 한다. 새를 보겠다고 덤불 속이나 논밭, 나무 위, 물속을 마구 헤치고 다녀서도 안 된다. 생각지 못한 곳에 있던 동물이나 새 둥지가 다치거나 상할 수 있다. 탐조를 즐기는 만큼 새들이 사는 곳을 아끼고, 새들한테 피해를 주지 않도록 적당한 거리를 지켜야 더욱 오래 새를 볼 수 있을 것이다.

철새가 찾는 곳

철 따라 이동하면서 우리나라를 찾는 철새는 어느 철에 머무는지에 따라 여름 철새, 겨울 철새, 나그네새로 나눌 수 있다. 그 가운데 산새보다는 물새를, 여름 철새보다는 나그네새나 겨울 철새를 더 많이 볼 수 있다. 개체 수가 훨씬 많기도 하지만, 산새이면서 여름을 나는 새는 우거진 숲 속에 사는 데다 저마다 떨어져 둥지를 짓고 살기 때문에 찾아보기가 힘들기 때문이다. 물새는 탁 트인 물가에 살아서 산새보다 눈에 잘 띈다. 게다가 여럿이 모여 이동하고 지내는 일이 많기 때문에 더 자주 볼 수 있다.

우리나라 남녘에서 철새들이 즐겨 찾는 곳은 아래와 같다.

한강 하구 하굿둑이 없어 강물이 바닷물과 섞이기 때문에 먹잇감이 많다. 겨울 철새 개체 수는 10월 말쯤에 가장 많다. 오리 무리, 개리, 저어새, 재두루미, 큰기러기를 볼 수 있다.

강화도 갯벌 갯벌이 넓으면서도 생물이 많아 세계적 자원으로 인정받는 곳이다. 나그네새인 도요·물떼새 무리를 비롯해 저어새, 오리 무리, 기러기 무리, 노랑부리백로를 볼 수 있다.

아산만, 아산호 갯벌이 넓고 먹잇감이 많았던 아산만에 방조제를 지으면서 아산호가 만들어졌다. 도요·물떼새 무리, 고니 무리 기러기 무리, 오리 무리가 많다.

천수만 갯벌과 논, 갈대밭이 넓어서 철새가 겨울을 나기 좋다. 기러기 무리가 가장 많고 가창오리, 황새, 흑두루미, 노랑부리저어새, 검은머리쑥새, 스윈호오목눈이도 볼 수 있다.

금강 하구 금강과 서해가 만나는 지점으로 해마다 150종이 넘는 철새가 찾는다. 가창오리와 도요·물떼새 무리, 갈매기 무리, 큰고니, 개리, 큰기러기, 쇠기러기 들을 볼 수 있다.

만경강, 동진강 하구 해마다 봄가을이면 도요·물떼새 무리가 많이 찾던 곳인데 갯벌이 줄어들면서 4,000~5,000마리로 줄었다. 오리 무리, 기러기 무리, 맹금 무리를 볼 수 있다.

해남(고천암호, 금호호, 영암호) 겨울이 따뜻한 데다 갯벌이 있어 도요 무리가 많이 찾았으나 갯벌이 줄면서 수가 줄었다. 오리 무리, 노랑부리저어새, 황새, 논병아리 무리, 갈매기 무리도 볼 수 있다.

강진만 갯벌에 갈대밭이 넓고 바지락, 꼬막, 맛조개 같은 먹잇감이 많다. 오리 무리와 도요 무리, 두루미 무리, 큰고니, 큰기러기 들이 찾는다.

제주 하도리 겨울이 따뜻하고 먹잇감이 많아 저어새 무리를 비롯한 고니, 매, 황조롱이, 물수리 들이 찾는다. 지미봉 기슭 저수지에는 먹이가 풍부하고 둥지를 틀 만한 곳이 많다.

순천만 우리나라에서 가장 넓은 갈대밭이 있다. 흑두루미가 많고, 스윈호오목눈이와 북방검은머리쑥새도 쉽게 볼 수 있다. 황새, 저어새, 노랑부리백로, 큰고니, 기러기 무리도 보인다.

섬진강 하구 서해안 갯벌과 달리 모래와 진흙이 섞인 모래땅이 펼쳐져 있다. 보기 드문 흑기러기가 겨울을 나고, 도요·물떼새 무리와 검은머리갈매기, 큰고니도 볼 수 있다.

낙동강 하구 한겨울에도 강물이 얼지 않고 먹잇감이 많다. 오리, 도요, 갈매기 들이 무리 지어 찾아온다. 오리 무리, 물닭, 큰기러기, 재두루미, 저어새도 볼 수 있다.

주남 저수지 150종이 넘는 철새가 찾는다. 기러기 무리, 오리 무리, 흰죽지, 큰고니를 비롯해 보기 드문 새인 노랑부리저어새, 개리, 재두루미 들을 볼 수 있다.

우포늪 우리나라에서 가장 큰 늪으로, 생물이 많아 큰기러기, 고니 무리, 오리 무리, 도요·물떼새 무리, 황새, 참수리, 노랑부리저어새, 백로 무리 들을 볼 수 있다.

울산 태화강 갈매기 무리, 백로 무리와 함께 큰기러기, 물수리가 찾아온다. 겨울이면 5만 마리가 넘는 철새가 오는데 특히 떼까마귀가 많다. 고니 무리, 노랑부리저어새도 보인다.

포항 호미곶과 형산강을 중심으로 철새들이 찾는데 보기 드문 흑기러기, 고대갈매기가 눈에 띈다. 도요 무리, 고니 무리, 아비 무리, 가마우지 무리, 두루미 무리, 오리 무리도 볼 수 있다.

동해안 석호(경포호, 청초호, 화진포) 바다와 뭍 사이에 모래가 쌓여 만들어진 석호에는 철새들 먹이가 다양하다. 고니 무리, 바다오리, 갈매기 무리를 볼 수 있다.

철원평야 우리나라에서 가장 먼저 철새들이 찾는 곳이다. 드넓은 논에 떨어진 곡식이 풍부하다. 두루미 무리, 쇠기러기, 독수리, 흰꼬리수리, 검독수리를 볼 수 있다.

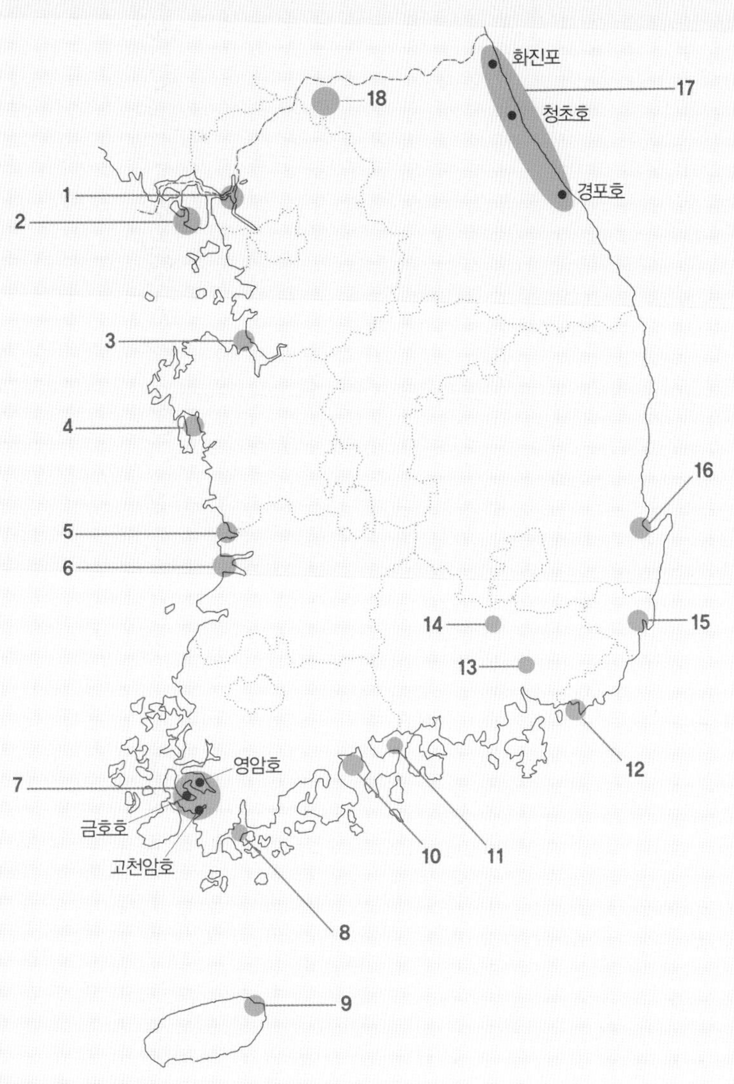

1. 한강 하구
2. 강화도 갯벌
3. 아산만, 아산호
4. 천수만
5. 금강 하구
6. 만경강, 동진강 하구
7. 해남
8. 강진만
9. 제주 하도리
10. 순천만
11. 섬진강 하구
12. 낙동강 하구
13. 주남 저수지
14. 우포늪
15. 울산 태화강
16. 포항
17. 동해안 석호
18. 철원평야

천연기념물

새

새 이름	종목
개구리매	천연기념물 제323-3호
개리	천연기념물 제325-1호
검독수리	천연기념물 제243-2호
검은머리물떼새	천연기념물 제326호
검은목두루미	천연기념물 제451호
고니	천연기념물 제201-1호
까막딱따구리	천연기념물 제242호
노랑부리백로	천연기념물 제361호
노랑부리저어새	천연기념물 제205-2호
느시(들칠면조)	천연기념물 제206호
독수리	천연기념물 제243-1호
두견이	천연기념물 제447호
두루미	천연기념물 제202호
따오기	천연기념물 제198호
뜸부기	천연기념물 제446호
매	천연기념물 제323-7호
먹황새	천연기념물 제200호
붉은배새매	천연기념물 제323-2호
뿔쇠오리	천연기념물 제450호
새매	천연기념물 제323-4호
소쩍새	천연기념물 제324-6호
솔부엉이	천연기념물 제324-3호
쇠부엉이	천연기념물 제324-4호
수리부엉이	천연기념물 제324-2호
알락개구리매	천연기념물 제323-5호
올빼미	천연기념물 제324-1호
원앙	천연기념물 제327호
재두루미	천연기념물 제203호
잿빛개구리매	천연기념물 제323-6호
저어새	천연기념물 제205-1호
참매	천연기념물 제323-1호
참수리	천연기념물 제243-3호
칡부엉이	천연기념물 제324-5호
크낙새	천연기념물 제197호
큰고니	천연기념물 제201-2호
큰소쩍새	천연기념물 제324-7호
팔색조	천연기념물 제204호
호사도요	천연기념물 제449호
호사비오리	천연기념물 제448호
혹고니	천연기념물 제201-3호
황새	천연기념물 제199호
황조롱이	천연기념물 제323-8호
흑기러기	천연기념물 제325-2호
흑두루미	천연기념물 제228호
흑비둘기	천연기념물 제215호
흰꼬리수리	천연기념물 제243-4호

번식지와 도래지, 화석 산지

번식지와 도래지, 화석 산지	종목	지역
강화갯벌 및 저어새번식지	천연기념물 제419호	인천 강화군
거제 연안 아비 도래지	천연기념물 제227호	경남 거제시
거제 학동리 동백나무 숲 및 팔색조 번식지	천연기념물 제233호	경남 거제시
고성 덕명리 공룡과 새발자국 화석 산지	천연기념물 제411호	경남 고성군
광릉 크낙새 서식지	천연기념물 제11호	경기 남양주시
낙동강 하류 철새 도래지	천연기념물 제179호	부산 부산전역
무안 용월리 백로와 왜가리 번식지	천연기념물 제211호	전남 무안군
신안 구굴도 바닷새류(뿔쇠오리, 바다제비, 슴새) 번식지	천연기념물 제341호	전남 신안군
신안 칠발도 바닷새류(바다제비, 슴새, 칼새) 번식지	천연기념물 제332호	전남 신안군
양양 포매리 백로와 왜가리 번식지	천연기념물 제229호	강원 양양군
여주 신접리 백로와 왜가리 번식지	천연기념물 제209호	경기 여주시
옹진 신도 노랑부리백로와 괭이갈매기 번식지	천연기념물 제360호	인천 옹진군
울릉 사동 흑비둘기 서식지	천연기념물 제237호	경북 울릉군
제주 사수도 바닷새류(흑비둘기, 슴새) 번식지	천연기념물 제333호	제주 제주시
진도 고니류 도래지	천연기념물 제101호	전남 진도군
진주 가진리 새발자국과 공룡발자국 화석 산지	천연기념물 제395호	경남 진주시
진주 호탄동 익룡·새·공룡 발자국 화석 산지	천연기념물 제534호	경남 진주시
진천 노원리 왜가리 번식지	천연기념물 제13호	충북 진천군
철원 철새 도래지	천연기념물 제245호	강원 철원군
태안 난도 괭이갈매기 번식지	천연기념물 제334호	충남 태안군
통영 홍도 괭이갈매기 번식지	천연기념물 제335호	경남 통영시
한강 하류 재두루미 도래지	천연기념물 제250호	경기 김포시
함안 용산리 함안층 새발자국 화석 산지	천연기념물 제222호	경남 함안군
해남 우항리 공룡·익룡·새발자국 화석 산지	천연기념물 제394호	전남 해남군
횡성 압곡리 백로와 왜가리 번식지	천연기념물 제248호	강원 횡성군

멸종위기종

이름	멸종위기 야생생물 등급
개리	멸종위기 야생생물 2급
검독수리	멸종위기 야생생물 1급
검은머리갈매기	멸종위기 야생생물 2급
검은머리물떼새	멸종위기 야생생물 2급
검은머리촉새	멸종위기 야생생물 2급
검은목두루미	멸종위기 야생생물 2급
고니	멸종위기 야생생물 2급
고대갈매기	멸종위기 야생생물 2급
긴꼬리딱새	멸종위기 야생생물 2급
긴점박이올빼미	멸종위기 야생생물 2급
까막딱다구리	멸종위기 야생생물 2급
넓적부리도요	멸종위기 야생생물 1급
노랑부리백로	멸종위기 야생생물 1급
노랑부리저어새	멸종위기 야생생물 2급
느시	멸종위기 야생생물 2급
독수리	멸종위기 야생생물 2급
두루미	멸종위기 야생생물 1급
따오기	멸종위기 야생생물 2급
뜸부기	멸종위기 야생생물 2급
매	멸종위기 야생생물 1급
먹황새	멸종위기 야생생물 2급
무당새	멸종위기 야생생물 2급
물수리	멸종위기 야생생물 2급
벌매	멸종위기 야생생물 2급
붉은배새매	멸종위기 야생생물 2급
붉은해오라기	멸종위기 야생생물 2급
뿔쇠오리	멸종위기 야생생물 2급
뿔종다리	멸종위기 야생생물 2급
새매	멸종위기 야생생물 2급
새호리기	멸종위기 야생생물 2급
섬개개비	멸종위기 야생생물 2급
솔개	멸종위기 야생생물 2급
쇠검은머리쑥새	멸종위기 야생생물 2급
수리부엉이	멸종위기 야생생물 2급
알락개구리매	멸종위기 야생생물 2급
알락꼬리마도요	멸종위기 야생생물 2급
올빼미	멸종위기 야생생물 2급
재두루미	멸종위기 야생생물 2급
잿빛개구리매	멸종위기 야생생물 2급
저어새	멸종위기 야생생물 1급
조롱이	멸종위기 야생생물 2급
참매	멸종위기 야생생물 2급
참수리	멸종위기 야생생물 1급
청다리도요사촌	멸종위기 야생생물 1급
크낙새	멸종위기 야생생물 1급
큰고니	멸종위기 야생생물 2급

이름	멸종위기 야생생물 등급
큰기러기	멸종위기 야생생물 2급
큰덤불해오라기	멸종위기 야생생물 2급
큰말똥가리	멸종위기 야생생물 2급
팔색조	멸종위기 야생생물 2급
항라머리검독수리	멸종위기 야생생물 2급
호사비오리	멸종위기 야생생물 2급
혹고니	멸종위기 야생생물 1급
황새	멸종위기 야생생물 1급
흑기러기	멸종위기 야생생물 2급
흑두루미	멸종위기 야생생물 2급
흑비둘기	멸종위기 야생생물 2급
흰꼬리수리	멸종위기 야생생물 1급
흰목물떼새	멸종위기 야생생물 2급
흰이마기러기	멸종위기 야생생물 2급
흰죽지수리	멸종위기 야생생물 2급

목과 분류_18목 49과 122종

목	과	종
기러기목	오리과	개리
		큰기러기
		쇠기러기
		혹고니
		큰고니
		혹부리오리
		원앙
		청둥오리
		흰뺨검둥오리
		고방오리
		가창오리
		흰죽지
		흰뺨오리
		비오리
닭목	꿩과	꿩
아비목	아비과	아비
논병아리목	논병아리과	논병아리
		뿔논병아리
황새목	황새과	황새
사다새목	저어새과	따오기
		노랑부리저어새
		저어새
	백로과	덤불해오라기
		해오라기
		황로
		왜가리
		중대백로
		노랑부리백로
가마우지목	가마우지과	가마우지
수리목	물수리과	물수리
	수리과	독수리
		참매
		솔개
		말똥가리
두루미목	뜸부기과	뜸부기
		물닭
	두루미과	재두루미
		두루미
		흑두루미
도요목	검은머리물떼새과	검은머리물떼새
	장다리물떼새과	장다리물떼새
	물떼새과	댕기물떼새
		개꿩
		꼬마물떼새
		흰물떼새
	도요과	깝도요
		마도요
		청다리도요
		삑삑도요
		좀도요
		민물도요
	갈매기과	붉은부리갈매기
		검은머리갈매기
		괭이갈매기
		재갈매기
		제비갈매기
비둘기목	비둘기과	멧비둘기
두견이목	두견이과	벙어리뻐꾸기
		뻐꾸기
올빼미목	올빼미과	소쩍새
		수리부엉이
		올빼미
		솔부엉이
		쇠부엉이
쏙독새목	쏙독새과	쏙독새
파랑새목	파랑새과	파랑새
	물총새과	호반새
		청호반새
		물총새
	후투티과	후투티
딱따구리목	딱따구리과	쇠딱따구리
		오색딱따구리
		크낙새
		청딱따구리
매목	매과	황조롱이
		매
참새목	꾀꼬리과	꾀꼬리
	까마귀과	어치
		까치
		까마귀
	여새과	홍여새
	박새과	진박새
		곤줄박이
		쇠박새
		박새
	종다리과	종다리
		뿔종다리
	직박구리과	직박구리
	제비과	제비
		귀제비
	휘파람새과	휘파람새
	오목눈이과	오목눈이
	휘파람새과	산솔새
		개개비
	붉은머리오목눈이과	붉은머리오목눈이
	동박새과	동박새
	상모솔새과	상모솔새
	굴뚝새과	굴뚝새
	동고비과	동고비
	찌르레기과	찌르레기
	지빠귀과	호랑지빠귀
		흰배지빠귀
		노랑지빠귀
		개똥지빠귀
	솔딱새과	큰유리새
		울새
		유리딱새
		흰눈썹황금새
		딱새
		바다직박구리
	물까마귀과	물까마귀
	참새과	참새
	할미새과	노랑할미새
		알락할미새
	되새과	되새
		콩새
		멋쟁이
		양진이
		방울새
		솔잣새
	멧새과	멧새
		노랑턱멧새

목별 특징

1. 기러기목

대부분 강이나 호수의 물가 또는 습지에서 살고 물 위나 물가에 둥지를 짓는다. 남극 대륙을 제외하고 모든 대륙에 넓게 분포해 있다. 흔히 기러기목은 몸의 폭이 넓고 배 아래쪽이 판판하며 목이 길거나 중간 길이쯤 된다. 부리도 폭이 넓고 판판하게 생긴 경우가 많다. 부리 끝 가운데 부분은 뾰족하게 튀어나와 있는데 몇몇 종은 이 부분이 갈고리처럼 구부러져 있다. 부리 양옆 안쪽에는 빗살처럼 생긴 얇은 판이 촘촘하게 있어 물속에 있는 작은 먹이를 걸러 낸다. 혀는 꽤 두껍고 짧은 가시처럼 생긴 돌기가 있어 한번 잡은 먹이는 잘 놓치지 않는다.

기러기목의 오리과는 다시 고니류, 기러기류, 오리류로 나뉜다. 오리류는 다리 길이가 짧고 발가락 사이에 물갈퀴가 있다. 대부분 몸 뒤쪽에 붙어 있어 뒤뚱뒤뚱 걷지만 물속에서 먹이를 잡는 잠수성 오리류는 이 다리 덕에 쉽게 헤엄칠 수 있다. 반대로 기러기류는 오리류보다 다리가 길고 몸통의 중심에 자리 잡고 있어 비교적 똑바로 서고 걸을 수 있다. 먹이도 땅 위에서 걸어 다니면서 찾아 먹는다. 고니류나 기러기류는 한번 짝짓기를 하면 평생 짝을 바꾸지 않는다. 오리류는 대부분 번식기에만 짝을 이루지만, 흰뺨검둥오리나 청둥오리 같은 수면성 오리들은 겨울에도 암수가 함께 다니는 모습을 볼 수 있다.

2. 닭목

대부분 다리가 짧고 날개가 둥글며 몸집도 둥그스름하고 튼튼하다. 작은 메추라기에서부터 꿩까지 모든 종이 잘 달리지만, 자려고 나무 위로 올라갈 때나 위험한 순간이 아니면 거의 날지 않는다. 단거리용 근육에만 의존하고 있어 공중에서 오래 날 수 없기 때문이다. 따라서 출생지로부터 반경 몇 km 안에서 벗어나지 않고 사는 텃새가 대부분이다. 낮에는 땅 위에서 먹이를 구하고 밤이 되면 천적을 피해 나무 위에 올라가 잔다. 흔히 씨앗이나 어린 싹을 먹는 초식 동물이지만 숲에서 사는 종 가운데에는 바닥에 쌓인 낙엽 속에서 곤충이나 떨어진 나무 열매를 찾아 먹는 새도 있다. 닭목 가운데 꿩과가 가장 종 수가 많으면서 넓게 분포한다. 꿩과 새가 없는 곳은 남극과 일부 대양의 섬뿐이다. 흔한 새인 닭과 꿩, 메추라기, 공작 들이 모두 꿩과에 속한다.

3. 아비목

물속을 헤엄쳐 먹이를 잡아먹는 새다. 그래서 몸 구조도 헤엄치거나 잠수하는 데 알맞게 생겼다. 다리가 몸통 뒤쪽에 달린 데다 발가락 사이에 물갈퀴가 있어 쉽고 빠르게 헤엄치면서 물고기를 잡는다. 다 자란 새는 땅 위를 잘 걷지 못하고 배를 바닥에 댄 채 밀고 다니지만 새끼는 똑바로 서서 걸을 수 있다. 어미가 재촉할 때는 수백 미터를 걸어서 이동하기도 한다. 세력권이 넓어 6~80ha쯤 되는 세력권 안에서 짝을 지어 번식한다. 번식은 내륙에 있는 호수에서 하고 번식이 끝나면 연안 지역으로 이동하여 산다. 겨울에 얼지 않은 커다란 호수에서도 관찰된다. 둥지는 호숫가에서 떨어진 섬이나 습지 안에 있는 작은 섬, 물 위에 드러난 바위나 통나무 위에 짓는다. 아비는 번식할 때 독특한 구애 행동을 하는데, 암수가 짝을 지어 몸을 세우고 물 위를 뛰어가거나 서로 마주 보고 춤을 추는 듯한 동작을 한다. 짝짓기는 둥지 근처 땅 위에서 하지만 사람 눈에 띄는 일은 거의 없다. 암수가 함께 집 짓기, 알 품기, 새끼 키우기를 한다. 새끼는 부화 후 1일 안에 둥지를 떠나서 잠수할 수 있다. 날씨가 나쁘거나 위험하면 어미새 등에 타거나 날개 밑에 파고들어 보호를 받는다. 아비목은 호수를 중심으로 한 수생 생태계의 먹이 사슬 제일 높은 곳에 있기 때문에 환경 조건이 나빠지면 살아가는 데 큰 영향을 받는다.

4. 논병아리목

약 7000만 년 전부터 호수나 늪에서 살아왔으며 남극을 제외한 모든 대륙에서 관찰된다. 공격성이 강하며 겨울철에는 무리를 지어 산다. 몸 구조가 물속에서 사냥을 하며 살아가는 데 알맞게 생겼다. 온몸에 2만 개쯤 되는 깃털이 촘촘하게 덮여 있어 물이 스며들지 않기에 체온을 유지할 수 있고, 발목과 발가락이 아주 유연해서 어느 방향으로든 물을 찰 수 있다. 발가락마다 달린 나뭇잎처럼 생긴 물갈퀴는 노와 방향키 역할을 해서 물속에서 1초에 2m쯤 나아갈 수 있고 재빠르게 방향을 바꿀 수 있다. 다리가 몸 뒤쪽에 붙어 있어 헤엄은 잘 치지만, 땅 위에서는 서 있는 것조차 힘들어 둥지에 오를 때만 물에서 나온다. 날개는 길고 두께가 얇아 물 위를 오래 달려 추진력을 얻은 다음 날아오른다. 이동할 때 말고는 나는 일이 거의 없다. 주로 곤충과 물고기, 연체동물, 갑각류를 먹고 산다. 구애 행동은 매우 독특한데, 뿔논병아리는 목에 있는 치렛깃을 한껏 부풀려 구애한다. 짝을 이룬 암수는 물풀을 입에 물고 마주 본 채 머리를 까딱이며 춤을 추는 듯한 모습을 보이기도 한다.

5. 황새목

다른 새들에 비해 몸집이 크고 부리와 다리가 길다. 목을 길게 뻗고 긴 다리로 성큼성큼 걷는다. 거의 습지나 물가에서 살지만 풀이 있는 땅에서도 산다. 날 때는 목을 곧게 편 채 상승 기류를 타고 난다. 날개가 길고 폭이 넓어서 장거리 비행을 할 수 있지만 상승 기류를 이용하면 날갯짓을 자주 하지 않고도 날 수 있어서 힘이 덜 든다. 이동할 때도 상승 기류가 생기는 육지를 따라 경로를 정한다. 황새목은 혼자서 먹이를 먹지만 먹이양이 많을 때는 무리를 이루기도 한다. 물속을 천천히 걸으면서 물고기를 찾고 긴 부리로 재빨리 먹이를 잡는다. 계절에 따라 먼 거리를 이동한다. 아시아의 황새는 히말라야 산맥을 넘어 번식지와 월동지를 오가기도 하는 것이 밝혀졌다. 월동지에서 번식지로 이동하면 봄부터 여름까지 먹이가 많은 습지 둘레의 높은 나무 위에 둥지를 짓고 새끼를 친다.

6. 사다새목

저어새과 부리가 길면서 폭이 넓고 끝은 둥글납작하다. 얼굴에는 깃털이 없다. 대부분 몸 색이 단색이며 장식깃이 눈에 띈다. 습지나 늪, 풀밭에서 곤충, 개구리, 갑각류, 물고기를 잡아먹는다. 먹이를 잡을 때는 시각보다 촉각을 많이 쓴다. 부리를 약간 벌린 채 물속에서 좌우로 저으면서 걸리는 것을 먹는데, 물고기나 물에 사는 곤충을 잡는 데에는 폭이 넓은 부리가 도움이 된다.

백로과 부리와 다리가 길고 날개는 길면서 폭이 넓다. 주로 물속에 사는 생물을 잡아먹는 데 알맞도록 발달했다. 먹이에 접근하는 방법은 다양하지만 언제나 마지막에는 부리를 재빨리 내밀어 먹이를 잡는다. 양어장에서 물고기를 훔쳐 먹어 미움을 받기도 하지만 논에서 양서류나 곡식에 해를 입히는 곤충을 잡아먹어 도움을 주기도 한다.

7. 가마우지목

해안이나 내륙에서 흔히 볼 수 있는 새다. 온 세계에 분포하지만 극지방의 고위도 지역이나 대양의 외딴 섬, 건조한 지역에는 살지 않는다. 바다가 있는 곳 어디서나 볼 수 있기 때문에 옛날 박물학자는 이 새에게 *Corvus marinus*(바다의 까마귀)라는 이름을 붙였다. 몸은 물에서 물고기를 잡아먹으며 사는 데 알맞게 생겼다. 발가락 4개가 물갈퀴로 이어져 있으며 목 아래쪽에는 피부가 주머니처럼 늘어져 있는 목주머니가 있다. 목주머니는 신축성이 있어서 커다란 물고기를 삼키기 쉽다. 살이 아래로 축 늘어져 있어서 멀리서도 눈에 띄고 이곳을 통해 몸의 열을 밖으로 내보내기도 한다. 가마우지는 잠수를 해서 물고기를 쫓아다니며 잡아먹는다. 민물가마우지는 숭어나 정어리처럼 물의 중간층, 또는 낮은 층에 무리 지어 사는 물고기를 잡아먹는다. 연안 수역에서 먹이를 구하면서 사람이 만든 어장에 들어가는 때가 많다. 식욕이 왕성한 데다 흔히 큰 집단을 이루어 번식하고 먹이를 잡기 때문에, 어민들은 자기들이 키우는 물고기를 가마우지한테 빼앗긴다고 생각해 보이는 대로 잡아 죽이기도 했다.

8. 수리목

종마다 먹이 잡는 방법이 다양하고 생김새도 제각각이다. 살아 있는 동물을 잡을 때는 대부분 발톱으로 먹이를 움켜쥐어 죽인 다음 부리로 찢어 먹는다. 독수리는 죽은 동물을 자주 먹고 개구리매는 이름처럼 개구리를 즐겨 먹는다. 벌매류는 말벌의 애벌레를 먹지만 솔개는 무엇이든 잘 먹어서 거리나 마을에서 수백 마리씩 모여 쓰레기를 뒤지기도 한다. 말똥가리류는 주로 포유류와 새를 잡아먹는다.

9. 두루미목

두루미는 하늘을 나는 새 가운데 키가 가장 크고 가장 높이 날 수 있는 새다. 어떤 새는 키가 2m 가까이 되고, 어떤 새는 해발 9,000m가 넘는 높이를 날아 히말라야 산맥을 넘는다. 6000만 년 전부터 살았던 것으로 알려져 있고, 사육하면 70~80년쯤 살지만 이제는 멸종위기에 놓여 있다. 부리는 곧고 길며 단단하다. 목과 다리도 길다. 울음소리는 크고 드높아서 몇 km 떨어진 곳까지 들린다. 날 때는 긴 목을 앞으로 뻗고 다리는 꼬리 뒤쪽까지 뻗는다. 추울 때는 다리를 접어 배에 있는 깃털 속으로 넣기도 한다. 흔히 탁 트인 습지나 초원, 농경지에서 산다. 둥지는 낮은 습지나 사람 눈에 띄지 않는 곳에 짓는다. 물가에 사는 새이지만 발에 물갈퀴가 없어서 번식을 하거나 먹이를 찾거나 밤에 잘 때도 물이 얕은 곳까지만 들어간다. 오늘날 살고 있는 두루미는 잡식성으로 주변 환경과 상황에 알맞게 여러 가지 먹이를 먹는다. 몇몇 종은 곤충을 효과적으로 잡기도 하고 풀 줄기에서 잘 익은 씨앗을 골라내기도 한다.

10. 도요목

검은머리물떼새과 주황색 부리가 길고 곧으며 다리는 짧다. 짝을 이룬 암수는 바닷가나 바닷가 풀밭, 내륙 호수, 강가에 세력권을 만들고 새끼를 친다. 집단성이 강해 번식기가 끝나면 다시 무리 지어 산다. 번식하지 않는 개체들은 번식기 중에도 무리 지어 잠을 잔다. 주로 조개류를 먹고 산다.

장다리물떼새과 민물 습지, 바닷가 습지, 호수에서 지낸다. 부리와 다리가 유난히 가늘고 길다. 덕분에 깊은 물에 들어가서도 먹이를 잘 잡을 수 있다. 길쭉한 부리로 연체동물, 갑각류, 애벌레, 갯지렁이, 올챙이, 작은 물고기 들을 쪼아 먹는다.

물떼새과 머리가 둥글고 눈이 크며 몸이 통통한 물새이다. 몸집은 다양한 편이며 위쪽 부리가 비둘기 부리처럼 앞쪽 끝까지 통통하다. 다리는 중간보다 조금 더 긴 편이라 빨리 달리고 힘차게 난다. 뒷발가락은 없거나 있더라도 작다. 대부분 짧으면서 물갈퀴가 없는 앞발가락을 3개 지니고 있다. 다리는 검은색이나 살색, 또는 붉은색이나 노란색을 띤다. 몸 색이 뚜렷한데 움직일 때는 털이 비늘처럼 분리되어 보이며 멈춰 서면 주위 환경과 비슷한 색을 띠어 눈에 잘 띄지 않는다.

도요과 대부분이 계절 따라 이동하는 철새인데, 북쪽에서 번식하는 개체일수록 장거리 이동을 하는 경향이 있다. 부리가 길어서 부리 길이가 가장 짧은 도요라도 제 머리 길이만큼은 된다. 흔히 깃털은 갈색이나 회색 얼룩이 있어 갯벌에서 보호색 역할을 한다. 세가락도요를 제외한 모든 종은 앞발가락이 3개이고 짧은 뒷발가락이 1개 있다. 썰물일 때에는 갯벌 곳곳에 퍼져 곤충이나 조개, 갑각류, 갯지렁이 들을 잡아먹는다. 수면이나 지표면에 있는 것을 눈으로 찾고, 흙 속에 있는 것은 부리로 더듬어 찾아낸다. 밀물이 되어 갯벌에 물이 차면 우르르 몰려 큰 무리를 이룬다. 때로는 여러 종이 섞여 수만 마리로 불어난 무리가 일제히 날아오르기도 한다.

갈매기과 북반구 온대 지방에서 가장 잘 알려진 바닷새로, 흔히 바닷가에서 갯벌에 사는 생물을 찾아 먹고 산다. 자그마한 쇠갈매기에서부터 커다란 큰재갈매기에 이르기까지 크기와 생김새가 다양하다. 흔히 대형 종은 부리가 굵고 끝이 갈고리처럼 굽어 있지만, 소형 종은 부리가 가늘고 길어서 핀셋과 비슷하게 생겼다. 깃털은 대부분 몸 위쪽은 회색이나 어두운 색이고 아래쪽은 흰색이다. 아래쪽이 흰색을 띠는 것은 날고 있는 새가 물고기의 눈에 띄지 않도록 발달한 것으로 보인다. 그 어떤 새들보다 다양한 먹이를 먹는다. 흰갈매기는 바다짐승의 대변을 먹기도 하고, 고래를 따라다니면서 수면으로 쫓겨 올라오는 무척추동물을 잡아먹기도 한다. 재갈매기는 조개를 물고 높이 날아오른 다음 그것을 바위 위로 떨어뜨려 깨 먹는다. 요즘에는 재갈매기가 음식물 찌꺼기까지 먹으면서 개체 수가 많이 늘어나고 있다. 먹이를 먹으면 몸속에 있는 모이주머니에 저장할 수 있고, 다시 게워 낸 것을 짝이나 새끼에게 준다.

11. 비둘기목

비둘기목은 남극을 제외한 모든 지역에서 발견되는 아주 흔한 새다. 몸이 통통하고 머리가 작으며 부리와 다리가 짧다. 깃털은 부드럽고 촘촘하며 흐린 갈색이나 회색을 띤다. 날개나 목에는 밝은 색 반점이 있다. 수컷과 암컷이 거의 비슷하지만 암컷 몸 색이 조금 더 흐린 편이다. 대부분 나무 위에서 살지만 벼랑이나 땅 위에서 사는 것도 있다. 환경에 따라 먹이를 구할 때는 여러 곳을 옮겨 다니지만 나무에 달린 과일을 먹고 사는 비둘기는 나무 위에서 모든 일을 해결한다. 흔히 새들이 부리를 담갔다가 머리를 치켜들면서 물을 마시는 것과 달리, 비둘기목 새들은 콧구멍까지 물속에 담그고 머리를 들지 않은 채 물을 마신다. 어떤 종은 상당히 먼 곳까지 물을 찾으러 가기도 하는데, 그런 곳에는 아침저녁으로 많은 비둘기 무리가 모여든다.

12. 두견이목

두견이목은 겉보기에는 참새목과 비슷하지만, 발가락이 앞뒤로 2개씩 있고 몸속의 해부학적 특징이 다르다는 점에서 구별된다. 특이한 발을 써서 가느다란 갈대 줄기를 잡고 기어오르기도 하고 몸을 땅과 거의 평행하게 한 채 재빨리 달리기도 한다. 흔히 부리 끝이 구부러져 있으며 꼬리가 길다. 많은 종이 다른 새가 사는 둥지에만 알을 낳는다. 산란을 시작한 새의 둥지를 찾은 다음 주인 새가 잠깐 둥지를 비운 사이에 몰래 들어간다. 둥지에 있던 알을 하나 입에 물고 재빨리 색이 비슷한 알 하나를 낳는다. 입에 물고 있던 알은 먹어 치운다. 뻐꾸기 알은 매우 빨리 자란다. 알 품기가 이미 시작된 둥지에 알을 낳아도 가장 먼저 부화하는 것은 뻐꾸기 알이다. 갓 태어난 새끼 뻐꾸기는 둥지 안을 돌아다니면서 다른 알을 둥지 밖으로 밀어 낸다. 다른 새끼들과 경쟁하지 않고 주인 새가 가져오는 먹이를 혼자 받아먹으려는 것이다. 실제로 뻐꾸기 새끼는 꽤 많은 먹이를 끊임없이 먹어 치운다.

13. 올빼미목

전체 조류 가운데 밤에 활동하는 것은 3%도 안 되는데, 그 절반 이상이 올빼미목이다. 130종이 넘는 올빼미목 가운데 80종 이상이 낮에는 나무에서 잠을 자고 밤에 사냥을 한다. 종마다 몸집이 다양해서 가장 큰 종의 몸무게는 가장 작은 종의 100배나 된다. 먹이로 삼는 동물이 있는 곳이라면 어디서든 볼 수 있다. 대부분은 나무가 많은 곳에 살지만, 초원, 사막, 습지나 북극의 툰드라 지역에 사는 것도 있다. 올빼미목은 머리가 크고 꼬리가 짧으며 오뚝이처럼 몸을 꼿꼿이 세운 채 지낸다. 얼굴은 판판하고 깃털이 방사상으로 퍼져 있으며 가운데에는 크고 둥근 눈이 있다. 노란색이나 주황색을 띠는 눈은 사람 눈처럼 정면을 보고 있다. 낮에 사냥을 하는 종은 밤에 사냥하는 종보다 눈이 작은 편이다. 주로 어둠 속에서 활동하는 올빼미들에게는 화려한 깃털이 필요 없기 때문에 깃털은 갈색이나 연한 갈색을 띤다. 온몸이 둥글고 부드러운 깃털로 이루어져 있으며, 뿔처럼 쫑긋하게 생긴 깃뿔이 머리에 자라기도 한다. 깃뿔은 청각과는 관계가 없고 시각적인 의사 전달의 도구로 쓰인다. 다리는 흔히 깃털로 덮여 있고 부리와 발톱은 날카로우면서 갈고리처럼 구부러져 있다. 동물을 잡아 뜯어 먹기 알맞게 생겼다.

14. 쏙독새목

열대 지방에 많이 살고 온대 지방에도 산다. 흔히 곤충을 먹고 사는데 야행성이라 밤에 날면서 먹이를 잡는다. 어둠 속에서도 음파 탐지를 해서 나무 같은 장애물에 부딪히지 않고 자유롭게 다닐 수 있다. 흰색, 검은색, 회색, 갈색 무늬가 섞인 커다란 나방처럼 생겼다. 날개는 길며 끝이 가늘고, 꼬리는 길면서 폭이 넓다. 길게 뻗은 날개깃이나 꼬리깃은 짝짓기 할 때 구애 행동에 쓰이지만 번식기가 지나면 털갈이를 하거나 빠진다. 부리는 작지만 입은 매우 커서 벌리면 마치 동굴처럼 보이는데, 곤충을 잡는 데 효과적인 덫이 된다. 작은 날벌레 같은 것은 한 번에 많이 삼킬 수 있고, 웬만큼 큰 곤충도 거뜬히 삼킨다. 날개를 편 길이가 10cm나 되는 긴꼬리푸른나방도 쉽게 잡아먹는다.

15. 파랑새목

파랑새과 파랑새과 새들은 일부일처제이며 천적을 경계하고 세력권을 지키는 데 많은 애를 쓴다. 대부분 날면서 먹이를 먹고 둥지는 나무 구멍이나 까치가 지어 놓은 둥지를 빼앗아 쓴다. 전 세계에 12종이 있는데 우리나라에는 파랑새 1종만 산다.

물총새과 깃털 색이 알록달록 화려한 새로 삼림, 초원, 강가에 산다. 몸에 비해 머리가 크고 목과 다리가 짧다. 발가락은 짧지만 살이 통통하고, 두 번째와 세 번째 발가락 시작 부분이 조금 붙어 있다. 나뭇가지에 앉거나 정지 비행을 하면서 물속에 물고기가 있는지 살핀 다음, 보이면 총알같이 뛰어들어 잡는다. 하늘에서 날아다니는 곤충을 잡기도 하고 낙엽 더미 속에서 지렁이를 찾아 먹기도 한다. 주로 물고기를 잡아먹지만 무척추동물도 꽤 먹는다. 전체 먹이양에서 곤충이 20%쯤 되는데, 거의가 물에 사는 곤충이고 나머지는 땅 위에 사는 곤충이다.

후투티과 후투티 1종만 있다. 주로 나무와 땅 위에서 지내는데 댕기 깃이 특이해서 눈에 띈다. 폭이 좁고 긴 부리로 땅속에 사는 곤충과 애벌레를 찾아 먹고, 갈라진 나무 틈에서도 찾아 먹는다. 둥근 날개를 나비처럼 불규칙하게 움직이며 가볍게 난다. 나뭇가지 위에서는 수시로 댕기 깃을 펼친다. 둥지는 따로 만들지 않고 나무 구멍, 벽 틈새, 배수관 같은 곳을 쓴다. 입구는 매우 좁아서 새가 억지로 기어 들어가야 할 정도인 데다 고약한 냄새가 난다. 사람이나 천적이 다가오면 배설물을 끼얹거나 꼬리 쪽에 있는 분비샘에서 냄새나는 분비물을 내보내기 때문이다.

16. 딱따구리목

나무줄기를 기어오르는 것과 단단한 부리로 나무를 두드리고 쪼는 것이 특징이다. 딱따구리는 번식기가 되면 부리로 나무를 두드려 '딱딱딱딱' 소리를 내면서 짝을 부른다. 나무를 쪼아서 나무껍질 아래에 숨어 있는 곤충이나 애벌레, 개미처럼 나무 속 깊은 곳까지 굴을 파고 사는 곤충을 잡아먹고 아예 큰 구멍을 파서 새끼를 키우고 잠을 자는 둥지를 스스로 만든다. 한번 만든 나무 구멍 둥지는 몇 해 동안 계속 쓴다. 이런 딱따구리의 습성은 숲 생태계에서 중요한 역할을 한다. 나무껍질이나 깊은 곳에 구멍을 뚫는 곤충을 잡아먹음으로써 곤충 개체 수를 적당히 조절하여 나무가 많이 상하지 않도록 돕는 것이다. 또한 부리로 나무를 쪼아 놓으면 다른 작은 새들은 남아 있는 곤충이나 거미를 잘 잡아낼 수 있다. 딱따구리가 만든 나무 구멍 둥지를 다른 새들이 쓰기도 한다. 죽은 나무를 딱따구리가 쪼면 나무가 빨리 분해되어 다른 분해 생물이 이용하기도 쉽다는 점에서 물질의 분해와 재생, 순환에 꼭 필요한 역할을 한다고 할 수 있다.

17. 매목

세계 곳곳의 탁 트인 곳에서 산다. 뛰어난 시각, 굵고 튼튼한 다리, 끝이 날카롭고 갈고리처럼 구부러진 부리와 발톱을 지니고 있다. 덕분에 멀리서도 먹이를 잘 찾아내고, 동물의 몸을 거머쥐고 잘게 찢어 먹을 수 있다. 대부분 살아 있는 동물을 잡아먹는다. 생김새가 다양하고 세계 곳곳의 넓고 탁 트인 곳에서 찾아볼 수 있다. 비행을 아주 잘해서 전속력으로 날면서도 새 같은 먹이를 사냥한다. 흔히 매라 하면 큰 몸집과 용맹한 모습을 떠올리는 사람이 많지만 비교적 몸집이 작은 황조롱이도 포함된다. 둥지를 따로 짓지 않으며 알껍데기 안쪽이 빛을 받으면 연한 황록색으로 보인다.

18. 참새목

조류 가운데 절반 이상이 참새목에 속한다. 다른 새들에 비해 몸집은 작은 편이지만 극지방을 제외한 전 세계에 고루 분포한다. 흔히 땅 위, 그 가운데 나무가 우거진 숲에서 많이 살고 물가에 사는 종은 매우 적다.

꾀꼬리과 숲에 살고 혼자 또는 가족끼리 다닌다. 땅 위로는 내려오지 않고 나무 위에서 곤충이나 나무 열매를 먹는데 나무 위에서만 먹는다. 먹이를 찾아 나무에서 나무로 1~2km씩 날아다닌다. 날 때는 파도를 그리면서 나는데 속도가 상당히 빠르다.

까마귀과 참새목 가운데 몸집이 가장 큰 까마귀를 비롯해 어치, 까치 같은 새가 있다. 특히 까마귀 무리는 조류 가운데 가장 영리한 것으로 알려져 있다. 굵고 튼튼한 부리로 동물성과 식물성 먹이를 가리지 않고 먹으며 새로운 먹이에도 쉽게 적응한다. 먹이를 물에 씻어 먹기도 하고 저장해 두었다가 먹이가 없을 때 찾아 먹기도 한다.

여새과 화려한 깃털과 솟아오른 댕기 깃이 눈에 띄는 새다. 주로 나무 열매를 먹고 살지만 봄여름에는 꽃잎이나 곤충도 먹는다. 공중에서 날아다니는 잠자리 같은 곤충을 잡은 다음 나뭇가지에 앉아 먹는다. 날개는 비교적 길어서 빨리 날 수 있으며 겨울에는 여럿이 무리를 지어 다닌다. 아시아 북부, 유럽, 아메리카 침엽수림에 널리 분포한다.

박새과 검은색이나 어두운 색을 띄는 머리 색과 밝은 뺨 색이 대조를 이룬다. 숲 속에 살면서 먹이를 찾아 사람 사는 마을까지 찾아들기도 한다. 여럿이 무리 지어 다니면서 요란스럽게 지저귄다. 몸집이 작고 매우 민첩해서 나뭇가지에 거꾸로 매달릴 수 있다. 장거리를 날 수도 있지만 흔히 나무에서 나무로 짧게 날아다니는 때가 많다.

종다리과 하늘을 날면서 잘 지저귀는 새다. 흔히 몸 색이 갈색을 띠어서 땅 위에서 보호색 역할을 하는데 특히 알을 품을 때 몸을 숨기기 좋다. 다리와 발톱이 길어서 땅 위에서 안정감 있게 활동한다. 위협을 느끼면 걷거나 빠르게 달리면서 도망간다.

직박구리과 본디 숲에 사는 새지만 적응력이 강해 사람 가까이에서도 잘 산다. 꼬리가 길지만 날개는 짧으며, 입가에는 뻣뻣한 털이 나 있어 나방 같은 곤충이 잘 걸려든다.

제비과 사람이 사는 집이나 가까운 건물에 집을 짓는 때가 많아 예로부터 친근하게 여겨 온 새다. 해안에서부터 높은 산, 숲 속, 드넓은 풀밭에까지 온 세계에 고루 퍼져 산다. 날개가 길고 뾰족해서 오랜 시간 빠르게 날 수 있는 대신 다리는 작고 약하다. 흔히 꼬리깃은 두 갈래로 갈라지지만 가운데가 파인 정도는 종에 따라 차이가 있다. 제비는 이 꼬리깃을 써서 놀랍도록 교묘한 비행을 한다.

휘파람새과 깊은 숲 속에 숨어 부드럽고 떨리는 소리로 지저귄다. 폭이 좁고 끝이 뾰족한 부리로 곤충을 잡아먹는다. 곤충을 찾아 나뭇가지 사이를 재빨리 돌아다닐 때, 앞으로 기울어지는 몸의 균형을 잡아 주는 긴 꼬리를 지니고 있다. 곤충을 찾아서 철 따라 이동한다.

오목눈이과 몸집이 매우 작고 꼬리가 몸길이의 절반쯤 된다. 무리를 짓는 습성이 강하다. 깃털과 이끼를 쌓아 둥그스름하고 정교한 둥지를 짓는다. 둥지 하나에 200개가 넘는 깃털을 쓰기도 한다. 다 만들면 거미줄을 써서 나뭇가지에 묶는다.

붉은머리오목눈이과 몸집이 아주 작고 꼬리가 몸통만큼 길다. 부리는 길이가 짧으면서 폭은 좁고 둥그스름하게 생겼다. 무리 지어 날아다니면서 먹이를 구한다.

동박새과 동박새과는 혀끝이 솔처럼 갈라져 있어서 꽃꿀을 빨아 먹기 좋다. 나뭇잎 사이에 숨거나 나무껍질 틈을 헤집으면서 곤충이나 거미를 잡아먹기도 하고, 과수원에 나타나 진딧물이나 나무 열매도 먹는다. 여러 가지 먹이를 먹을 수 있어 작은 섬에서도 잘 번식한다. 한번 짝을 맺으면 평생 가는 경우가 많으며, 짝을 이룬 암수는 나뭇가지에 앉아 서로 털 고르기를 해 주기도 한다.

상모솔새과 머리에 화려한 깃을 지닌 새다. 몸길이가 10cm로 아주 작으며 부리가 가늘고 길다.

굴뚝새과 몸집이 아주 작고 부리가 조금 길면서 뾰족한 새다. 꼬리를 자주 치켜드는 버릇이 있다. 이끼와 풀뿌리로 둥글게 만든 둥지는 수컷의 구애 도구이자 잠자리, 알과 새끼를 키우는 공간으로 두루 쓰인다.

동고비과 나무줄기를 타고 위아래로 자유롭게 다닐 수 있는 유일한 새다. 딱따구리나 나무발발이처럼 꼬리깃을 나무에 대지 않고 두 발로만 지탱한 채 나무를 탄다. 등이 청회색이고 목이 짧으며 부리가 길다. 먹이로는 곤충이나 거미를 먹는다.

찌르레기과 생김새는 종에 따라 다양하다. 숲에 사는 찌르레기는 날개 폭이 넓고 둥그스름한 데 비해 흰점찌르레기처럼 건조하고 탁 트인 곳에 사는 종은 날개가 더 길고 끝이 뾰족하다. 다리와 발이 꽤 크고 튼튼해서 땅 위에서는 깡충깡충 뛰기보다 걸어 다닌다. 마을 가까이에서 옮겨 다니며 큰 소리를 내거나 서로 다투는 일이 많기 때문에 쉽게 알 수 있다.

지빠귀과 짧으면서 잘 떨리는 소리로 아름답게 지저귀는 것이 특징이다. 번식기에는 짝을 이룬 암수가 둥지를 중심으로 세력권을 이룬다. 철 따라 이동하지 않는 종은 한 해 내내 세력권 안에서 머문다. 비번식기에는 무리를 짓는데, 특히 추운 날이면 여럿이 무리 지어 잠자리에 든다. 땅 위에서 곤충이나 지렁이 같은 동물성 먹이를 잡아먹지만 먹이가 부족하면 나무 열매를 따 먹기도 한다.

솔딱새과 숲에 사는 새로 나뭇가지에 앉아 있다가 먹이가 보이면 갑자기 날아올라 공중에서 먹이를 잡은 뒤 다시 있던 곳으로 돌아간다. 몸 색은 아주 알록달록한 것도 있고 갈색이나 회색인 것도 있어 다양한 편이다. 암수는 몸집은 비슷하지만 깃털 색이 다르다. 부리 폭이 넓고 넓적하면서 콧구멍 주위에는 뻣뻣한 털이 나 있어 날고 있는 곤충을 잡아먹는 데 도움이 된다.

물까마귀과 참새목 가운데 유일하게 물가에 사는 무리다. 세차게 흐르는 물속에서도 걸어 다닐 수 있고 잠수도 한다. 물속에 잠수하고 있는 동안 몸은 수직 방향으로, 즉 위아래로 움직이는데, 눈을 깜박일 때마다 눈에 있는 막이 덮여 눈이 하얀 것처럼 보인다. 촘촘한 깃털이 체온을 지켜 주기 때문에 추운 겨울에도 얼음 밑으로 잠수해서 먹이를 잡는다.

참새과 여럿이 무리 지어 다니고 번식도 같이한다. 사람과 가까이 살고, 사람 사는 집 처마 밑에 집을 짓기도 하지만 경계심이 아주 강해 사람이 기르기는 어렵다.

할미새과 본디 아프리카 풀밭에서 살았던 새로, 지금은 세계에서 가장 넓게 분포하는 새 가운데 하나가 되었다. 몸집이 작으면서 날씬하고 꼬리와 다리가 길다. 발가락과 발톱도 긴데 특히 뒷발가락 발톱이 길게 뻗었다. 흔히 곤충을 먹고 산다. 날아다니는 곤충을 잡으려고 공중으로 날아오르기도 하고 재빠르게 달려가기도 한다.

되새과 부리가 크고 단단하며 턱 근육과 모이주머니가 튼튼하다. 딱딱한 씨앗을 먹기에 알맞게 발달한 것으로 보인다. 씨앗을 먹는 다른 새들도 이와 같은 특징이 있지만, 되새과는 첫째날개깃이 10개가 아니라 9개이고, 꼬리깃이 12개라는 점이 다른 새와 구별된다. 수컷은 자기 세력권 안에서만 지저귀면서 세력을 알리고 암컷을 불러들인다.

멧새과 딱딱한 씨앗의 껍데기를 까거나 잘게 부수는 데 알맞은 굵고 튼튼한 부리를 지니고 있다. 대부분이 세력권을 이루는데, 철 따라 이동하는 종은 수컷이 암컷보다 먼저 번식지에 가서 다른 수컷들과 경쟁하여 세력권을 만든다. 흔히 수컷은 해마다 같은 지역을 세력권으로 삼고 그 안에서 구애, 짝짓기, 집짓기, 새끼 키우기를 한다.

우리 이름 찾아보기

* 을 덧붙인 이름은 북녘에서 쓰는 이름입니다.

학명 찾아보기

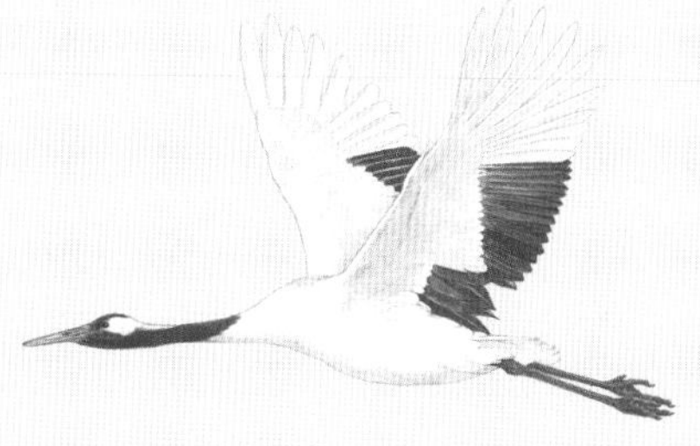

영명 찾아보기

용어 풀이

갑각류(甲殼類)	몸이 단단한 껍데기에 싸여 있는 동물의 무리. 새우, 게, 가재 들이 있다.
개체(個體)	어떤 무리에서 하나하나의 낱개. 이 책에서는 새 한 마리 한 마리를 가리킨다.
경부(脛部)	새 다리에서 정강이 부분. 뒤꿈치 위쪽을 가리킨다.
공기 저항(空氣抵抗)	어떤 물체가 공기 속에서 움직일 때 공기로부터 받는 힘. 움직이는 쪽과 반대로 주어져 운동을 방해한다.
귀소 본능(歸巢本能)	동물이 자기가 사는 곳으로 돌아가려고 하는 성질.
극지방(極地方)	남극 지방이나 북극 지방.
기낭(氣囊)	새의 폐에 달려 있는, 얇은 막으로 된 공기 주머니. 새가 더 많은 산소를 들이마시고 몸을 잘 띄울 수 있게 돕는다.
기부(基部)	기초가 되는 부분. '부리 기부' 라고 하면, 부리가 시작되는 부분을 가리킨다.
깃뿔	우각(羽角)이라고도 한다. 머리 위에 뿔처럼 쫑긋하게 솟아 있는 깃털인데 올빼미목 새들에게서 볼 수 있다.
꼬리깃	꽁지깃이라고도 한다. 가운데꼬리깃과 바깥꼬리깃으로 이루어져 있다.
꼬리샘(尾腺)	꼬리 쪽에 있는, 기름이 나오는 곳. 흔히 물새들이 부리로 이 기름을 깃털에 발라 습기를 막는다.
나선형(螺旋形)	소라 껍데기나 나사못처럼 빙빙 비틀려 돌아간 모양.
눈썹줄	새 눈 위에 눈썹처럼 있는 줄.
눈줄	새 눈과 같은 높이에 있는 줄.
단안 시야(單眼視野)	시선을 움직이지 않은 채 한쪽 눈으로 볼 수 있는 범위.
댕기깃	치렛깃의 하나로 새 뒤통수에 댕기처럼 늘어진 깃.
만성성 조류(晩成性鳥類)	몸에 털이 없고 눈이 막에 싸여 있어 뜰 수 없는 상태로 태어나는 새 무리.
머리깃	새 머리에 길고 더부룩하게 난 털. 도가머리, 관모, 깃관이라고도 한다.
머리꼭대기	새 머리에서 가장 높은 곳.
먹이 사슬	생물끼리 서로 먹고 먹히는 관계가 사슬처럼 이어지는 것.
명관(鳴管)	새나 곤충의 몸에서, 소리를 내는 기관. 울음통이나 울대라고도 한다.
모이주머니	새 몸에 있는 위창자관 가운데 하나. 주머니처럼 생겼는데, 먹은 것을 잠시 저장하면서 소화하기 쉽게 만든다.
무척추동물(無脊椎動物)	몸에 등뼈가 없는 동물. 곤충, 거미, 지렁이 들이 있다.
방사상(放射狀)	중앙의 한 점에서 사방으로 우산살처럼 뻗어 나간 모양.
번식깃	짝짓기 철에 새 몸에 나는 깃. 흔히 수컷에 난다.
범상(汎上)	새가 날갯짓 없이 땅에서 내뿜는 더운 공기의 힘을 받아 나는 것.
복장뼈	가슴뼈. 흉골이라고도 한다.
부영양화(富營養化)	물속에 영양 물질이 넘쳐서 물이 오염되는 일.
부척	새의 발바닥뼈. 새 다리에서 정강뼈와 발가락뼈 사이에 있다.
부화(孵化)	새끼가 알을 깨고 나오는 것.
북반구(北半球)	적도를 기준으로 지구를 둘로 나눌 때 북쪽 부분.
분면우(粉綿羽)	백로류 새 몸에 나 있는 문지르면 가루가 되는 깃털. 이 깃털 가루를 다른 깃털에 발라 깃털이 젖거나 더러워지는 것을 막는다.
비둘기 젖(Pigeon milk)	비둘기의 모이주머니에서 나오는 젖과 비슷한 액체. 비둘기 우유나 소낭유라고도 한다.
비번식깃	새가 짝짓기 철이 아닌 때에 지니고 있는 깃.
산란(産卵)	암컷 동물이 알을 낳는 일.

세력권(勢力圈)	동물의 개체나 무리가, 다른 개체나 무리가 들어오지 못하게 막으면서 차지하고 있는 구역. 먹이를 구하거나 새끼 치는 데 방해받지 않으려고 만든다.
소익(小翼)	작은날개깃. 날개 위쪽 귀퉁이에 붙어 있으며 날 때 공기 흐름을 조절해 준다.
습지(濕地)	호숫가, 갯벌, 간척지 같은 물기가 많은 축축한 땅을 이른다. 여러 생물들이 살고 있어 새들의 먹이가 풍부하다.
아래날개덮깃	날개 밑면을 덮고 있는 깃.
아종(亞種)	생물 분류에서, 종을 다시 나눈 단위. 종의 바로 아래 단위.
야행성(夜行性)	낮에는 쉬고 밤에 돌아다니는 성질. 흔히 올빼미, 부엉이 무리들이 야행성으로 밤에 먹이를 구한다.
양력(揚力)	위에서는 끌어당기고 아래에서는 밀어 올리는 힘. 새나 비행기가 날 때 날개에서 생긴다.
양안 시야(兩眼視野)	양쪽 눈의 시선을 한 점에 고정했을 때 볼 수 있는 범위.
연체동물(軟體動物)	근육이 많고 뼈가 없어 몸이 유연한 동물 무리. 오징어, 문어, 달팽이, 조개 들이 있다.
염성 습지(鹽性濕地)	소금기가 있으면서 축축한 땅.
용골 돌기(龍骨突起)	새의 가슴뼈 가운데에 있는 돌기. 날갯짓할 때 쓰는 근육이 붙어 있다.
육추(育雛)	새끼 새가 스스로 살아 갈 수 있을 때까지 어미 새가 돌보고 기르치는 일.
음파 탐지(音波探知)	소리가 울려 퍼지면서 생기는 공기의 흔들림을 알아내는 것.
의상 행동(擬傷行動)	사람이나 천적의 시선을 새끼로부터 다른 곳으로 돌리려고 다친 척하는 행동. 물떼새 무리에게서 볼 수 있다.
의욕(蟻浴)	개미 목욕. 새가 개미를 물고 온몸에 문지르면 개미 몸에서 나오는 폼산(formic acid)이 몸에 있는 이나 진드기를 없앤다.
정지 비행(停止飛行)	새가 한자리에서 날갯짓만 되풀이하면서 떠 있는 것.
조류(藻類)	물속에 살면서 엽록소로 광합성을 하는 식물. 꽃이 피지 않고 홀씨로 퍼진다.
조류(鳥類)	새 무리를 통틀어 이르는 말.
조성성 조류(早成性鳥類)	온몸에 털이 나 있고 눈을 바로 뜰 수 있는 상태로 태어나는 새 무리.
종(種)	생물을 분류하는 기본 단위. 예를 들면 올빼미와 솔부엉이는 같은 과에 있는 다른 종이다.
지구 온난화(地球溫暖化)	지구의 기온이 점점 높아지는 현상.
천적(天敵)	잡아먹는 동물을 잡아먹히는 동물에 맞대어 이르는 말.
체내 수정(體內受精)	암컷 동물의 몸 안에서 이루어지는 수정.
치렛깃	몸을 아름답게 꾸며 주는 깃. 흔히 짝짓기 철에 수컷에서 보인다.
케라틴(keratin)	동물 몸에 있는 털, 손발톱, 뿔, 발굽 들을 이루고 있는 단백질을 통틀어 이르는 말.
탁란(托卵)	어떤 새가 다른 새의 둥지에 알을 낳아 대신 품고 기르도록 하는 일.
툰드라(tundra)	북극해를 따라 펼쳐진 눈과 얼음으로 덮여 있는 넓은 벌판. 얼음이 녹는 짧은 여름 동안 새들이 알을 낳고 새끼를 친다.
판족(板足)	물닭, 논병아리의 발가락에 붙어 있는 납작한 살. 접었다 폈다 하면서 노처럼 쓸 수 있다.
펠릿(pellet)	동물이 동물성 먹이를 먹고 게워 내는 찌꺼기 덩어리. 소화되지 않는 뼈나 털 같은 것이 뭉쳐져 나온다.
포란(抱卵)	암컷 새가 새끼를 나오게 하려고 알을 품어서 따뜻하게 하는 일.
폼산(formic acid)	개미나 벌의 몸속에 있는 산성 액체. 개미산이라고도 한다.
활공(滑空)	새가 날갯짓 없이 바람의 힘을 받아 나는 것.

참고 자료

참고한 책

《깃털 : 가장 경이로운 자연의 걸작》 소어 핸슨 지음, 하윤숙 옮김, 2013, 에이도스

《동물과 인간》 서울대학교 동물생명공학전공교수진, 2007, 현암사

《동물대백과 조류 I, II, III》 C. M. Perrins, A. L. A. Middleton, 1988, CPI

《동물의 세계》 정봉식, 1981, 금성청년출판사

《두루미》 배성환, 2000, 다른세상

《맹금과 매사냥》 조삼래 · 박용순, 2008, 공주대학교 출판부

《밤의 제왕 수리부엉이》 신동만, 2009, 궁리

《새》 유르겐 니콜라이, 1984, 범양사

《새들의 여행 : 철새의 위성추적》 히구찌 히로요시 2010, 바이오사이언스

《새들이 사는 세상은 아름답다》 원병오, 2002, 다움

《새 문화사전》 정민, 2014, 글항아리

《새와 새를 찾는 사람들》 박종길, 1998, 동서조류연구소

《세계의 철새 어떻게 이동하는가?》 폴 컬린, 2005, 다른세상

《세밀화로 보는 한반도 조류도감》 송순광 · 송순창, 2005, 김영사

《쉽게 찾는 우리새-강과 바다의 새》 김수일 외, 2003, 현암사

《쉽게 찾는 우리새-산과 들의 새》 김수일 외, 2003, 현암사

《야외실습 : 조류 행동학 실습》 권기정, 2008, 동아대학교 출판부

《제주의 새》 강창완 외, 2010, 한그루

《제주 탐조일기》 김은미 · 강창완, 2012, 자연과 생태

《조류》 로저 피터슨, 1979, 한국일보타임-라이프

《조류생태학》 김창희 외, 2000, 아카데미서적

《조류원색도감》 류경, 1993, 공업종합출판사

《조류학사전》 조중현, 2011, 강원도민일보사

《조선말대사전》 사회과학원, 1992, 사회과학출판사

《조선 조류지》 원홍구, 1963, 과학원출판사

《주남저수지 : 동양 최대 철새 도래지, 그 생태 보고서》 강병국, 2007, 지성사

《주머니 속 새 도감》 강창완 외, 2006, 황소걸음

《한국야생조류》 서일성, 1993, 평화출판사

《한국의 도요물떼새》 박진영 외, 2013, 자연과 생태

《한국의 새》 이우신 외, 2014, LG상록재단

《한국의 조류》 원병오, 1992, 교학사

《한국의 조류 생태와 응용》 이인규, 2001, 아카데미서적

《한국의 조류 : 지빠귀과》 국립공원연구원 철새연구센터 편집부, 2012, 국립공원연구원

《한국의 천연기념물 : 동물편 · 야생조수류》 한국조류보호협회 편집부, 2002, 한국조류보호협회

《한국조류생태도감 1,2,3,4》 김수일 외, 2005, 한국교원대학교 출판부

《한라에서 백두까지 한국야생조류》 서일성, 1993, 평화출판사

《한반도의 조류》 원병오 · 김화정, 2012, 아카데미서적

《野鳥記》 Nobuaki hirano, 1997, 福音館書店

《A Field Guide to the Birds of Eastern and Central North America》 Roger Tory Peterson, 2002, Houghton Mifflin

《Backyard Bird Identification Guide》 Jerry G. Walls, 2000, TFH Publications

《Backyard Birds》 Jonathan Latimer, 1999, Houghton Mifflin

《Backyard Birds of North America》 Fred J. Alsop, 2003, Crane Hill Publishers

《Birds》 John K.terres, 1991, Wingsbooks

《Birds》 John gooders, 1992, Anglia

《Bird by Bird: Some Instructions on Writing and Life》 Anne Lamott, 1995, Anchor

《Birds of britain》 Paul sterry, 1997, AA publishing

《Birds of the world》 Peter Scott, 1983, Optimum

《Die kosmos vogel enzyklopadie》 Peter hayman, 2003, Kosmos

《Sibley's Birding basics》 David allen sibley, 2002, Knopf

《Smithsonian Birds of North America》 Fred J. Alsop, 2006, DK Publishing

《The Audubon Backyard Birdwatcher》 Robert Burton, 2002, Thunder Bay Press

《The complete book of british birds》 Magnus magnusson, 1988, AA RSPB

《The great book of birds》 Alessandro and sandro ruffo, 1997, Arch cape press

《The sibley guide to bird life & behavior》 David allen sibley, 2001, Knopf

《The sibley guide to birds》 David allen sibley, 2000, Knopf

《The Sibley Field Guide to Birds of Eastern North America》 David allen sibley, 2003, Knopf

《Twentith centry wildlife artists》 Nicholas hammond, 1986, Croom helm

참고한 누리집

국립생물자원관 http://www.nibr.go.kr/

버드디비 http://www.birddb.com

우포따오기 http://www.upoibis.net/

천연기념물센터 http://www.nhc.go.kr/

한국야생조류협회 http://www.kwbs.or.kr/

한국의 멸종위기종 http://www.korearedlist.go.kr/

한국의 새 http://birdcenter.kr/

BRIC http://bric.postech.ac.kr/

EAAFP http://www.eaaflyway.net/

그림 | 천지현

1984년 서울에서 태어났다. 어릴 때부터 자연을 사랑하고 꽃, 나무, 동물 그리기를 좋아했다. 2006년 제1회 보리 세밀화 공모전에서 상을 받으면서부터 세밀화로 새를 그리기 시작했다. 사람들이 무심코 지나치는 신비하고 놀라운 자연의 모습을 그림으로 그려 내 여러 사람과 함께 나누고 싶은 꿈을 펼치고자 서울시립대학원에 진학해서 일러스트레이션을 공부하고 있다. 《세밀화로 그린 보리 어린이 새 도감》에 그림을 그렸고, 《보리 국어사전》 《꼬물꼬물 일과 놀이 사전》 〈아기아기 우리아기〉에 새 그림을 그렸다. 이 책에 우리나라 새 122종의 모습을 그렸다.

그림 | 이우만

1973년 인천에서 태어났다. 홍익대학교에서 서양화를 전공했다. 2003년 《바보 이반의 산 이야기》에 그림을 그리면서 자연의 소중함을 깨달아 그때부터 우리 자연과 생명체를 연구하고 그림으로 기록하는 일을 하고 있다. 요즘은 창작 활동과 탐조 활동을 하면서 마을 공동체에서 운영하는 방과 후 교실에서 아이들에게 뒷산의 새를 소개하고 있다. 《내가 좋아하는 동물원》 《내가 좋아하는 야생동물》에 그림을 그렸고, 《창릉천에서 물총새를 만났어요》 《솔부엉이 아저씨가 들려주는 뒷산의 새 이야기》를 쓰고 그렸다. 이 책에 펼친 그림과 100점에 이르는 참고 그림을 그렸다.

글 | 김현태

1968년 충남 온양에서 태어났다. 중학교 때 몸이 아파 학교를 쉴 때 십자매를 키우고 공원의 비둘기에게 먹이를 주면서 새들에게 흠뻑 빠져들었고, 고등학교 때는 방에서 50쌍이나 되는 새들을 키웠다. 이런 인연으로 공주사범대학교 생물교육과에 진학했고 대학원에서는 청둥오리에 대해 연구했다. 그동안 서산 간척지의 새들을 기록하고 보호하기 위한 활동을 펼쳤으며 남극 세종기지에 가서 새 조사를 하기도 했다. 지금은 고등학교에서 생물을 가르치면서 '자연에서 만나는 생명 이야기http://cafe.naver.com/yangpakor'를 운영하고 있다. 《세밀화로 그린 보리 어린이 새 도감》 《내가 좋아하는 시냇가》에 글을 썼다.

기획 | 토박이

토박이는 우리말과 우리 문화, 그리고 이 땅의 자연을 아끼고 사랑하는 모든 이들을 위해 좋은 책을 만들고자 애쓰는 사람들의 작은 모임이다. 그동안 《보리 국어사전》, 겨레 전통 도감 《살림살이》 《전래 놀이》 《국악기》 《농기구》 《탈춤》과, 《세밀화로 그린 보리 어린이 새 도감》 《세밀화로 그린 보리 어린이 버섯 도감》을 만들었다. 지금은 《신기한 독》 《불씨 지킨 새색시》 《옹고집》을 비롯해 모두 20권으로 엮일 옛이야기 그림책을 만들고 있다.